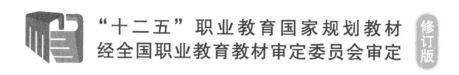

"十二五"职业教育国家规划教材
经全国职业教育教材审定委员会审定

修订版

Mastercam 数控编程案例教程（2021 版）

主　编　杨志义

参　编　刘大维　吕世国　徐灵敏　朱光腾

U0179238

机械工业出版社
CHINA MACHINE PRESS

本书为《Mastercam X5数控编程案例教程》的升级版，原《Mastercam X5数控编程案例教程》为"十二五"职业教育国家规划教材，本次修订是对标"1+X证书制度试点"工作要求进行的，以Mastercam 2021版本展开介绍。

本书以突出实践为主，着重提高学生使用Mastercam的产品工艺数控编程实战能力。全书精选了过渡板、盒子下盖凸模、圆弧桥形零件、烟灰缸、拨片、装饰品、座板盖、凸凹模配合件、多工序复杂零件等案例。加工难度由一道加工工序逐步升级为六道加工工序，这些案例都在机床上进行了验证加工并取得了预期效果。在对案例进行编程加工时很好地结合了Mastercam数控编程中常用的刀路，学习过程注重提高读者的产品工艺数控编程的实战能力，以及应用Mastercam的熟练程度和数控加工技术的职业素养。对关键点以图文并茂和推理的形式进行"操作提示""多学一招"与"实践经验"的分析讲解，加强学生对Mastercam数控编程相关关键参数设置作用的理解，降低了学习难度。在不同零件的编程加工中进行反复强化实践，特别是对同一个刀路的不同参数应用场景进行不断扩展并深入介绍。

本书采用"校企合作"模式，同时运用了"互联网+"形式，在重要知识点嵌入二维码，方便读者理解相关知识，进行更深入的学习。

本书配套有教学资源包，其中包含案例源文件、案例任务实施的视频文件，以及每个任务相应的提高练习视频文件，凡选用本书作为授课教材的教师可登录www.cmpedu.com注册后免费下载。

本书可作为高等职业院校数控技术相关专业的教材，也可作为数控加工等岗位的1+X职业技术职业资格培训教材。

图书在版编目（CIP）数据

Mastercam 数控编程案例教程：2021 版 / 杨志义主编 . —修订本 .
—北京：机械工业出版社，2021.7（2025.1 重印）
"十二五"职业教育国家规划教材
ISBN 978-7-111-68725-2

Ⅰ.① M… Ⅱ.①杨… Ⅲ.①数控机床—加工—计算机辅助设计—应用软件—高等职业教育—教材 Ⅳ.① TG659-39

中国版本图书馆 CIP 数据核字（2021）第 140901 号

机械工业出版社（北京市百万庄大街 22 号 邮政编码 100037）
策划编辑：黎 艳 责任编辑：黎 艳
责任校对：潘 蕊 封面设计：张 静
责任印制：刘 媛
涿州市般润文化传播有限公司印刷
2025 年 1 月第 1 版第 6 次印刷
184mm × 260mm · 18 印张 · 501 千字
标准书号：ISBN 978-7-111-68725-2
定价：55.00 元

电话服务 网络服务
客服电话：010-88361066 机 工 官 网：www.cmpbook.com
　　　　　010-88379833 机 工 官 博：weibo.com/cmp1952
　　　　　010-68326294 金 书 网：www.golden-book.com
封底无防伪标均为盗版 机工教育服务网：www.cmpedu.com

前　言

本书为《MasterCAM X5 数控编程案例教程》的升级版，原《MasterCAM X5 数控编程案例教程》为"十二五"职业教育国家规划教材，现根据《教育部等四部门印发〈关于在院校实施"学历证书＋若干职业技能等级证书"制度试点方案〉的通知》（教职成〔2019〕6号）文件精神，以及对标正在开展"1+X 证书制度试点"工作的武汉华中数控股份有限公司制定的《数控多轴加工职业技术等级标准》要求进行修订，以 MasterCAM 2021 版本展开介绍。

党的二十大报告中指出"实施科教兴国战略，强化现代化建设人才支撑"，将"大国工匠"和"高技能人才"纳入国家战略人才行列，本书以技能培养为主线来设计任务内容，案例内容集中了Mastercam 软件数控编程常用的刀路，同时兼顾了加工工艺能力培养的需要，设计了由易到难的案例，包含一道加工工序零件、两道加工工序零件、需专门设计和加工夹具进行配合加工的零件、配合件加工零件和六道加工工序的复杂零件。在实践中详细分析各加工工艺设计的原因，包括避免接刀痕，利用零件的结构特点进行装夹或设计和加工相配套的夹具，调整刀具的进退刀从而避免发生干涉等，以及养成对加工群组、刀具群组、图层设计的管理意识，对于提升学生的职业能力能起到抛砖引玉的作用。

本书具有如下特点：

（1）注重提高实践操作　通过以编程加工零件任务为载体，采用任务驱动式编写模式，案例选材上充分考虑了机械行业职业考核标准的相关要求，注重学生技能的培养，通过任务实施精心整合应学内容，合理安排知识结构、技能要点；注重实践应用，突出学生实际操作能力和解决问题能力的培养，强化岗前培训。在编写过程中力求体现"以实际工作过程中岗位所需的职业技能和职业素养为导向"的工学结合教学改革思路。所选择的零件均为企业实际案例，具有很强的实践性，解决了教材因重理论轻实践而导致数控加工工艺职业能力培养不足的问题，如装夹方法、设计加工工艺等应考虑整个零件不同加工工序之间的关系，特别是多工序加工工艺设计问题，有助于提高数控编程实操能力和加工工艺设计能力。

（2）注重提高熟练程度　所精选的零件具有代表性，集合了 Mastercam 常用刀路的编程加工方法。通过图文结合和推理的形式对关键点进行了"操作提示""多学一招"与"实践经验"的分析讲解，加强了对 Mastercam 数控编程关键参数设置作用的理解，降低了学习难度。在不同零件的编程加工中进行反复强化实践，特别是对同一个刀路的不同参数应用场景进行不断扩展并深入介绍。

（3）注重提高运用技巧　编程效率的提高离不开技巧的应用，在提高学生实践性和熟练程度的基础上，特别注重技巧性的提高，通过不同实践场景的应用增强了学生的实践体验，实现了从理论到实践的升华，提高了对技巧性的理解和运用的能力。

（4）注重提高职业素养　通过精选案例，在教学内容设计上注重体现对学生职业素养的培养，包括安全意识的建立，复杂加工工艺各工序间的相关问题的全局处理，以及编程加工环境要素的管理等，从而启发和培养学生对数控加工技术职业素养要求的思考，以及提升综合职业能力。

本书在教学实施中，建议贯彻理论实践一体化的教学思想，将完成各个任务贯穿于教学的始终，培养学生观察、协作、思考和解决问题的能力。同时运用了"互联网+"技术，在每个任务实施模块附近设置了微课二维码，使用者可以用智能手机进行扫描，便可在手机屏幕上显示和教学资源相关的多媒体内容，方便学生理解相关知识，进行更深入的学习。建议将本课程安排在实习教学环节或用于铣工、数控车铣加工的考前培训，有条件的学校尽量在专业教室或实验室、实训室开设，将会收到更好的教学效果。

本书由云浮技师学院杨志义主编，参加编写的还有广东技术师范大学刘大维、中山市技师学院吕世国、中山市中等专业学校徐灵敏、宝威塑胶工程（惠州）有限公司朱光腾。

编写过程中，编者参阅了国内外出版的相关教材和资料，得到了广东技术师范大学李玉忠教授的有益指导，在此一并表示衷心的感谢！

由于编者水平有限，书中不妥之处在所难免，恳请读者批评指正。

编　者

二维码索引

（续）

目　录

Mastercam 数控编程加工初识

任务目标

> 知识目标

1）掌握 Mastercam 数控编程的特点。

2）掌握 CAM 软件数控编程的一般步骤。

> 能力目标

1）能对 Mastercam 的 2D 加工刀路和 3D 曲面加工刀路的功能和注意事项有较深入的认识。

2）能掌握一定的数控编程加工策略，包括分析加工对象、划分加工区域和规划加工路线。

> 素质目标

1）能根据 Mastercam 的 2D 加工刀路和 3D 曲面加工刀路的功能和注意事项选择正确的加工刀路。

2）能建立一定的数控编程加工策略思维。

任务学习

一、Mastercam 简介

Mastercam 是美国 CNC Software 公司开发的集 CAD/CAM 技术于一体的软件。它具有二维绘图、三维实体造型、曲面设计、数控编程和刀具路径（简称刀路）模拟等功能，其方便直观的几何造型功能为用户提供了设计零件外形所需的理想环境，其强大而稳定的造型功能可设计出复杂的零件。Mastercam 具有强大的二维造型和三维造型粗、精加工功能，提供了多种先进的粗加工技术和丰富的曲面精加工技术，为用户提供良好的加工方法，以加工复杂零件。另外，Mastercam 的多轴加工功能为零件加工提供了更多的灵活性。Mastercam 相比其他同类软件具有非常高的性价比，广泛应用于工业及教育领域。

二、Mastercam 编程特点

（1）简单易学　Mastercam 编程界面简单，随着版本的升级操作也显得越来越人性化，只要有使用软件经验的人基本上都能根据其提示完成全部操作。其刀路的生成方法操作简便，特别是二维刀路的生成方法，通过其自带的刀路与实体模拟功能使初学者对刀路功能的理解更加容易、生动、深刻。而且，CAD/CAM 软件功能已经相当成熟，使编程工作也得到了大大简化，降低了学习的难度，降低了对编程人员的技术要求，使其普及率大为提高。

（2）方便快捷　这是 Mastercam 软件编程的最大特点，是很多同类软件无法比拟的，如 NX UG 在这方面的编程就不如 Mastercam 软件，如 2D 刀路的生成。Mastercam2021 中轮廓线的选取非常方便，可供选择的对象除了线框外还可以是实体边界，除了直接串连选取外还可以采用窗选，而且串连选取时，只要注意一下选取的起始点就很容易将刀具的进刀点确定下来。当下一步刀路的生成方式和前面已生成的刀路方式相同时，只要在原来生成刀路的基础上进行复制和粘贴加工刀路后，再做一些加工参数的修改即可完成下一步刀路的生成。

（3）相关性好　图素和加工路径的相关联性在对图素或加工参数进行修改时能立即获得一个精确的更新过的加工路径，极大地提高了效率。Mastercam 系统储存了一个常用的操作数据库，可用于自动加工，用户只要把常用的加工方法和加工参数存储在数据库中，使用时将其调出来并做适当的修改即可完成当前任务。

（4）强大的 2D 加工功能　通过 2D 刀路方法可以加工很简单的 2D、2.5D 零件，也可以加工很复杂的 2D、2.5D 零件。它提供了数控加工中所需的工具，可迅速编制出优质可靠的数控加工程序，极大地提高了编程者的工作效率。

（5）强大的 3D 加工功能　3D 加工功能非常灵活，而且加工方法丰富。粗加工功能强大，能对曲面，实体或两者的混合加工，能识别需用小刀加工的残料区域，能自动调整所有粗加工的切入点。精加工方法多样，能加工复杂零件。清角加工时，Mastercam 系统自动对剩余材质进行识别，并清除零件表面的剩余材料进行加工，以获得良好的表面质量。

（6）高效的高速加工和多轴加工功能　高速加工和多轴加工提升了零件加工的灵活性，结合高速加工和多轴加工的特点，可方便、快速地编制出高质量的加工程序。

三、刀路说明

Mastercam 2021 支持 2 轴、3 轴和多轴加工，可供选择的生成刀路有 2D 加工、曲面粗加工、曲面精加工、线框加工、多轴加工五大类加工模组。在加工模块中，Mastercam 通过对所提供加工对象（零件造型）、设置刀具参数和加工方法（即刀路加工模组）来生成刀路文件（即 NCI 文件）。这里只介绍目前数控铣床常用的刀路功能及应用技巧。

1. 2D 加工刀路

（1）外形铣削　外形铣削生成沿 2D 或 3D 曲线移动的刀路，通常用于工件的外形加工，可实现在料外进刀，切入点应避开曲线的拐角处。该刀路可以加工简单的工件，也可以加工很复杂的工件，可实现粗、精加工。

（2）钻孔加工　钻孔加工主要用于加工、攻螺纹等，以点来确定加工位置。

（3）挖槽加工　挖槽加工对开放或封闭曲线边界所包围的材料进行加工，从而获得所需的形状，可实现粗、精加工，操作方便简单。对封闭凹槽粗加工时，要注意设置好刀具在坯料上进刀，切入时选用螺旋或斜线切入，其进给方式首先选择双向铣削。

（4）平面铣削　平面铣削是在同一深度内生成铣削加工的刀路，常用于平面精加工。用外形铣削和 2D 挖槽加工可达到相同效果。

（5）2D 高速加工　2D 高速加工可以生成更顺畅、安全的 2D 高速加工刀路，可以有效利用刀具刃长，延长刀具寿命，省去多个深度切削，步骤优化切削顺序，专业化的运动保持工具和其他元素的结合，比以往任何时候都更快速地加工零件，相比外形轮廓铣削更高速、高效，包括动态铣削、区域铣削、剥铣和熔接刀路等。

（6）雕刻加工　雕刻加工用于生成文字雕刻加工的刀路，可以看作是挖槽加工的一种特殊形式。

（7）线框加工　线框加工是根据线框生成刀路，具有便捷高效的特点。

2. 3D 加工刀路

Mastercam2021 将 3D 加工刀路分为粗加工和精加工，再细分为传统加工刀路和高速加工刀路。主要包括了以下刀路种类：

（1）高速曲面优化铣削　这种加工方法将高速加工发挥到了极致，通过优化刀路轨迹，设置恒定切削负载，彻底避免了刀具过载问题，消除了刀具突然转向而导致的振动，也使刀具边缘具有稳定的温度，延长了刀具涂层寿命，消除零件表面的热损耗，使刀具磨损可以均匀地分散到整个刀具的侧刃，延长了刀具寿命。

（2）曲面挖槽粗加工　曲面挖槽粗加工是根据曲面形态在 Z 方向分层生成位于曲面与加工边界之间的所有材料，加工后的工件表面呈梯田状。设置操作简单，刀路生成时间短，刀具切削负荷均匀，几乎能将曲面所需加工的材料都能清除完毕，相比于其他粗加工，其加工效率是最高的。常作为粗加工第一首选方案，其进给方式首先选择双向铣削。

（3）投影粗加工　投影粗加工是将几何图素或已有的刀路数据投影到曲面上形成新的加工刀路。

（4）平行粗加工　平行粗加工会生成分层平行铣削的粗加工刀路，加工后工件表面呈平行条纹状。刀路生成时间长，提刀较多，粗加工效率低，比较少采用。

（5）钻削式粗加工　钻削式粗加工是在曲面与凹槽边界材料之间生成类似于钻孔方式的刀具路径，加工效率高，但是对机床和刀具的性能要求高，加工成本高。

（6）放射状粗加工　放射状粗加工生成以定点为径向中心的放射状粗加工刀路，加工后工件表面呈放射状。生成的刀路在靠近中心位置的地方刀路重叠多，但是离中心位置越远的地方刀路间的间距就会越大，往往造成余量过多，而且提刀次数多，刀路生成时间长，效率低，较少采用。

（7）曲面流线粗加工　曲面流线粗加工是刀具依据构成曲面的横向或纵向结构线方向进行加工。

（8）等高外形粗加工　等高外形粗加工是刀具沿曲面进行等高曲线加工，对复杂曲面的加工效果显著，加工后的工件表面呈梯田状。

（9）残料清除粗加工　残料清除粗加工是根据以前已加工或因使用较大刀具加工所残留的材料做进一步修整加工，达到清除残料的目的，刀路生成时间长，较少采用。

（10）等高精加工　等高精加工分为传统等高精加工刀路与高速等高精加工刀路，广泛应用于直壁或者陡峭面精加工，应用广泛。

（11）平行精加工　平行精加工分为传统等高精加工刀路与高速等高精加工刀路，与粗加工类型相似，无深度方向的分层控制。加工较平坦的曲面时能取得较好的效果，但在加工有陡斜坡面的地方时效果不明显，此时需注意加工角度的控制。精加工时应用广泛，粗加工时也可使用。

（12）平行陡斜面精加工　平行陡斜面精加工生成清除曲面斜坡上残留材料的精加工刀路。一般作为加工陡斜面效果不佳时的补充方案，和其他加工方法配合使用，可达到良好效果。

（13）放射状精加工　放射状精加工与放射状粗加工类型相似，适用于如球类特征的曲面精加工，当加工范围不大时能取得较好的加工效果。

（14）投影精加工　投影精加工与投影粗加工类型相似，将几何图素或已有的刀路数据投影到曲面上形成新的加工刀具路径，一般作为补充加工方案使用。

（15）曲面流线精加工　曲面流线精加工与曲面流线粗加工类型相似，刀具依据构成曲面的横向或纵向结构线方向进行加工。

（16）清角精加工　清角精加工是在曲面相交处生成刀具路径以清除残料，是比较实用的清角方法，作为补加工使用。

（17）残料清除精加工　残料清除精加工用于生成因使用较大直径刀具加工所残留的材料的精加工刀具路径，刀路生成时间长。

（18）环绕等距精加工　环绕等距精加工会生成以等步距环绕工件曲面加工的刀路，加工坡度不大的曲面时可取得良好效果，适用范围比较广。

以上主要介绍了一些刀路的特点和适用范围，在真正编程时往往不能机械地使用一种方法就能达到所需的加工效果。实践中针对零件不同的特征采用不同的刀路，并对零件进行分区域加工，有时甚至在分区域加工后仍需再次进行细分区域加工。从生成刀具路径的角度来看，对零件进行自动编程，其实就是使用 CAM 软件所提供的刀具路径进行刀路建模。建模结果就是所生成的刀具路径以及刀具回转体本身所占有的空间共同构成的空间集合，也就是所要加工的零件外形，也可以说与零件的建模是一个逆过程，这就好像是凸模与凹模的关系。在实际工作中一般应掌握的刀路有外形铣削、2D 高速加工、钻孔加工、挖槽加工、高速曲面优化铣削、平行精加工、等高外形精加工和环绕等距精加工，其他曲面加工刀路一般作为补充加工用。

四、编程策略

在进行数控编程时，有两项工作必须做好：一是分析加工对象和划分加工区域，二是规划加工路线。

1. 分析加工对象和划分加工区域

只有结合工件特点去考虑刀路的适用特点，做好刀路分工（即针对不同的形状特点需采用不同的刀路）才能获得好的加工效果。需要进行分区域加工的情况有如下几种：

（1）尺寸差异较大　如出现一处转角半径为 R10mm，而另一处却为 R3mm 的拐角，或有的加工表面比较宽，而有的加工表面却很狭窄，特别是拐角处或较小的型腔等。这些区域的尺寸变化大，需针对不同的地方采用不同的刀具进行加工，为了提高加工效率，一般先尽可能采用大尺寸刀具进行粗加工，对于小的区域再采用小尺寸刀具进行加工，使加工具有完整性。

（2）形状差异较大　当同时出现平整面与自由曲面时，有的加工表面很平坦，有的加工表面形状变化大，如陡然变化的凸、凹曲面等。平整面尽可能采用 2D 加工，一些较平坦的自由曲面可采用平行铣，陡然变化的曲面一般采用等高外形加工，这些需要针对不同的形状特点采用不同的加工方式，以获得好的加工品质。

（3）精度和表面质量要求差异较大　因工件的使用特点，不同的地方会有不同的精度和表面粗糙度的要求。采用球头立铣刀精加工自由曲面时，表面质量要求高的地方，需采用较小的步距进行加工，表面质量要求不高的加工表面，可采用较大的步距进行加工，真正做到有的放矢，提高加工效率。

2. 规划加工路线

一般的加工过程都是由粗加工、半精加工、精加工和清角加工构成的。

（1）粗加工　粗加工的目的是以最快的速度去除加工余量，其效率取决于机床的切削速度（进给速度和吃刀量）以及所采用的刀路。曲面粗加工以高速曲面优化铣削和曲面挖槽加工刀路为主，基本上能实现 80% 以上的加工任务，而且效果显著。对于一些陡斜曲面的残留部分采用小尺寸刀具进行等高外形刀路加工或环绕等距刀路加工。结合工件形状特点适当采用一些 2D 刀路会更简便、快捷。粗加工时尽可能采用大尺寸刀具，再用小尺寸刀具进行清除残料，保证余量一致才进行精加工，以取得好的加工品质。要结合实际情况仔细分析好残料的多少，特别是采用小尺寸刀具加工时，如果对残料的估算不准确和对加工余量把握不好，都会造成刀具损坏和过切、（弹刀乃至精加工余量大和切削不到的情况）。在采用大的切削速度加工大型零件时，要合理安排好工序。粗加工后，为防止变形，应在保证零件已冷却的情况下，解除装夹后再进行下一工序的加工。

（2）精加工　精加工的目的是达到所要求的加工精度和表面质量。根据曲面形状选用相应的刀路，平行精加工刀路适用范围广，使用率最高，但是较陡峭的一边会不好铣削，需要控制好加工角度和高度。凸台顶部的窄平面可用外形加工刀路沿直线铣削，刀路简单快捷。完全平整的曲面采用挖槽加工刀路比 2D 刀路的效率高，且表面质量好，如模具分型面的加工。陡斜曲面与平整曲面连接优先选用小尺寸刀具和等高外形刀路，需要同时控制加工高度。平面中间有较多凸起部位时，可选用曲面挖槽加工刀路，限制加工高度，只对平面所在高度进行加工。当控制加工深度不便于确定出单纯适合于平行精加工或等高外形加工的曲面时，可采用平行陡斜面加工或浅平面加工。加工大型零件或零件曲面造型复杂时，需要合理分布刀路，做到成区域或成类型分开加工。

（3）清角加工　清角加工的目的是去除精加工时剩余的残料，根据曲面交线处的特性选择不同的刀路。平面与曲面交线处的清角一般用立铣刀按等高外形刀路进给较为合适，需要控制加工高度。对于一些垂直面的加工，采用立铣刀按外形铣刀路，不但计算速度快，而且可进行分层铣削。曲面造型复杂时，可采用交线清角加工。残料清除加工刀路可用于计算清角刀路，但其计算时间较长，较少采用。针对曲面特点适当地加工一些简单的 2D 刀路或利用曲面边界生成曲线，或者通过曲面修整以辅助刀路的生成，不但可以起到美化刀路的效果，而且还可以获得好的加工品质。

最后，所有加工过程中都要避免刀路中有直角和尖角，突然拐角和急刹容易引起过切和弹刀，对机床的损坏也很大，刀路尽量走圆弧，这也是高速加工中的刀路都是自动转圆角的原因。

五、CAM 软件数控编程一般步骤

熟练掌握 CAM 软件数控编程的流程是对每个使用 CAM 软件编程人员的基本要求，可以有效减少加工过程中的出错率，提高加工效率。一般 CAM 软件的数控编程流程如下。

1. 获得 CAD 模型

CAD 模型是 CAM 进行 NC 编程的前提和基础，任何 CAM 的程序编制必须有 CAD 模型作为加工对象才能进行编程。CAD 模型可以由 CAM 软件自带的 CAD 功能直接造型获得，或是通过与其他软件进行数控转换获得，目前很多 CAM 软件都有这两种功能，如 Mastercam、NX UG、Catia、Cinmatron、Creo 等。Mastercam 可以直接读取其他 CAD 软件所做的造型，如 PRT、DWG 等文件。通过 Mastercam 的标准转换接口可以转换并读取如 IGES、STEP 等格式文件。

2. 分析 CAD 模型和确定加工工艺

（1）分析 CAD 模型　对 CAD 模型进行分析是确定加工工艺的首要工作，要细致地做好模型的几何特点、形状与位置的公差要求、表面粗糙度要求、毛坯形状、材料性能要求、生产批量大小等分析。其中，进行几何分析时应根据方便编程加工的原则确定好工件坐标系，为了使生成的刀路规范化，对一些特殊的曲面部分确定是否需要进行曲面修补或其他编辑，是否需要做一些辅助线作为加工轨迹用或限定加工边界等。

（2）确定加工工艺

1）选择加工设备。根据模型几何特点，选择并确定好数控加工的部位及各工序内容，以充分发挥数控设备的功用。并不是所有的部位都可以采用数控铣床或加工中心去完成加工的，如有些方的或细小尖角部位应使用线切割或电火花才能完成加工。

2）选择夹具。选择装夹工具与装夹方法，装夹时应考虑在加工过程中防止工件与夹具发生干涉。

3）划分加工区域。针对不同的区域进行规划加工往往可以起到事半功倍的效果。

4）加工顺序和进给方式。根据粗、精加工的顺序及加工余量的分配确定加工顺序和进给方式，缩短加工路线，减少空走刀，分清什么时候采用顺铣或逆铣。

5）确定刀具参数。选好刀具的种类和大小，设置合理的进给速度、主轴转速和背吃刀量，同时确定冷却方式，以充分发挥刀具的性能。

根据以上内容编写好数控加工工序单，该表将作为数控编程的技术指导文件。

3. 自动编程

结合加工工艺确定的内容，设置相关参数后，CAM 系统将根据设置结果进行刀路的生成。

4. 程序检验

编制好的刀具路径必须进行检验，以免因个别程序出错影响加工效果或造成事故，主要检查是否过切、欠切或夹具与工件之间的干涉。可通过刀具路径重绘功能查看刀路有无明显的不正常现象，如有些圆弧或直线形状不正常，显得杂乱等，也可利用实体模拟加工检查切削效果。

5. 后处理

将生成的刀具路径文件转化为 NC 程序代码并导出，通过对 NC 文件进行一定的编辑后传输到数控机床进行实际加工。

其中，分析 CAD 模型和确定加工工艺是关键，也是编程的难点，它决定了加工程序的编制、刀具路径的质量和加工效益。

任务小结

本任务主要介绍了 Mastercam 的基本知识、Mastercam 编程特点、刀具路径说明和编程策略，以及 CAM 软件数控编程的一般步骤，可使读者对 Mastercam 的数控编程模块有一定的认识。

数控编程基础及编程注意事项认知

> 知识目标

1）掌握常用数控指令的作用和使用方法。

2）掌握常用刀具的使用场合和加工参数的合理设置。

> 能力目标

1）能根据数控加工需要正确使用数控指令。

2）能正确选择加工刀具和设置加工参数。

3）能判断顺铣和逆铣的加工效果。

> 素质目标

1）能对顺铣和逆铣的加工效果有正确的认识，并形成刀路运动轨迹对加工质量有影响的编程意识。

2）能对设置进、退刀路线的注意事项有一定的认识。

3）能对数控编程中常见的问题进行分析并提出解决方法。

任务学习

数控编程人员必须掌握一定的数控加工基础知识，如编程指令的使用、刀具的选用、加工参数的设置、进给方式的选择以及加工时应注意的事项等。只有真正掌握了数控指令，才能深入地理解数控自动编程，同时使用好 CAM 软件进行自动编程，控制刀路时才能做到游刃有余。刀具的选用、加工参数的设置以及进给方式的选择等作为数控加工工艺的内容将直接影响数控加工的质量和效率，因此作为一名合格的编程人员，应熟悉数控加工工艺。

一、数控程序的结构

数控程序结构如图 2-1 所示。

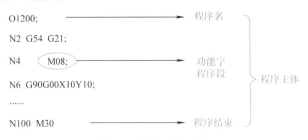

图 2-1　数控程序结构

其中，程序结构中的程序段顺序号由地址 N 表示，该顺序号可省略，特别是采用手工编程时，可提高编程效率。N 只表示程序段标号，主要用于查找或修改程序（如对加工过程中的某一段错误程序提供查找信息），在加工过程不起任何作用。顺序号可递增或递减，且不要求数值具有连续性，但在使用某些循环指令、宏指令、调用子程序及镜像指令时不可省略。

二、常用数控指令

数控编程指令有模态指令与非模态指令之分。模态指令具有延续性，在同组的其他指令出现之前一直有效，不受程序段多少的限制，而非模态指令只在当前程序段有效，不具有延续性。
下面简单介绍常用的 G、M 指令。

1. 单位设定（G20、G21、G22）

G20 指令用于指定英制输入制式，G21 指令用于指定米制输入制式，G22 指令用于指定当量输入制式。

2. 坐标系指令

（1）绝对坐标和增量坐标指令（G90、G91）　数控编程中可以采用绝对值编程也可以采用增量值编程，或者采用绝对值与增量值混合编程。G90 指令与 G91 指令的功能是设定编程时坐标值为绝对值与增量值。G90 指令用于绝对值编程，每个编程坐标轴上的编程值都是相对于程序原点，G90 为默认值。如图 2-2 所示，A（10，10）、B（30，50）、C（80，50）都是绝对值坐标。G91 指令用于增量值编程，每个编程坐标轴上的编程值都是相对于前一个点的位置而言的，该值等于沿轴移动的距离。如图 2-2 所示，B 相对于 A 的增量坐标为 $B_{相A}$（20，40），C 相对于 B 的增量坐标为 $C_{相B}$（50，0）。

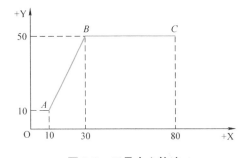

图 2-2　刀具中心轨迹

注意：G90、G91 是一对模态指令，在同一程序段中只能用一种，不能混合使用。在编程过程中，如果前面用了增量值编程，后面没有采用 G90 指令进行取消，则后面会一直都是 G91 模式（即增量值编程），这样很容易发生撞刀现象，应特别引起注意。应分清楚什么时候采用 G91 指令，什么时候要用 G90 指令取消 G91 指令。

例：已知刀具中心轨迹为"$A \to B \to C$"，如图 2-2 所示，以 A 为起点，则：

使用 G90 指令绝对值编程时，程序为：

G90　G00　X30　Y50

　　　　　　X80

使用 G91 指令增量值编程时，程序为：

G91　G00　X20　Y40

　　　　　　　X40

（2）建立工件坐标系指令

1）工件坐标设置预置存指令（G92）的格式及说明如下。

格式：G92　X__Y__Z__

G92 指令应位于程序的第一句，执行后刀具并不运动，只是将刀具当前点置为 X、Y、Z 的设定值。通常将坐标原点设于主轴轴线上，以便于编程。G92 指令要求坐标值 X、Y、Z 必须齐全，不可默认，并且不能使用 U、V、W 编程。

如图 2-3a 所示，建立工件坐标系的程序为：G92　X40　Y20　Z10，其含义为：刀具并不产生任何动作，只是将刀具所在的位置设为 X40　Y20　Z10，即相当于确定了工件坐标系。

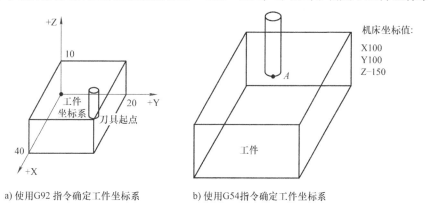

a) 使用G92 指令确定工件坐标系　　　　b) 使用G54指令确定工件坐标系

图 2-3　工件坐标系的确定

2）坐标系选择指令（G54～G59）。

G54 坐标系的确定：首先回参考点，移动刀具至某一点，例如移到工件上表面中心点 A，如图 2-3b 所示。将此时屏幕上显示的机床坐标值：X100 Y100 Z-150 输入到数控系统对应的 G54 参数表中，即完成 G54 工件坐标系的确定。其他 G55～G59 指令确定坐标系的方法和 G54 指令一样。

G54～G59 指令确定的是系统预定的 6 个工件坐标系，可根据需要任意选用。加工前，将测得的工件编程原点坐标值通过 MDI（手动数据输入）方式预存入数控系统对应的 G54～G59 中，编程时，在指令行里写入相对应的 G54～G59 即可。此方法比 G92 稍麻烦些，但不易出错。零点偏置是在编程过程中进行编程坐标系（工件坐标系）的平移变换，使编程坐标系零点偏移到新的位置。G54～G59 为模态指令，可相互注销，G54 为默认值。

3）G92 指令与 G54～G59 指令的区别

G92 指令是在程序中设定坐标系，使用 G92 指令的程序结束后，若机床没有回到 G92 指令设定的工件坐标系原点位置，再次启动此程序必须重新设置新的工件坐标原点，否则机床会把当前所在位置设为新的工件坐标原点，这样容易发生事故，所以，一定要慎用 G92 指令。

G54 ~ G59 指令是调用加工前已设定好的坐标系。使用 G54 ~ G59 指令就没有必要再使用 G92 指令，否则 G54 ~ G59 指令会被替换而不起作用，应当避免。手工编程时，常会用到宏指令、镜像指令或旋转指令等，根据零件特点再结合数控系统提供的 G54 ~ G59 指令进行工件坐标系的建立往往可以起到事半功倍的效果。

3. 与运动相关指令

（1）快速点定位指令（G00）

应用 G00 指令使刀具在非切削状态下快速移动，执行指令时，F 功能对 G00 指令无效，机床以自身设定的最大移动速度移向指令位置。G00 指令在两点间所移动的轨迹与数控系统有关，一般以直线方式移动到指定位置，也有的沿折线一根轴一根轴依次移动到位。由于使用时机床移动的速度往往很快，为避免撞刀事故的发生，一般在快速移动刀具位置前，先将 Z 轴提到安全高度后，再快速移动刀具位置。

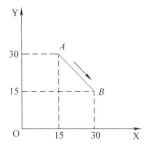

图 2-4　快速点定位

格式：G00　X__Y__Z__

例：如图 2-4 所示，刀具从 A 点移动到 B 点。

应用 G90 指令绝对值编程时，程序为：

G90　G00　X30　Y15

应用 G91 指令增量值编程时，程序为：

G91　G00　X15　Y-15

（2）直线插补指令（G01）

应用 G01 指令操纵刀具由当前位置，以 F____ 所指定的切削速度沿直线进给到 G01 指令中指定的位置，为模态指令。

格式：G01　X__Y__Z__F__

例：如图 2-4 所示，从 A 点移动到 B 点。

应用 G90 指令绝对编程时，程序为：

G90　G01　X30　Y15　F100

应用 G91 指令增量编程时，程序为：

G91　G01　X15　Y-15　F100

（3）圆弧插补指令（G02、G03）

G02 指令为顺时针圆弧插补指令，G03 指令为逆时针圆弧插补指令。

顺、逆方向的判别规则：沿垂直于圆弧所在平面坐标轴的正方向往负方向看，如在 XY 平面内，从 Z 轴的正方向原点看，顺时针方向的圆弧为顺时针圆弧，反之为逆时针圆弧，如图 2-5 所示。

格式：

$$G17 \begin{Bmatrix} G02 \\ G03 \end{Bmatrix} X\_Y\_ \begin{Bmatrix} R\_ \\ I\_J\_ \end{Bmatrix}$$

$$G18 \begin{Bmatrix} G02 \\ G03 \end{Bmatrix} X\_Z\_ \begin{Bmatrix} R\_ \\ I\_K\_ \end{Bmatrix}$$

$$G19 \begin{Bmatrix} G02 \\ G03 \end{Bmatrix} Y\_Z\_ \begin{Bmatrix} R\_ \\ J\_K\_ \end{Bmatrix}$$

图 2-5　各平面下的圆弧方向

说明：

X、Y、Z 分别表示 X 轴、Y 轴、Z 轴的终点坐标。

I、J、K 分别表示圆弧圆心点相对于起点在 X、Y、Z 轴向的增量值。

R 为圆弧半径。

F 为进给速率。

终点坐标可以用绝对坐标 G90 或增量坐标 G91 表示，但是 I、J、K 的值总是以增量方式表示。当圆弧夹角小于 180° 时，R 为正值;当圆弧夹角大于 180° 时，R 为负值;当圆弧夹角等于 180° 时，R 值可正可负。整圆编程时不能用 R，只能用 I、J、K 表示。

（4）刀具补偿指令

1）刀具半径补偿指令（G40、G41、G42）。

格式：

$$G00/G01 \left\{ \begin{matrix} G41 \\ G42 \end{matrix} \right\} X\_\_\_\ Y\_\_\_\ D\_\_\_$$

$$G00/G01\quad G40\quad X\_\_\_\ Y\_\_\_$$

说明：

G40：刀具半径补偿取消，如图 2-6 所示。

G41：刀具半径左补偿，沿着刀具前进方向观察，刀具偏在工件的左边（假定工件不动），如图 2-6 所示。

G42：刀具半径右补偿，沿着刀具前进方向观察，刀具偏在工件的右边（假定工件不动），如图 2-6 所示。

D__：刀具偏置号，通过 MDI 方式将偏置数值输入到机床中。通过设置偏置数值的大小，可用同一程序实现粗、精加工。

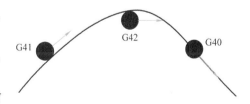

图 2-6　刀具半径补偿判断

注意:在建立刀具半径补偿段时，必须采用 G00 或 G01 指令，不能是 G02 或 G03 指令，且 X、Y 轴至少有一轴必须得移动一定的距离。为提高安全性，一般在远离工件的地方建立、取消刀补，且应与选定好的切入点和进刀方式相协调，保证刀具半径补偿的有效性。G40 与 G41 或 G42 指令必须成对使用，不然容易误切或撞刀。

2）刀具长度补偿指令（G43、G44、G49）。

格式：

$$G00/G01 \begin{Bmatrix} G43 \\ G44 \end{Bmatrix} Z\_\_ \quad H\_\_$$

G49 或 H0

说明：

G43：刀具长度正向偏置。

G44：刀具长度负向偏置。

G49：刀具长度补偿取消。

注意：在建立刀具长度补偿时，Z 轴一定要移动位置。实际应用中，当分不清什么时候采用正补偿或负补偿时，可以只用 G43 指令，即以第一把刀作为基准，在进行其他刀具对刀时将所得的数值大小（该值为对同一基准面对刀时，机床所显示的值，有正负之分，该值为正时则输入正值，为负时则输入负值），通过 MDI 方式输入机床系统中。加工中心常采用刀具长度补偿指令。

（5）循环指令

数控加工中，将钻孔、镗孔、攻螺纹等加工动作预先编好程序，存储在内存中，并由一个 G 代码程序段进行调用，起到简化编程的作用。常用的孔加工固定循环指令有 G73、G74、G76、G80 和 G81～G89 等。由于钻孔循环的动作基本相同，这里只选比较有代表性的做简单说明。

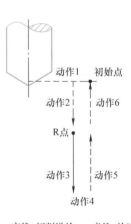

钻孔加工通常由以下 6 个动作完成，如图 2-7 所示。

1）X、Y 轴定位。

2）快速移动到 R 点。

3）孔加工。

4）在孔底的动作。

5）退回到 R 点（参考点）。

6）快速退回到初始点。

实线: 切削进给　　虚线: 快速进给

图 2-7　钻孔动作

其中初始点是为了安全下刀而设置的一个点。R 平面是刀具下刀时从快速自动转为工作切削速度（即钻孔时的切削速度 F）的平面高度。

固定循环格式：

$$\begin{Bmatrix} G98 \\ G99 \end{Bmatrix} G\_\_ \ X\_\_ \ Y\_\_ \ Z\_\_ \ R\_\_ \ Q\_\_ \ P\_\_ \ F\_\_$$

说明：

G98：退回初始平面。

G99：退回 R 点平面。

G__：固定循环指令，如 G73、G74、G76 和 G81～G89 之一等。

X、Y：加工孔的位置，可用绝对值（G90）或增量值（G91）指定。

R：初始点到 R 点的距离，不宜太大，一般为 2～10mm。

Q：每次进给深度。

P：刀具在孔底停留的时间和 G04 指令相同。

F：切削速度。

1）钻孔循环指令（G81）。

格式：

$$\begin{Bmatrix} G98 \\ G99 \end{Bmatrix} G81 \quad X\_ \quad Y\_ \quad Z\_ \quad R\_ \quad F\_$$

G81 指令一般用于钻中心孔，为后续加工孔的钻头定位，加工深度一般为 2 ~ 5mm。有时可用 G01 指令代替 G81 指令使用。动作过程如图 2-8 所示。

2）深孔加工循环指令（G83）。

格式：

$$\begin{Bmatrix} G98 \\ G99 \end{Bmatrix} G83 \quad X\_ \quad Y\_ \quad Z\_ \quad R\_ \quad Q\_ \quad P\_ \quad F\_$$

G83 指令适用于加工深孔。机械加工中通常把孔的深度与孔的直径之比大于 6 的孔称为深孔。该功能和 Mastercam 的啄式钻孔功能相同。其动作过程如图 2-9 所示。

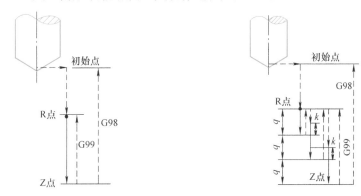

图 2-8　G81 指令钻孔轨迹　　　　图 2-9　G83 指令钻孔轨迹

4. 辅助功能 M 指令

辅助功能以地址符 M 后接两位数字组成，从 M00 ~ M99 共 100 个。辅助功能 M 指令主要控制机床主轴的启动、旋转、停止和切削液启停等开关量。辅助功能指令也分为模态和非模态，且应定义其在一个程序段中起作用的时间，有些在程序段运动指令完成后开始起作用，例如，与程序有关的指令 M00、M01、M02 和 M30 等；有些与程序段运动指令同时开始起作用，例如，主轴转向指令 M03、M04 和切削液开启指令 M08 等。

常用的 M 指令有以下几个。

M00——程序暂停。执行到此时，机床进给停止、主轴停转。只有按【循环启动】按钮后，才能继续执行后面的程序段。该指令主要用于操作人员在加工中使机床暂停，用于检验工件、调整加工参数、排屑等。

M01——程序选择性暂停。只有当控制面板上的【选择停止】键处于"ON"状态时，此功能才能有效，否则该指令无效，执行后效果与 M00 相同。

M02——程序结束。执行到此指令时，机床进给停止，主轴停止，切削液关闭，但程序光标仍停在程序末端。M02 指令写在最后一个程序段中，是非模态指令。

M03——主轴正转，模态指令。

M04——主轴反转，模态指令。

M05——主轴停止，模态指令。

M06——换刀。手动或自动换刀指令，不包括刀具选择，也可以自动关闭切削液和主轴，为非模态指令。

M08——1# 切削液（如液体）开，为模态指令。

M09——切削液关。注销 M07、M08、M50、M51，为模态指令。

M30——程序结束，与 M02 功能相似，但 M30 表示工件加工已完成，执行后结束程序并返回至程序头，停止主轴、切削液和进给。M30 指令写在最后一个程序段中，为非模态指令。

5. 主轴功能 S 指令

S 指令指定主轴转速，是续效代码，由地址符 S 和后面的数字组成。对不同档次的数控机床，S 指令的含义不同，有的表示主轴转速，单位为 r/min，有的表示转速档位代号。例如，S1000 表示主轴转速为 1000r/min，S2 表示主轴第 2 档转速。

6. 进给功能 F 指令

在 G01、G02、G03 和循环指令程序段中，用以指定刀具的切削进给速度，为续效代码，由地址符 F 和后面的数字组成。通常单位为 mm/min，例如 F100 表示进给速度为 100mm/min。

7. 刀具功能 T 指令

刀具功能包括刀具选择功能和刀具补偿功能。在有自动换刀功能的数控机床上，用址符 T 和后面的数字来指定刀具号和刀具补偿号。T 后面的数字的位数和定义由不同的机床厂商自行确定。通常用两位或四位，例如，T0101 表示用 1 号刀并调用 1 号刀补值，用于指定加工时所用刀具，该指令在加工中心中使用。

三、数控手工编程实例

手工编程是指从零件图样分析、规划工艺过程、规划刀路、数值计算、编写零件加工程序到程序校验都由人工完成的过程。在加工一些形状简单、计算量不大的零件，尤其只是加工孔时，采用手工编程可以省去软件建模的过程，更加方便、快捷。但是手工编程不适合加工形状复杂的零件，特别是曲线、曲面加工，采用手工编程有很多困难，计算复杂、容易出错，有时甚至无法编出程序，必须用自动编程的方法编制程序。

下面结合实例介绍如何进行数控手工编程。如图 2-10 所示零件，按图形所标尺寸编写该零件外轮廓精加工程序（表 2-1）。

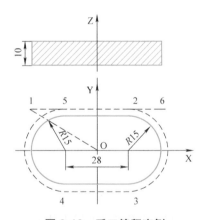

图 2-10　手工编程实例

表 2-1　程序及说明

程序	说明
O1200	程序名
N10 G54 G21	建立工件坐标系
N20 G90 G40 G49 G80	绝对坐标编程，取消刀补和循环加工
N30 G00 X0 Y0 M03 S2500	刀具快速移动到工件坐标原点上方，主轴以 2500r/min 正转
N40 M08	切削液开
N50 G41 D01 G00 X-30 Y15	刀具左补启用至 1 点（注意是在工件上表面建立刀补）

（续）

程　序	说　明
N60 G00 Z10	刀具快速下到距离工件上表面 10mm 处
N70 G01 Z-10 F100	刀具以 100mm/min 的速度下降到 -10mm 处
N80 G01 X14 Y15 F300	刀具以 300mm/min 的速度进给至 2 点处
N90 G02 R15 X14 Y-15	刀具进给至 3 点处
N100 G01 X-14 Y-15	刀具进给至 4 点处
N110 G02 R15 X-14 Y15	刀具进给至 5 点处
N120 G01 X30 Y15	刀具进给至 6 点处
N130 G00 Z60	刀具快速抬刀到距离工件上表面 60mm 处
N140 G40 G00 X0 Y0	刀具取消刀补并回到原点
N150 M05	主轴停止
N160 M09	切削液关
N170 M30	程序结束并返回

　　实战经验：采用手工编程时，程序应尽可能简单，有时甚至加工一个圆就是一个程序。更不要将不同加工区域的内容都放到同一程序中，这样容易出错。特别是当程序很长的时候，容易输入错误，出错时修改困难。同时，编写的程序段多时，在加工完一区域后再紧接着加工下一区域，容易因没有提刀而导致撞刀。

　　建立工件坐标系时，一般不推荐采用 G92 指令。当零件的一些规则形状分布不一时，可根据形状特点采用 G54 ~ G59 指令建立多个坐标系，这样可以减少计算量，而且不容易出错，特别是使用宏程序时经常采用。

　　当刀路是循环路径时，如面铣加工或深度分层加工，经常在同一程序中混合使用 G90 与 G91 指令，但是必须清楚如何区分。因为如果使用了 G91 指令后没有用 G90 指令去取消，往往容易发生撞刀。

　　在工件上表面建立或取消刀具半径补偿是一种比较安全的做法，如上例，而且比在指定的加工深度平面内再建立或取消刀具半径补偿往往来得更便捷一些，手工编程时经常采用。

四、常用刀具的选择与参数设置

　　在数控加工中，使用的刀具种类很多，这里只对常用的刀具种类性能与选用进行介绍。

1. 数控加工常用刀具的种类

　　（1）立铣刀（也称平底刀、面铣刀）　主要用于粗加工、平面精加工、外形精加工和清角清根。

　　（2）圆角铣刀（也称牛鼻刀、牛头刀、飞刀）　主要用于粗加工硬度较高的材料和平面精加工，常用圆角铣刀的圆角半径为 R（$0.2 ~ 6$）mm。

　　（3）球头立铣刀（也称球头锣刀、R 刀）　主要用于曲面精加工，对平面粗加工及精加工时表面粗糙度值大、效率低。

　　（4）倒角刀　倒角刀也称倒角器，分为机夹刀片倒角刀、整体钨钢倒角刀、高速钢倒角刀、HSS 倒角刀、单刃倒角刀、双刃倒角刀，适用范围广，不仅适合普通机械加工的倒角，而且也适合精密、难倒角加工件的倒角与去毛刺。可一次性完成锥面的加工，适用于小切削量工件的加工。

（5）丝锥　丝锥用于加工内螺纹，分为右牙丝锥（简称右牙刀）和左牙丝锥（简称左牙刀）。沿丝锥轴线，从柄部往丝锥头看，丝锥顺时针方向旋转，若螺纹向前方向，则是右牙丝锥（右螺旋丝锥），否则就是左牙丝锥（左螺旋丝锥），右牙丝锥用得比较多。按照形状可以分为螺旋槽丝锥、刃倾角丝锥、直槽丝锥和管螺纹丝锥等；按照使用环境可以分为手用丝锥和机用丝锥；按照加工螺纹规格可以分为米制、美制和寸制丝锥等。

2. 刀具材料的选用

常用的刀具材料有高速钢和硬质合金。

高速钢刀（白钢刀）：易磨损，价格便宜，一般用于直壁加工，普通高速钢刀转速不宜太高，否则容易烧刀，进给速度小。常用于加工比较软的材料，如铜、铝合金可采用普通的高速钢刀或进口的高速钢刀，粗加工时，如果不方便螺旋进给，则可采用垂直下刀（吃刀量 $H < 0.5$），刀具一般不会断裂。

硬质合金刀（合金刀、钨钢刀）：具有高密度、高硬度、耐高温、耐磨的特点，加工效果好，价格昂贵。常用于加工硬度比较高的材料，如钢材或经过淬火、焊接的模具材料，采用硬质合金刀进行加工可取得良好的加工效果。

刀具寿命和精度与刀具价格关系很大，必须引起注意的是，在大多数情况下，选择好的刀具虽然增加了刀具成本，但是却提高了加工质量和加工效率，大大降低了整体加工成本。

3. 切削用量的选择

切削用量包括主轴转速（切削速度）、背吃刀量和进给量。对于不同的加工方法，需要选择不同的切削用量，并编入程序单内。粗加工时，一般以提高生产率为主，但也应考虑经济性和加工成本；半精加工和精加工时，应在保证加工质量的前提下，兼顾切削效率、经济性和加工成本。其具体数值应根据机床说明书和切削用量手册，并结合经验而定。

（1）背吃刀量（a_p）　为有效地提高加工效率，在机床、工件和刀具刚度都允许的情况下，a_p 可直接等于加工余量。同时，适当地留一定的余量进行精加工，以保证零件的加工精度和表面质量。

（2）侧吃刀量（a_e）　一般情况下 a_e 与刀具直径 d 成正比，与背吃刀量成反比。其取值范围为 $a_e = (0.6 \sim 0.9) d$，粗加工时，为提高加工效率可取大值，如 $a_e = 0.8d$；精加工时为获得好的表面质量可取小值，如 $a_e = 0.5d$。

（3）切削速度（v_c）　当工件的质量要求能够得到保证时，为提高生产效率，可选择较高的进给速度。在机床和刀具的刚度都允许的条件下，可采用较大的切削速度，特别是工件材料切削性能比较好时，一般在 100 ~ 200mm/min 范围内选取；加工深孔或用高速钢刀加工时，宜选择较低的进给速度，一般在 20 ~ 50mm/min 范围内选取；精加工时为获得较好的表面加工质量，一般在 0 ~ 50mm/min 范围内选取；刀具空走刀时，一般直接采用机床数控系统设定的最高切削速度。

（4）主轴转速（n）　应根据允许的切削速度和工件（或刀具）直径来选择。

其计算公式为

$$n = 1000 v_c / \pi d_w$$

式中　　n ——主轴转速，单位为 r/min；

v_c ——切削速度，单位为 m/min，由刀具寿命决定；

d_w —— 工件直径或刀具直径，单位为 mm。

计算所得的主轴转速 n，最后要选取机床所具有的或较接近的转速。一般情况下粗加工、采用大尺寸刀具或钻孔时转速要低一些，采用小尺寸刀具或精加工时转速应高一些。

在设置主轴转速与切削速度时要注意，搭配粗加工时主轴转速可小一些，进给倍率大一些，精加工反之。如果主轴转速太快而切削速度太慢，刀具往往会因为切不到余量而出现打磨现象，一旦刀具与工件表面发生打磨，就会发出"吱、吱、吱"的尖叫声。此时热量骤升，对刀具和工件都不利，容易发生"烧刀"与"粘刀"现象。从安全角度出发，一般优先考虑对主轴转速进行调整，接着再考虑对进给速度进行调整。例如，可先通过机床控制面板上的【主轴修调】按钮降低主轴转速，如果不行可调高切削速度，直到这种现象不再发生为止。当然，除了考虑主轴转速和切削速度外，还应考虑其他的因素，如切削液、刀具材料和加工余量等。

五、刀路的选择

数控加工中不同的刀路往往可以获得不同的加工质量，包括的内容有进、退刀路线，加工时的运动路线，顺铣与逆铣等。为保证零件加工精度和达到表面质量的要求，简化计算，使刀路最短，提高加工效率，在 Mastercam 中针对不同的加工形式选择不同的刀路。合理地选择刀路，可以在同样加工时间的条件下，获得更加好的加工品质。

（1）顺铣与逆铣　铣刀的旋转方向与工件进给方向相同称为顺铣，反之称为逆铣，如图 2-11 所示。由图 2-11a 所示可知，逆铣时，铣刀的切屑厚度从零增加到最大，与工件之间产生强烈摩擦，刀具易磨损，并使加工表面质量变差，同时逆铣时有一个上抬工件的分力，容易使工件产振动和装夹松动。顺铣时，铣刀的切削厚度从最大值减小到零，切入前铣刀不与零件产生摩擦，有利于提高刀具寿命、降低表面粗糙度值，同时铣削时向下压的分力有利增加工件夹持的稳定性。由于进给丝杠与螺母之间有间隙，顺铣时工作台会窜动而引起打刀。数控机床采用了间隙补偿结构，窜刀现象可以克服，因此顺铣法铣削应用较多。

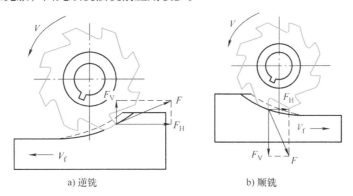

a) 逆铣 b) 顺铣

图 2-11　顺铣与逆铣

一般情况下，采用顺铣有利于防止切削刃损坏，可提高刀具寿命。加工铝镁合金、钛合金和耐热合金等硬度较低的工件毛坯以及精加工时建议采用顺铣加工，有利于降低表面粗糙度值和提高刀具寿命。加工零件毛坯为钢铁材料的锻件或铸件等硬度高的材料时，由于表皮硬而且余量一般较大，这时采用逆铣较为有利，以获得好的加工质量。另外，采用顺铣法铣削铸件或表面有氧化皮的零件毛坯时，会使切削刃加速磨损甚至崩裂。

（2）进、退刀路线　刀具进刀时，应避免沿零件外轮廓的法向切入，而应沿外轮廓曲线延长线的切向切入，以避免在切入处由于法向力过大产生刀痕，影响表面质量，退刀时也一样。铣削封闭的内轮廓零件时，若内轮廓曲线允许外延，则应沿切线方向切入、切出。若内轮廓曲线不允许外延时，此时刀具的切入、切出点应尽量选在内轮廓曲线两几何图素的交点处。一般情况下，在进行轮廓加工时都要避免在轮廓的转角处进、退刀，而且一般采用相切的圆弧或直线进行进、退刀。

（3）平行切削　　在 Mastercam 中平行切削分为单向切削和双向切削，并且可以根据零件特点指定加工角度。当表面质量要求高时，采用单向切削。加工时刀具始终沿一个方向切削加工到终点后快速提刀到安全高度，至下一行的起点位置，再切削加工到该行的终点位置。因此，加工时只存在顺铣或逆铣方式加工工件，但提刀多，效率低。双向切削时刀具是来回切削的，它是以顺逆铣混合方式加工工件，相比单向切削减少了提刀时间，效率高。这种方式用得比较多，适合加工一些比较平坦的曲面。由于平行切削时步距值是水平方向的间距，加工斜面时刀路水平步距不变的情况下，刀路的垂直步距会随着坡度的增加变大。此时，影响最大的就是加工角度的控制。当加工角度为 0° 时，会出现两个面都较粗糙的现象，如图 2-12a 所示。当加工角度为 45° 时，陡斜面处会出现表面质量差的情况，如图 2-12b 所示，而且往往会产生其中一边加工质量好而另一边加工质量不好的情况。为获得好的加工质量，一般的解决方法是修改加工角度，如在原来采用45° 加工角度的基础上再采用 135° 进行加工。

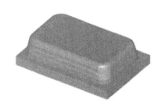

a）加工角度为 0°　　　　　　　　　　　b）加工角度为 45°

图 2-12　加工角度

（4）环绕切削　　这种切削方式是围绕轮廓的外形以等距的环绕方式进行加工，可指定向内或向外环绕加工方式，这种刀路在同一层内不提刀。相比平行切削，除了能加工平坦面外，环绕切削最大的优势是加工具有一定坡度的曲面时可仍获得好的加工质量，Mastercam 刀路中的等高外形和等距环切就采用这种方式，粗、精加工时都较常使用。

六、数控编程中常见问题及解决方法

在数控编程中，常见问题有撞刀、过切、弹刀、漏加工、多余的加工、空刀过多、提刀过多和刀路混乱等。这些问题轻则撞坏刀具或工件，重则撞坏机床，甚至带来巨大的经济损失，这也是编程初学者急需解决的重要问题。

（1）撞刀　　加工时不但刀具的切削刃撞到工件，而且连刀杆也撞到工件的现象称为撞刀。撞刀会直接损坏刀具和工件，严重时甚至撞坏机床主轴。在编程时，如果工件坐标系设置不恰当（操作者所设坐标系与编程时所设坐标系不一致），将容易造成加工刀具切削量过大，特别是第一刀刚开始加工的吃刀量比较大而引起撞刀。编写刀路时，应养成将零件图的中心移到系统坐标原点（X0，Y0），最高点移到 Z 轴零点，再进行下一步刀路编制的习惯。刚开始运行程序时，要把倍率调到低档（如进给倍率调到 15%），手不离开【进给保持】或【急停】按钮，一发现问题时就立即按下，看清程序和刀具的位置后再慢慢提高进给倍率，养成先看后走、专心的好习惯，以减少事故的发生。当因吃刀量过大引起弹刀时，应减少吃刀量，刀具直径越小，吃刀量就应相应减小。一般情况下，钢件等硬度较高的材料粗加工时每次吃刀量不大于 1mm，半精加工和精加工吃刀量应设置得更小。

（2）过切　加工时刀具把不能切削的部位也切削了的现象称为过切。过切会使工件受损坏或直接报废。编程时要注意设定加工范围或定义干涉面。在设置退刀高度和安全高度时，一般采用绝对方式而不采用相对方式，同时可将数值设得大一些，这一点对于初学者来说尤其要注意。编程时，一定要认真细致地做好编制程序的各项设置工作，完成后还需要详细检查，以防万一。

（3）弹刀　加工时指刀具因受力过大而产生幅度相对较大的振动称为弹刀。弹刀往往会造成工件过切和损坏刀具，当刀具直径小且刀杆过长、加工深度又大时，会产生弹刀现象。选用刀具的时候要注意刀具的刚性与强度，刀杆过长则其刚度一般比较差，这时可选用大尺寸刀具或减少吃刀量。刀具没有设置好时也会产生这种现象，如对封闭区域采用螺旋下刀进行挖槽加工时，若螺旋下刀失败，往往会出现刀具直插的现象，此时也会出现弹刀，这一点在编程时应该引起注意。

（4）漏加工　加工时因编程人员考虑不周出现一些刀具能加工到的地方却没有加工的现象称为漏加工，漏加工是比较普遍也是最容易忽略的问题之一。编程者在编程时思路一定要清晰，每一步都应在程序单上做好记录，不能因为零件复杂或所分区域过多而造成顾此失彼，对所分区域应做到"穷追猛打"，做好转角处与微小区域的补加工刀路。

（5）多余的加工　加工时由于没有控制好加工范围，对已加工的部位仍进行加工，或对于刀具加工不到的地方（如需采用电火花加工的部位）仍进行加工的现象称为多余的加工。这是初学者容易出现的问题，它多发生在半精加工或精加工过程中。编程时应结合前面加工的情况进行设置刀路，有些模具的细小部位或者普通数控加工不能加工的部位都需要进行电火花加工，没有必要因为进行了多余的加工而造成浪费时间或过切。

（6）空刀过多　加工时刀具没有切削到工件的现象称为空走刀，当空刀过多时，则会浪费时间。产生空刀的原因多半是加工方式选择不当和加工参数设置不当等，多余加工过多时也会产生这种现象。编程时不能大面积地采用同一种加工方式，应做好区域划分并针对区域形状特点选用适用的刀路，如较平坦的区域采用平行铣削或等距环切，陡峭的区域选用等高轮廓铣刀路等。

（7）提刀过多和刀路凌乱　提刀在编程加工中是不可避免的，但提刀过多时就会浪费时间，大大地降低加工效率和提高加工成本。同时，提刀过多也会造成刀路凌乱、不美观，会给检查刀路的正确与否带来困难。造成提刀过多和刀路凌乱的原因和空刀过多相似，应根据零件形状特点设置好加工参数，细化刀路。

另外，在采用 CAM 软件编程的过程中，如果不能很好地控制刀路，一般情况下不要对刀路进行修剪，编好程序后应做好模拟检查工作。编程人员应多到加工一线去收集相关经验并做好记录，重视加工经验的积累，在工作上培养严谨、细致的工作作风。

任务小结

本任务主要介绍数控编程与加工的基础知识，包括常用的 G 指令、M 指令的运用以及一些注意事项，让读者对数控编程与加工有一定的了解，同时具有分析和解决一些常见问题的能力。

任务三

过渡板编程加工

任务目标

> **知识目标**

1）掌握刀具的创建方法。

2）掌握钻孔的编程加工方法。

3）掌握平面铣削的编程加工方法。

4）掌握标准挖槽的编程加工方法，包括开放式挖槽。

5）掌握外形铣削的编程加工方法。

6）掌握刀路复制和编辑的操作方法。

> **能力目标**

1）能根据零件加工需要正确创建刀具。

2）能根据零件的结构特点，通过借助边界和平移的方法正确设置加工坐标系。

3）能正确设置实体模拟的相关参数。

4）能正确使用钻孔、平面铣削、标准挖槽和外形铣削等刀路进行编程加工，并能运用其他的一些编程技巧，如外形铣削刀路中如何延长加工轨迹，利用单边即可实现更大范围的加工。

> **素质目标**

1）能对数控编程加工的流程有较深入的认识，如能判断编程坐标系的正确与否并进行设置。

2）能对实体模拟加工的作用有深入的理解。

3）能养成建立刀具群组的习惯并对其作用有较深入的理解。

4）能对编程加工相关参数的作用有较深入的理解，包括增量坐标与绝对坐标的区别、不同的进给方式等参数的作用。

任务导入

打开配套资源包"源文件/cha03/过渡板.mcam"进行编程加工，只加工正面，零件材料为铝合金，零件工程图如图3-1所示。

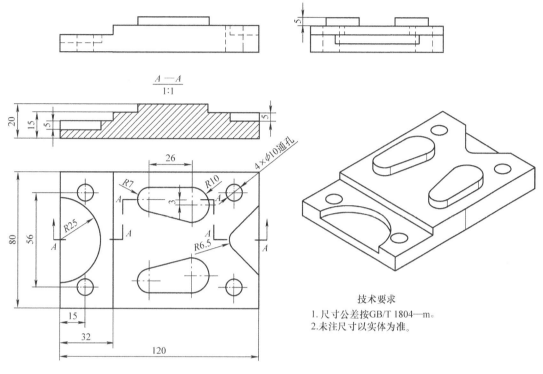

图 3-1　过渡板

任务分析

1. 图形分析

该零件图形构成简单，外形尺寸为 120mm×80mm×20mm，中间是两个高度为 5mm 的凸台，前端由一阶梯及不封闭的半圆台阶构成，后端由一个不封闭的三角形台阶构成，有 4 个 φ10mm 通孔。

2. 工艺分析

该零件图形简单，没有复杂曲面，各特征分布明显。针对各特征特点可直接进行单独加工。加工 4 个通孔时，垫块要注意避开通孔位置。

3. 刀路规划

步骤 1：使用 φ5mm 中心钻钻中心孔，加工深度为 5.0mm。

步骤 2：使用 φ10mm 钻头进行通孔加工。

步骤 3：使用 φ12mm 立铣刀对零件两凸台采用标准挖槽粗加工，加工余量为 0.25mm。

步骤 4：使用 φ12mm 立铣刀对零件两凸台采用标准挖槽精加工，加工余量为 0.0mm。

步骤 5：使用 φ12mm 立铣刀对三角形凹槽采用开放式挖槽粗加工，加工余量为 0.25mm。

步骤 6：使用 ϕ12mm 立铣刀对三角形凹槽采用开放式挖槽精加工，加工余量为 0.0mm。

步骤 7：使用 ϕ12mm 立铣刀对零件左侧采用外形铣削粗加工，加工余量为 0.25mm。

步骤 8：使用 ϕ12mm 立铣刀对零件左侧采用外形铣削精加工，加工余量为 0.0mm。

步骤 9：使用 ϕ12mm 立铣刀对零件半圆凹槽采用标准挖槽粗加工，加工余量为 0.25mm。

步骤 10：使用 ϕ12mm 立铣刀对零件半圆凹槽采用标准挖槽精加工，加工余量为 0.0mm。

步骤 11：使用 ϕ12mm 立铣刀对零件轮廓采用外形铣削精加工，加工余量为 0.0mm。

步骤 12：使用 ϕ12mm 立铣刀对零件上表面采用平面铣削精加工，加工余量为 0.0mm。

任务实施

一、准备工作

1. 确定编程坐标系

1）按 <F9> 键打开系统坐标系，如图 3-2 所示，发现零件图形偏离了系统坐标系原点一定的距离。为方便编程，必须移动零件图形上表面中心点到系统坐标系的中心，以完成工件坐标系（编程坐标系）的设定。

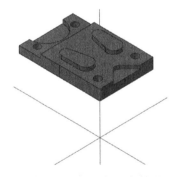

任务三　过渡板编程加工

图 3-2　打开系统坐标系

2）在屏幕左下角单击【层别】选项，新建第 4 图层，输入【层别号码】为 4，并设置【名称】为 BOX，设置第 4 图层为当前层，打开所有图层，如图 3-3 所示。

操作提示：将所有图层的图素都显示出来是为了在移动的时候方便将所有的图素选上并一起移动。否则，由于移动后相关图素的位置关系发生了变化，容易给将来对零件图形再编辑带来不必要的麻烦，特别是当零件图形比较复杂时。因此移动图素时应通过【层别管理】对话框，将所有图素都显示出来，并一起移动到目的位置。

在绘图区域的正下方状态栏上将绘图模式切换为【3D】，如图 3-4a 所示。在【线框】选项上单击【边界框】按钮，如图 3-4b 所示。

图 3-3　新建图层

切换为3D绘图

a) 调整绘图模式为3D

b) 选择【边界框】命令

图 3-4 单击【边界框】按钮

系统弹出【边界框】对话框，选取实体，单击【结束选择】按钮 `结束选择`，在系统弹出的【边界框】对话框中设置【立方体设置】/【原点】为【立方体的中心】，分别设置 X 为 120.0mm、Y 为 80.0mm、Z 为 20.0mm，如图 3-5 所示。

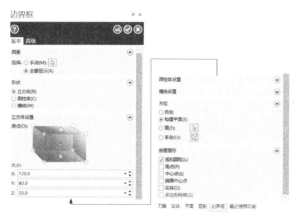

图 3-5 【边界盒选项】对话框

单击【确定】按钮 ✓，生成边界盒，如图 3-6 所示。

在【线框】选项上单击【连续线】按钮，在边界盒的左上方角选取如图 3-6 所示的 A 点，接着在 A 点对角单击图 3-6 所示的 B 点。单击【确定】按钮 ✓，最后生成的直线如图 3-7 所示。

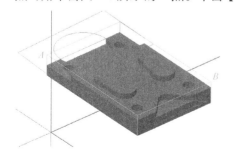

图 3-6 生成边界盒

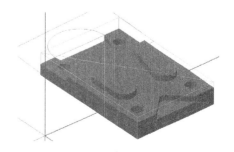

图 3-7 创建直线

操作提示：这里建立边界框和生成一对角线的目的是为了找出将要确定的工件坐标系的原点，从而便于移动。读者还可以尝试其他的方法寻找出便于确定工件坐标系原点的点。

在【转换】选项上单击【移到到原点】按钮，如图 3-8 所示。

图 3-8 选择【移动到原点】命令

多学一招：除了采用【移动到原点】命令外，还可以采用【转换】/【动态转换】命令进行平移。

系统自动选择所有图素，移动鼠标光标到刚绘制的对角线的中点，当显示为中点时单击以确定，如图 3-9 所示。

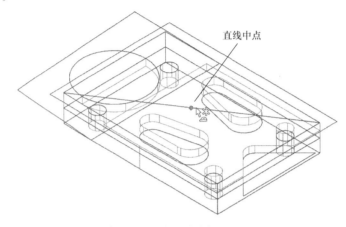

直线中点

图 3-9 选择移动起始点

系统自动将所有图素移至系统坐标系的原点 Z0 下方，结果如图 3-10 所示。

操作提示：采用数控自动编程时首先需确定工件坐标系（即编程坐标系），当发现 CAM 软件所调出来的零件图形的工件坐标系原点不在当前系统坐标系原点上时，应对零件进行移动，使工件坐标系原点与系统坐标系原点重合。如果不将工件坐标系原点和系统坐标原点进行重合处理直接数控编程，在加工时往往会因为两坐标系原点不统一而出现问题，轻则出现空走刀，重则撞击机床。移动位置的选择和工件坐标系的建立有很大的联系，一般情况下是将零件图形上表面 XY 的中心处作为工件坐标系的 X0Y0 坐标点，而工件坐标系的 Z0 点

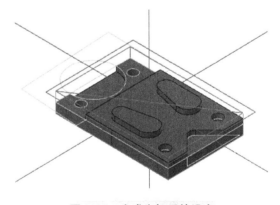

图 3-10 完成坐标系的设定

一般是工件的上表面，也就是系统坐标轴 Z0 处，Z 轴方向一般不设置在系统坐标 Z0 的正上方，除非有特殊要求（如便于测量）。

在屏幕左下角单击【层别】选项，设置第 1 图层为当前工作图层，关闭第 3 图层和第 4 图层，按下 <F9> 键关闭系统坐标轴的显示。

2. 选择机床

选择【机床】/【铣床】/【默认】命令，如图 3-11 所示。

图 3-11　选择机床类型

3. 模拟设置

在【Machine Group-1】中单击【毛坯设置】选项卡，系统弹出【机床群组属性】对话框。设置【毛坯原点视图坐标】为 X0.0mm、Y0.0mm、Z0.2mm，材料大小为 X121mm、Y81mm、Z20mm，如图 3-12 所示，单击【确定】按钮 ✓。

操作提示：生成刀路后一般需对刀路进行实体模拟，以检查所编程刀路有没有发生过切或欠切。初学者需注意这里设置毛坯尺寸大小并不影响真正的加工，只是起到一个模拟参考作用而已。为使实体加工模拟起来更加真实，材料大小与加工时所提供的毛坯尺寸最好能一致，这里加工毛坯大小为 120mm×80mm×30mm，因此设置 X120mm、Y80mm、Z30mm。

设置【素材原点视角坐标】时应与编程坐标系原点一致，这里设置 Z0.2mm 是因为编程时由于对零件深度 Z0mm

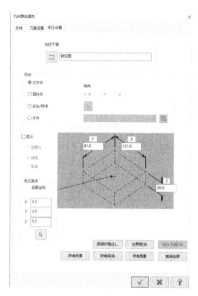

图 3-12　模拟设置

采用了平面铣削加工。如果设置成 Z0mm，则实体模拟面铣削加工的效果不能在零件 Z0mm 上表面反映，因此特意设置成 Z0.2mm。

4. 新建刀路群组

在【刀路】管理器选项卡下拉菜单的【Toolpath Group-1】处单击右键，选择【群组】/【重新名称】命令，如图 3-13a 所示，将【刀路群组 1】改为 DRILL5R2.5，如图 3-13b 所示。

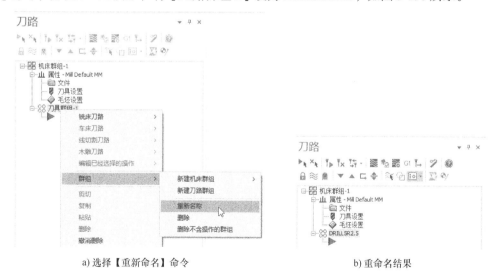

a) 选择【重新命名】命令　　　　　　b) 重命名结果

图 3-13　重命名刀具群组

在【Machine Group-1】处单击右键，选择【群组】/【新建刀路群组】命令，如图 3-14 所示，输入名称 DRILL10R5。

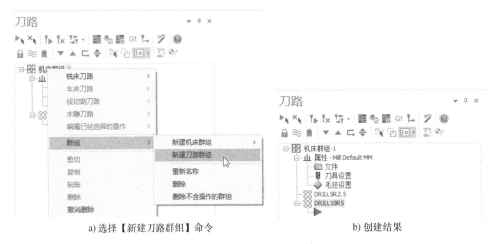

a) 选择【新建刀路群组】命令　　　　　　　　b) 创建结果

图 3-14　新建刀具群组

采用相同方法建立刀路群组 12R0，结果如图 3-15 所示。

操作提示：养成编程前分组建立刀路群组的习惯，有利于刀路的管理与后处理，特别是后处理时不容易出错。刀路群组名称可由读者结合个人习惯命名，可根据所用刀具形式分类，R 前的数值代表刀具直径，R 后的数值代表刀具圆角半径。如 12R1，12 代表刀具直径为 12mm，R1 代表刀具圆角半径为 1mm，对于钻头则在前面加 DRILL，以示区别。

单击 ▲ 按钮，将 ▶ 调整至刀具群组名为 DRILL5R2.5 目录下，如图 3-16 所示。

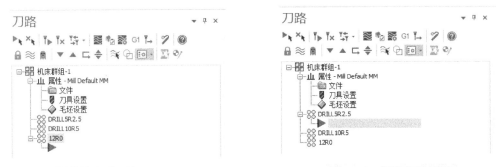

图 3-15　建立刀路群组　　　　　　　**图 3-16　调整起始位置**

二、编制刀路

1. 钻中心孔

1）选择【刀路】/【钻孔】命令，如图 3-17 所示。

图 3-17　选择【钻孔】命令

2）系统弹出【刀路孔定义】对话框，如图 3-18 所示。

图 3-18 【刀路孔定义】对话框

单击右键选择【俯视图】单选按钮 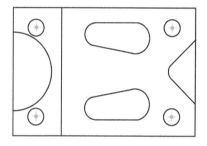 俯视图(WCS)(T)，选择 4 个通孔圆心，如图 3-19 所示，单击【确定】按钮。

3）系统弹出【2D 刀路 - 钻孔 / 全圆铣削 深孔钻 - 无啄孔】对话框，单击【刀具】选项，在对话框的空白处单击右键，选择【创建刀具】选项，如图 3-20 所示。

图 3-19 选中四个通孔圆心

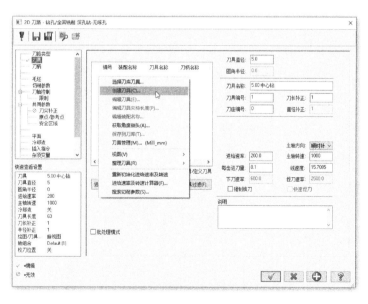

图 3-20 刀具选择与参数设置

系统弹出【定义刀具】对话框，选择【中心钻】，单击【下一步】按钮，如图 3-21 所示。在【标准尺寸】选项中，单击 按钮，选择【钻头直径】为 5mm 的钻头，如图 3-22 所示。将【刀杆直径】修改为 5mm，单击【下一步】按钮，如图 3-23 所示。

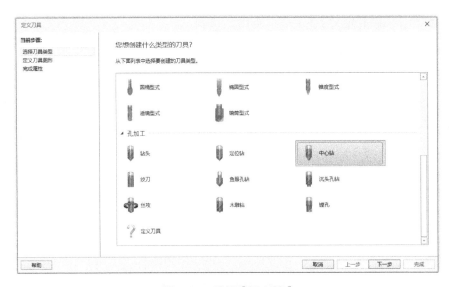

图 3-21　选择【中心钻】

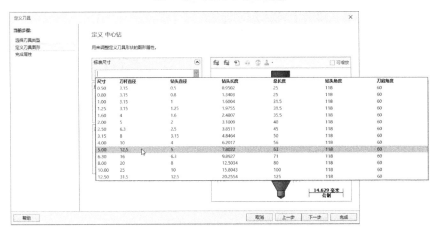

图 3-22　选择 ϕ 5mm 钻头

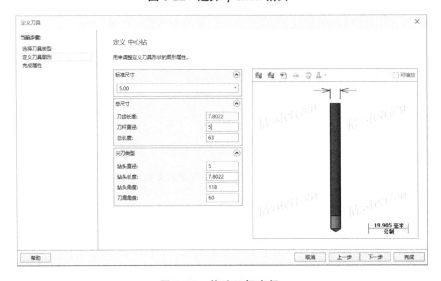

图 3-23　修改刀杆直径

操作提示：建议读者在此处根据实际加工刀具的相关尺寸进行重新定义，同时读者还可以针对重新定义后刀具的形状和大小，在对话框中对着刀具按着滚轮动态旋转查看刀具的三维实体，以更好地查看刀具。

4）设置【进给速率】为200mm/min，【下刀速率】为600mm/min，【提刀速率】为3000mm/min，【主轴转速】为1000r/min，单击【完成】按钮，如图3-24所示。

图3-24　定义加工参数

实战经验：钻孔加工时主轴转速不宜太大，否则容易因为排屑困难而造成钻头弯曲或断刀。

5）打开【共同参数】选项卡，勾选【参考高度】选项并设置为10.0mm，【工件表面】为2.0mm，【深度】为-5.0mm，单击所有【绝对坐标】复选项，如图3-25所示。

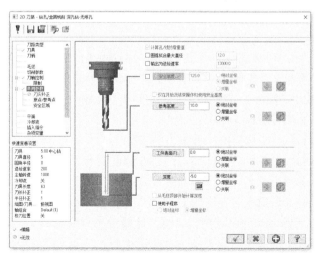

图3-25　深孔钻 - 无啄孔参数设置

操作提示：在设置安全高度、参考高度、工件表面和加工深度时宜采用绝对方式，采用相对方式时容易产生撞刀与过切现象。虽然采用绝对方式时刀具的退刀高度相比以相对方式有所升高，可却是一种安全的方法，初学者更加应该注意这两种不同方式的设置效果，采用绝对方式时所有的坐标都是根据工件坐标系进行计算，而采用相对方式时是相对于当前位置进行计算。如当加工深度 Z 为 −20mm 时，如图 3-26 所示，A 为采用绝对方式刀具的退刀高度（10mm），B 为采用相对方式刀具的退刀高度（10mm），很明显两者设置的数值一样，但是退刀高度却相差甚远。此时，当刀具向 C 侧横过时，采用绝对方式的退刀高度 A 属于安全高度，而采用相对方式的退刀高度 B 属于不安全高度，将发生过切。

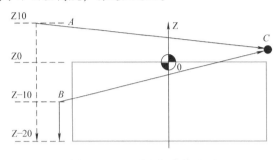

图 3-26　绝对与相对的区别

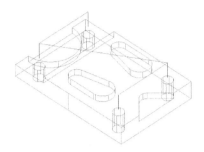

图 3-27　钻孔刀路

单击【确定】按钮，生成刀路，如图 3-29 所示。

实战经验：这一步是钻中心孔，主要是为了后续加工孔的需要。钻孔时，先钻中心孔有助于引导钻头加工时不偏心，从而取得较高的孔定位精度。

单击插入箭头按钮下移至加工群组名为 DRILL10R5 的目录下，使接下来生成的刀路在该目录下，方便管理和识别加工程序。

2. 钻通孔

1）选择【刀路】/【钻孔】命令，选中与上一步一样的 4 个通孔圆心，并执行确定操作。

2）系统弹出【2D 刀路 - 钻孔 / 全圆铣削 深孔钻 - 无啄孔】对话框，创建直径为 10mm 的钻头，设置【进给率】为 400mm/min，【主轴转速】为 1000r/min，其他参数按默认设置。

3）在【2D 刀路 - 钻孔 / 全圆铣削 深孔钻 - 无啄孔】对话框上单击【切削参数】选项，在【循环】选项的下拉列表中选择【深孔啄钻（G83）】选项，设置【Peck】为 3.0mm，如图 3-28 所示。

4）打开【共同参数】选项卡，设置【参考高度】为 10.0mm，【工件表面】为 0.0mm，【深度】为 −22.0mm，选择所有【绝对坐标】选项。

单击【确定】按钮，生成刀路，如图 3-29 所示。

单击插入箭头按钮下移至加工群组名为 12R0 的目录下。

3. 标准挖槽粗加工（两凸台）

同时按下 <Alt+Z> 键，调出【层别管理】，打开第 3 图层（REC 层）。

操作提示：所调用的矩形是标准挖槽加工边界，读者可以自行创建。创建需要注意其大小，要考虑加工时所用毛坯大小和所用刀具大小，不宜设得太大，太大影响加工效率，太小则在生成刀路时易发生无法进刀的现象，造成欠切。加工时所用毛坯的大小比零件稍大一些（如大 2mm）为宜，可将此加工边界大小设置为在原来零件大小的基础上再加两倍刀具直径。总的设计原则必须满足两个条件：①不小于毛坯尺寸；②加工时刀具不能因为空间问题导致欠切。

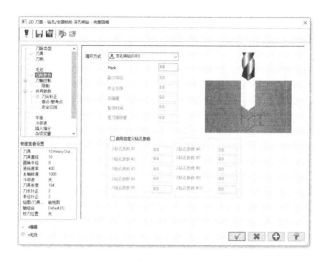

图 3-28 选择【深孔啄钻（G83）】选项

1）选择【刀路】/【挖槽】命令，如图 3-30 所示。

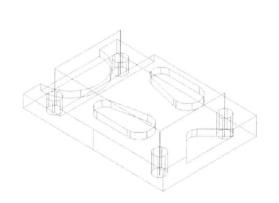

图 3-29 钻孔刀路

图 3-30 选择【标准挖槽】命令

系统弹出【线框串连】对话框，如图 3-31 所示，选中【俯视图】单选按钮，在绘图区选取刚调出来的矩形和两个小封闭轮廓，如图 3-32 所示，单击【确定】按钮。

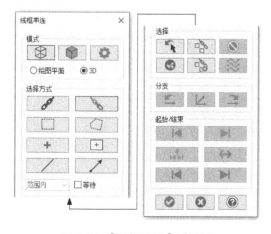

图 3-31 【线框串连】对话框

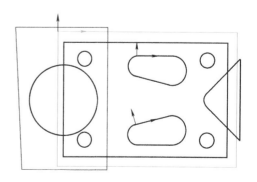

图 3-32 选择加工边界

2）系统弹出【2D 刀路 -2D 挖槽】对话框，打开【刀具】选项卡，创建直径为 12mm 的立铣刀，设置【进给速率】为 1000mm/min，【主轴转速】为 1600r/min，【下刀速率】为 100mm/min，勾选【快速提刀】复选项，如图 3-33 所示。

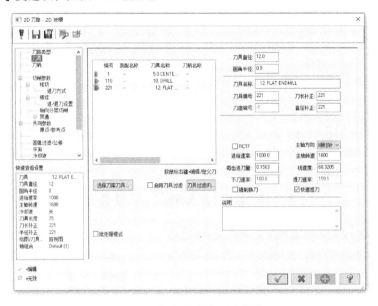

图 3-33　刀具选择与参数设置

　　实践经验：在设置参数的过程中养成从上到下、从左到右的检查习惯，能有效地提高编程效率。

3）打开【切削参数】选项卡，在【类型】选项的下拉列表中选择【标准】选项，设置【壁边预留量】与【底面预留量】为 0.25mm，其他参数按默认设置，如图 3-34 所示。

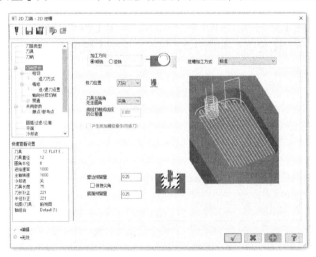

图 3-34　切削参数选项卡

4）打开【粗切】选项卡，勾选【粗切】选项，选择【切削方式】为【双向】，设置【切削间距（直径%）】为80.0，其他参数按默认设置，如图3-35所示。

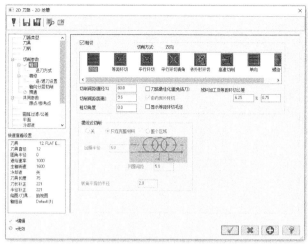

图3-35　粗切选项卡

5）打开【进刀方式】选项卡，单击【螺旋】选项，接受默认参数，如图3-36所示。

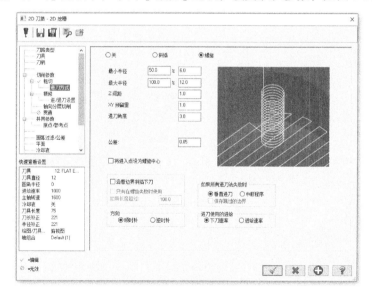

图3-36　设置进刀方式

6）打开【精修】选项卡，勾选【精修】选项，设置【次】为1，【间距】为0.25mm，【精修次数】为0，其他参数按默认设置，如图3-37所示。

7）打开【轴向分层切削】选项卡，勾选【轴向分层切削】选项，相关参数设置如图3-38所示。

8）单击【共同参数】选项，勾选【参考高度】并设置为10.0mm，【下刀位置】为5.0mm，【深度】为-5.0mm，单击所有【绝对坐标】选项，其他参数按默认设置。

单击按钮 ✓ ，生成刀路，如图3-39所示。

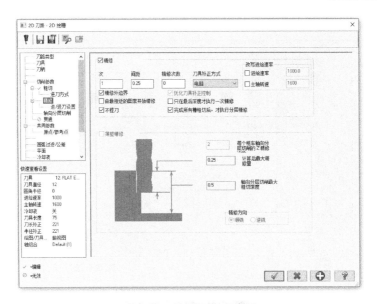

图 3-37　设置精加工参数

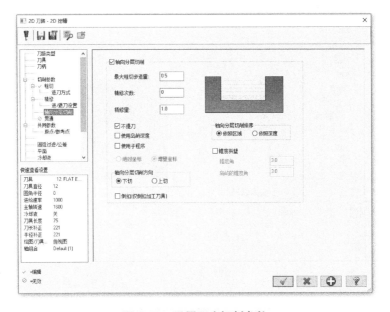

图 3-38　设置深度切削参数

4. 标准挖槽精加工（两凸台）

1）采用上一步的【刀路】/【挖槽】命令，选取与上一步一样的矩形和两个小封闭轮廓，并执行确定操作。

2）系统弹出【2D 刀路 - 2D 挖槽】对话框，打开【刀具】选项卡，选择直径为 12mm 的立铣刀，设置【进给速率】为 300mm/min，【主轴转速】为 3500r/min，【下刀速率】为 100mm/min，勾选【快速提刀】复选项。

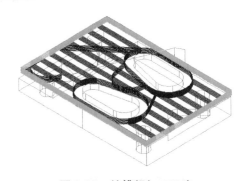

图 3-39　挖槽粗加工刀路

3）打开【切削参数】选项卡，在【类型】选项的下拉列表中选择【标准】选项，设置【壁边预留量】与【底面预留量】为 0.0mm，其他参数按默认设置。

4）打开【粗切】选项卡，勾选【粗切】选项，选择【切削方式】为【等距环切】，设置【切削间距（直径%）】为 50.0，勾选【由内而外环切】选项，其他参数按默认设置。

实战经验：【双向】进给方式加工效率高，粗加工时常采用。【等距环切】是沿着轮廓切削，可干净清除所有毛坯余量，这种进给方式的加工纹路比较好，精加工时较常用。采用【平行环切】或【平行环切并清角】的进给方式时，所生成的刀路可能会出现不能干净清除所有毛坯余量的现象。

5）打开【进刀方式】选项卡，单击【关】选项，接受默认参数。

6）打开【精加工】选项卡，不勾选【精加工】选项，其他参数按默认设置。

操作提示：因为这里是精加工，为提高加工效率可不再设置刀具采用精修。可能有些读者会问：能不采用粗切选项的设置而换成只采用精修选项的设置？这两个选项所生成的刀路效果差别较大，读者可自行尝试操作，对比不同选项的设置效果。

7）打开【共同参数】选项，勾选【参考高度】并设置为 10.0mm，【下刀位置】为 5.0mm，【工件表面】为 0，【深度】为 −5.0mm，单击所有【绝对坐标】选项，其他参数按默认设置。

多学一招：控制刀具只在同一个加工深度内加工的设置方法有三种：①将【工件表面】和【深度】设为相同深度，如这里同设为 −5.0mm；②只设置【深度】为所要加工的深度，不设置【轴向分层切削】选项卡；③设置【深度】为所加工的深度，并设置【轴向分层切削】选项卡。在【轴向分层切削】选项卡中将【最大粗切量】的数值设置为大于所需加工的深度即可，如果采用这种方法时，这里可设置最大加工深度为 6.0mm。这三种方法读者可自行尝试。

单击按钮 ☑ ，生成刀路如图 3-40 所示。

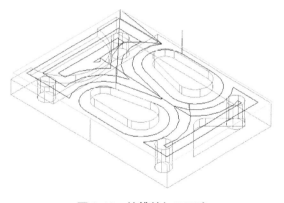

图 3-40 挖槽精加工刀路

5. 开放式挖槽粗加工（三角形凹槽）

1）选择【刀路】/【挖槽】命令，系统弹出【线框串连】对话框，单击【部分串连】按钮 ▭ ，在绘图区选取零件右边轮廓线其中一直线作为部分串连的第一图素（注意箭头方向应和图 3-41 中 A 点处一致。如果发现不对，则可通过反向按钮 ↔ 进行调整），接着直接选择图 3-41 中 B 点处的直线作为部分串连线的终止点，结果如图 3-41 所示，单击【确定】按钮 ☑ 。

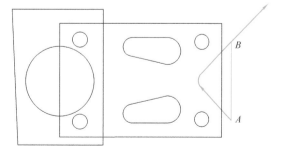

图 3-41 选择加工边界

2）系统弹出【2D 刀路 - 标准挖槽】对话框，打开【刀具】选项卡，选择直径为 12mm 的立铣刀，设置【进给速率】为 1000mm/min，【主轴转速】为 2600r/min，【下刀速率】为 100mm/min。

勾选【快速提刀】复选项，其他参数按默认设置。

3）打开【切削参数】选项卡，在【挖槽加工方式】选项的下拉列表中选择【开放式挖槽】选项，设置【壁边预留量】与【底面预留量】为 0.25mm，设置【重叠量】为 12.0mm，其他参数按默认设置，如图 3-42 所示。

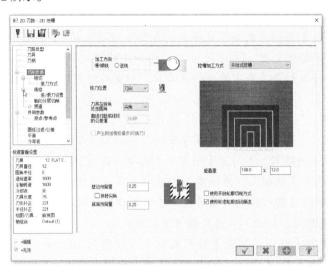

图 3-42　切削参数选项卡

多学一招：如果想扩大加工范围，只要通过加大重叠距离即可，这里也可采用标准的挖槽方式。

4）打开【粗切】选项卡，勾选【粗切】选项，选择【切削方式】为【等距环切】，设置【切削间距（直径%）】为 50.0，其他参数按默认设置，如图 3-43 所示。

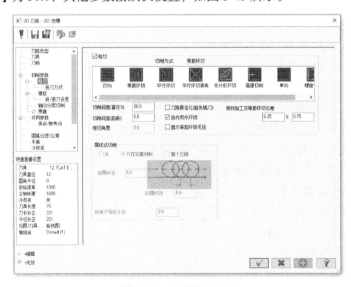

图 3-43　粗切选项卡

5）不设置【进刀方式】选项卡和【精修】选项卡。

6）打开【轴向分层切削】选项卡，勾选【轴向分层切削】选项，相关参数设置如图 3-44 所示。

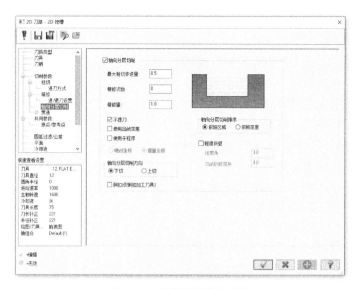

图 3-44　设置深度切削参数

7）单击【共同参数】选项，勾选【参考高度】并设置为10.0mm，【下刀位置】为5.0mm，【工件表面】为 −5.0mm，【深度】为 −10.0mm，单击所有【绝对坐标】选项，其他参数按默认设置。

单击按钮 ✓ ，生成刀路如图 3-45 所示。

6. 开放式挖槽精加工（三角形凹槽）

1）在【刀路管理器】中找到"第 5 步：2D 挖槽（开放式轮廓）"刀路并单击右键，选择【复制】命令，如图 3-46 所示。

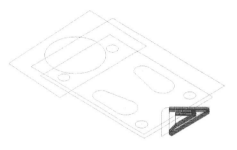

图 3-45　挖槽粗加工刀路

采用相同的方法进行粘贴，在刚刚复制生成的"第 6 步：2D 挖槽（开放式轮廓）"刀路的目录下单击【参数】选项，如图 3-47 所示。

图 3-46　选择【复制】命令

图 3-47　选择【参数】命令

2）系统弹出【2D 刀路 -2D 挖槽】对话框，打开【刀具】选项卡，选择直径为12mm的立铣刀，修改【进给速率】为300mm/min，【主轴转速】为3500r/min，【下刀速率】为100mm/min，勾选【快速提刀】复选项，其他参数按默认设置。

3）打开【切削参数】选项卡，修改【壁边预留量】与【底面预留量】为 0.0mm，其他参数按默认设置。

单击【确定】按钮 ✓ ，单击【重新生成所有无效操作】按钮 ，生成刀路，如图 3-48 所示。

多学一招：当将要生成的刀路和前面已生成的刀路一样时，可以对已存在的刀路进行复制，然后打开相关的参数（可供修改的参数有：相关的加工参数和几何参数，如对加工边界、加工曲面和干涉曲面的修改）并采用修改即可，需要重新设置的参数往往不多，能有效地提高编程效率。

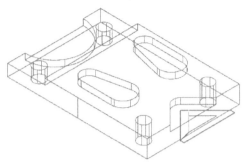

图 3-48　挖槽精加工刀路

7. 外形铣削粗加工（左侧）

1）选择【刀路】/【外形】命令，系统弹出【线框串连】对话框，单击【单一选取】按钮 ，在绘图区选取一长直线，如图 3-49 所示。根据箭头指向判断此时刀具补偿为左补正，单击【确定】按钮 ✓ 。

操作提示：在采用外形铣削加工时，选择轮廓线要注意箭头的指向，因为它决定了刀具补偿方式。

2）系统弹出【2D 刀路 - 等高外形】对话框，打开【刀具】选项卡，选择直径为 12mm 的立铣刀，设置【进给速率】为 1000.0mm/min，【下刀速率】

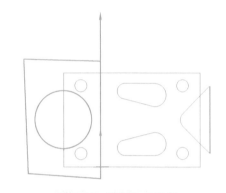

图 3-49　选择加工边界

为 100.0mm/min，【主轴转速】为 1600.0r/min，勾选【快速提刀】选项。

3）打开【切削参数】选项卡，设置【补正方向】为【左】，【外形铣削方式】为【斜插】，设置【斜插方式】为【深度】，【斜插深度】为 0.5mm，勾选【在最终深度处补平】选项，设置【壁边预留量】和【底面预留量】都为 0.25mm，其他参数按默认设置，如图 3-50 所示。

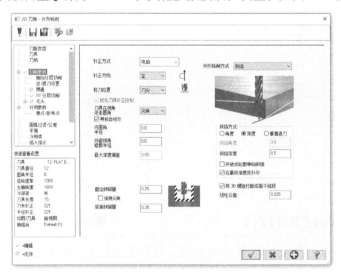

图 3-50　设置切削参数

打开【轴向分层切削】选项卡，勾选【轴向分层切削】选项，设置【最大粗切步进量】为0.5mm，勾选【不提刀】选项，其他参数按默认设置，如图 3-51 所示。

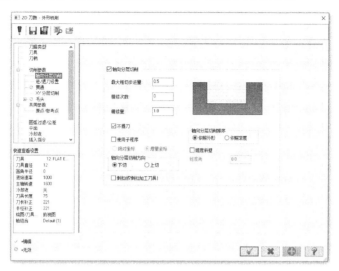

图 3-51 设置深度切削参数

打开【进/退刀设置】选项卡，选择【相切】选项，设置【长度】为 0%，【圆弧】/【半径】为 30%，【扫描（角度）】为 90.0°，单击按钮 ▶▶ ，即将进、退刀参数设为一致，如图 3-34 所示。

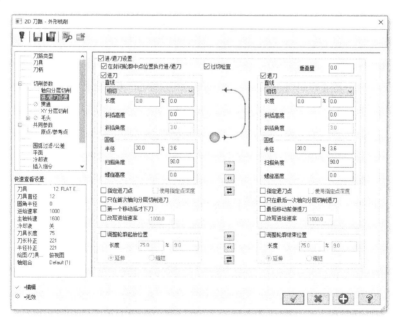

图 3-52 设置进、退刀参数

实战经验：采用外形铣削时，一般情况下都需设置【进/退刀设置】选项卡，否则加工时刀具直接接触工件易造成崩刀或断刀，严重时撞上机床。进/退刀的方式一般都设置为相切，这样可取得较好的加工效果，设置长度、半径参数时不宜过大，保证能有安全下刀的空间即可，否则空刀会比较多。

多学一招： 当所选的加工直线较短而又想增加加工长度时，可通过设置相切直线的长度或设置【调整轮廓起始位置】选项卡，达到延长刀路轨迹的效果。

4）打开【XY 分层切削】选项卡，勾选【XY 分层切削】选项，设置【粗切】/【次】为 4，【间距】为 8.0mm，勾选【不提刀】选项，其他参数按默认设置，如图 3-53 所示。

操作提示： XY 分层切削除了用于粗、精加工外，还可扩大切削范围。如当材料加工余量比较大且刀具无法一步加工到定义尺寸时，可设置增加外形铣削的层数，达到清除余量的目的。

5）单击【共同参数】选项，设置【参考高度】为 10.0mm，【下刀位置】为 5.0mm，【工件表面】为 -5.0mm，【深度】为 -10.0mm，选择所有【绝对坐标】选项，如图 3-54 所示。

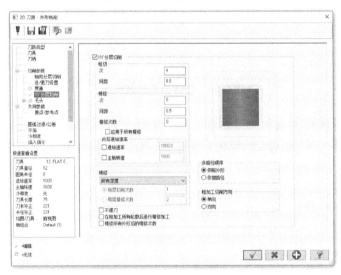

图 3-53　设置 XY 分层切削

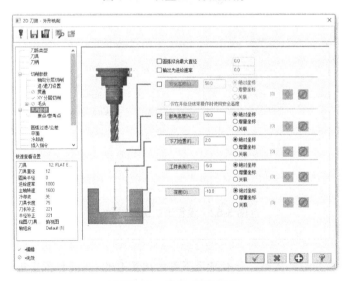

图 3-54　设置共同参数

单击 ✓ 按钮，生成刀路，如图 3-55 所示。

8. 外形铣削精加工（左侧）

1）选择【刀路】/【外形】命令，选取上一步所选的一长直线，注意箭头方向应与上一步一样，刀具补偿为左补正，并执行确定操作。

2）系统弹出【2D 刀路 - 等高外形】对话框，打开【刀具】选项卡，选择直径为 12mm 的立铣刀，设置【进给速率】为 300.0mm/min，【下刀速率】为 100.0mm/min，【主轴转速】为 3500.0r/min，勾选【快速提刀】选项，其他参数按默认设置。

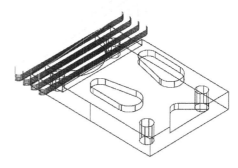

图 3-55 外形铣削粗加工刀路

3）打开【切削参数】选项卡，设置【补正方向】为【左】，【外形铣削方式】为【2D】，【壁边预留量】和【底面预留量】为 0.0mm，其他参数按默认设置。

打开【进/退刀设置】选项卡，选择【相切】选项，设置【长度】为 0%，【圆弧】/【半径】为 30%，【扫描（角度）】为 90.0°，单击按钮 ↦ ，即将进、退刀参数设为一致。

打开【XY 分层切削】选项卡，勾选【XY 分层切削】选项，设置【粗切】/【次】为 4，【间距】为 8.0mm，勾选【不提刀】选项，其他参数按默认设置，如图 3-56 所示。

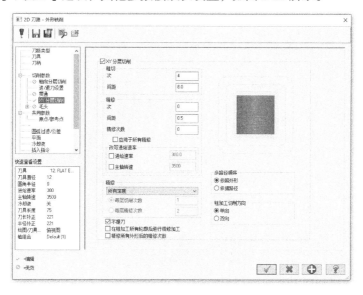

图 3-56 设置分层切削

4）单击【共同参数】选项，设置【参考高度】为 10.0mm，【下刀位置】为 5.0mm，【工件表面】为 0.0mm，【深度】为 -10.0mm，选择所有【绝对坐标】选项，其他参数按默认设置。

单击 ✓ 按钮，生成刀路，如图 3-57 所示。

9. 标准挖槽粗加工（半圆凹槽）

1）选择【刀路】/【挖槽】命令，系统弹出【串连线框】对话框，在绘图区选取零件左侧的最大圆，如图 3-58 所示，单击【确定】按钮 ✓ 。

2）系统弹出【2D 刀路 -2D 挖槽】对话框，打开【刀具】选项卡，选择直径为 12mm 的立铣刀，设置【进给速率】为 1000mm/min，【主轴转速】为 1600r/min，【下刀速率】为 100mm/min，勾选【快速提刀】选项，其他参数按默认设置。

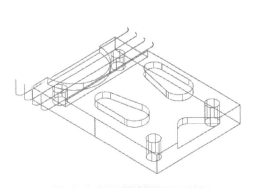

图 3-57　外形铣削精加工刀路

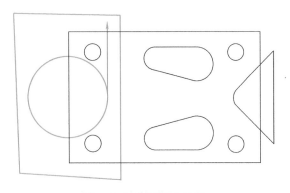

图 3-58　选择加工边界

3）打开【切削参数】选项卡，在【类型】选项的下拉列表中选择【标准】选项，设置【壁边预留量】与【底面预留量】为 0.25mm，其他参数按默认设置，如图 3-59 所示。

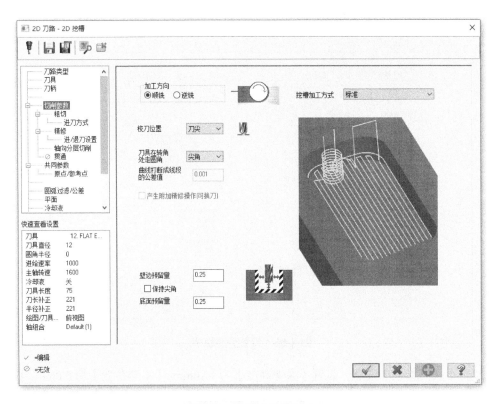

图 3-59　切削参数选项卡

打开【粗切】选项卡，勾选【粗切】选项，选择【切削方式】为【等距环切】，设置【切削间距（直径 %）】为 80.0，其他参数按默认设置，如图 3-60 所示。

打开【进刀方式】选项卡，单击【螺旋】选项，参数设置如图 3-61 所示。

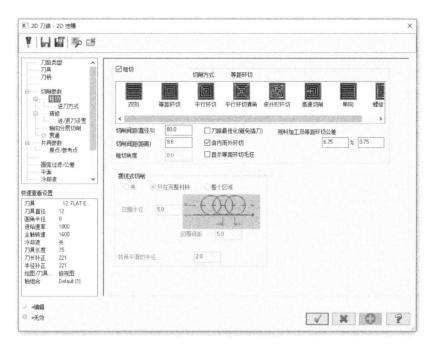

图 3-60　粗切选项卡

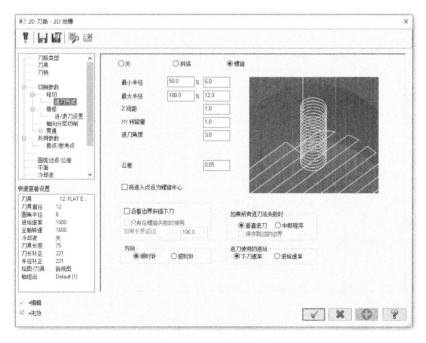

图 3-61　设置进刀方式

打开【精修】选项卡，勾选【精修】选项，设置【次】为 1，【间距】为 0.25mm，其他参数按默认设置，如图 3-62 所示。

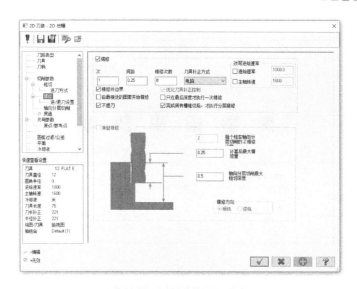

图 3-62　设置精加工参数

打开【轴向分层切削】选项卡，勾选【轴向分层切削】选项，相关参数设置如图 3-63 所示。

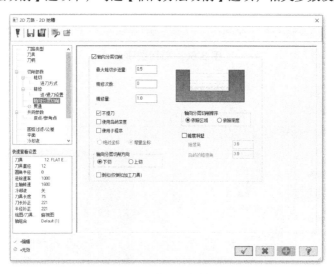

图 3-63　设置深度切削参数

4）单击【共同参数】选项，勾选【参考高度】并设置为 10.0mm，【下刀位置】为 5.0mm，【工件表面】为 -10.0mm，【深度】为 -15.0mm，单击所有【绝对坐标】选项。

单击按钮 √ ，生成刀路，如图 3-64 所示。

10. 标准挖槽精加工（半圆凹槽）

1）选择【刀路】/【挖槽】命令，选取与上一步一样的最大圆弧，并执行确定操作。

2）系统弹出【2D 刀路 -2D 挖槽】对话框，打开【刀具】选项卡，选择直径为 12mm 的立铣刀，

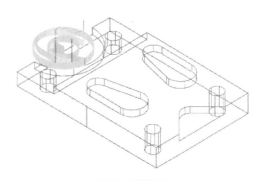

图 3-64　挖槽粗加工刀路

设置【进给速率】为300mm/min，【主轴转速】为3500r/min，【下刀速率】为100mm/min，勾选【快速提刀】复选项，其他参数按默认设置。

3）打开【切削参数】选项卡，在【类型】选项的下拉列表中选择【标准】选项，设置【壁边预留量】与【底面预留量】为0.0mm，其他参数按默认设置，如图3-65所示。

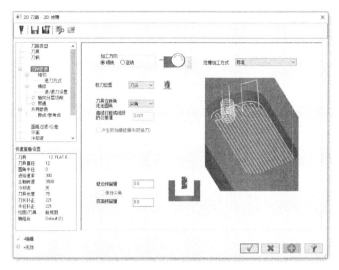

图3-65　切削参数选项卡

打开【粗切】选项卡，勾选【粗切】选项，选择【切削方式】为【等距环切】，设置【切削间距（直径%）】为50.0，其他参数按默认设置，如图3-66所示。

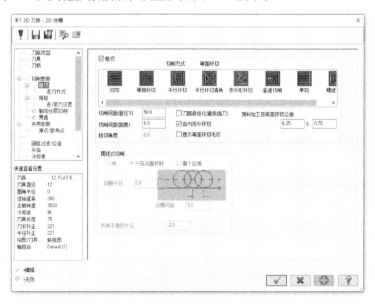

图3-66　粗加工选项卡

4）打开【共同参数】选项，勾选【参考高度】并设置为10.0mm，【下刀位置】为5.0mm，【工件表面】为0.2mm，【深度】为−15.0mm，单击所有【绝对坐标】选项。

单击按钮 ✓ ，生成刀路，如图3-67所示。

11. 外形铣削精加工（外形）

1）选择【刀路】/【外形】命令，系统弹出【串连线框】对话框，在绘图区选取最大矩形，如图 3-68 所示。根据箭头指向判断此时刀具补偿为左补偿，单击【确定】按钮 ✓ 。

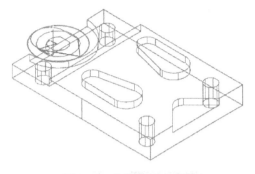

图 3-67　挖槽精加工刀路

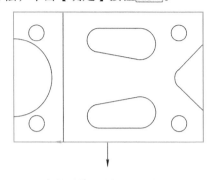

图 3-68　选择加工边界

2）系统弹出【2D 刀路 - 外形铣削】对话框，打开【刀具】选项卡，选择直径为 12mm 的立铣刀，设置【进给速率】为 400.0mm/min，【下刀速率】为 100.0mm/min，【主轴转速】为 3000.0r/min，勾选【快速提刀】选项，其他参数按默认设置。

3）打开【切削参数】选项卡，设置【补正方向】为【左】，【外形铣削方式】为【2D】，【壁边预留量】和【底面预留量】为 0.0mm，其他参数按默认设置，如图 3-69 所示。

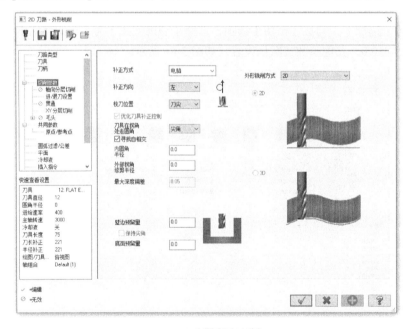

图 3-69　设置切削参数

打开【进 / 退刀设置】选项卡，选择【相切】选项，设置【长度】为 0%，【圆弧】/【半径】为 30%，【扫描（角度）】为 90.0°，单击按钮 ▶▶ ，即将进、退刀参数设为一致。

打开【分层切削】选项卡，勾选【分层切削】选项，设置【粗切】/【次】为 2，【间距】为 0.5mm，【精修】/【次】为 1，【间距】为 0.25mm，勾选【不提刀】选项，其他参数按默认设置，如图 3-70 所示。

操作提示：这里没有设置【轴向分层切削】方式，当毛坯余量不大时，可以直接加工到指定深度，但是由于切削量大可能会出现弹刀现象，使用这种方法时需考虑余量的大小。由于前面没有留加工余量，为了在精加工时取得好的表面质量，增加了 1 次精修，精修余量为 0.25mm。

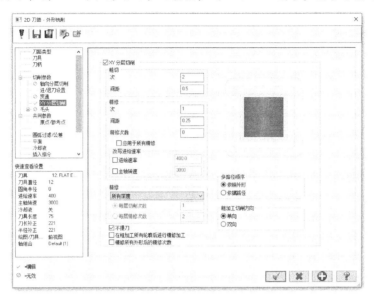

图 3-70　设置分层切削

4）单击【共同参数】选项，设置【参考高度】为 10.0mm，【下刀位置】为 5.0mm，【工件表面】为 −5.0mm，【深度】为 −20.0mm，选择所有【绝对坐标】选项，其他参数按默认设置。

单击 ✓ 按钮，生成刀路，如图 3-71 所示。

12. 平面铣削精加工

1）选择【刀路】/【面铣】命令，系统弹出【串连线框】对话框，在绘图区选取两个对称的封闭轮廓，如图 3-72 所示，单击【确定】按钮 ✓ 。

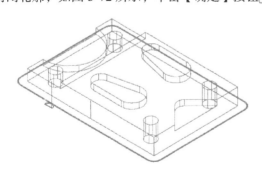

图 3-71　外形铣削精加工刀路

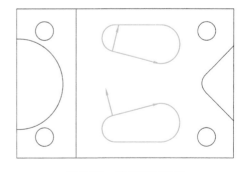

图 3-72　选择加工边界

2）系统弹出【2D 刀路 - 平面铣削】对话框，打开【刀具】选项卡，选择直径为 12mm 的立铣刀，设置【进给速率】为 300.0mm/min，【下刀速率】为 100.0mm/min，【主轴转速】为 3500.0r/min，勾选【快速提刀】选项。

3）打开【切削参数】选项卡，在【类型】选项的下拉列表中选择【双向】选项，设置【底面预留量】为 0.0 mm，设置【截断方向超出量】为 6.0mm，【引导方向超出量】为 6.0mm，【进刀引线长度】为 6.0mm，【退刀引线长度】为 6.0mm，【最大步进量】为 7.2mm，铣削方式为【顺铣】，

【粗切角度】为 0.0mm，在【两切削间移动方式】选项的下拉列表中选择【高速回圈】选项，如图 3-73 所示。

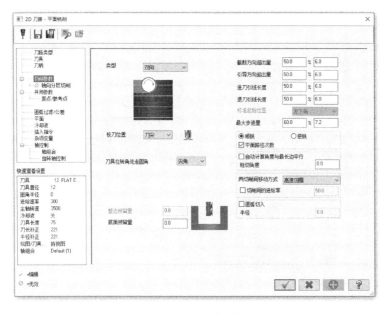

图 3-73　设置切削参数

4）单击【共同参数】选项，勾选【参考高度】并设置为 10.0mm，【下刀位置】为 5.0mm，【工件表面】和【深度】都为 0.0mm，单击所有【绝对坐标】选项，如图 3-74 所示。

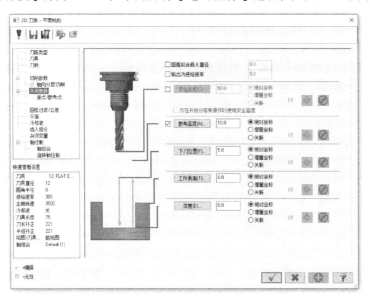

图 3-74　设置共同参数

单击按钮 ，生成刀路，如图 3-75 所示。

操作提示：结合零件特点，最后进行零件上表面的加工，有利于提高加工效率。

三、实体模拟加工

在【刀路管理器】中单击【选择所有操作】按钮
▶ᖰ，选择所有加工程序，单击【验证已选择的操作】
按钮▣ᖰ，系统弹出【验证】对话框，单击【播放】
按钮▶，采用实体加工验证，结果如图 3-76 所示。

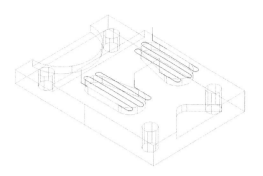

图 3-75　平面加工精加工刀路

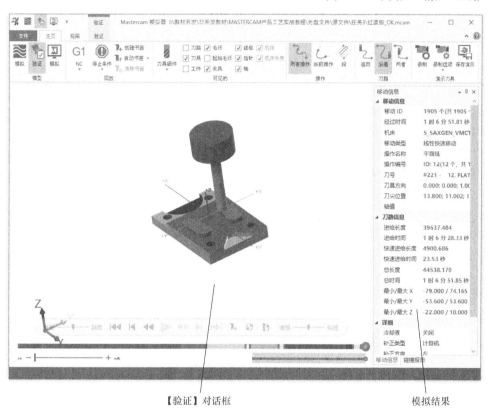

【验证】对话框　　　　　　　　　模拟结果

图 3-76　实体验证

任务小结

本任务结合图形特点，学习运用 Mastercam 的钻孔、平面铣削、标准挖槽和外形铣削的编程加工方法和刀具的创建方法，并指出了一些编程技巧和注意事项。采用刀路复制和编辑的操作方法，有助于提高编程效率。在实际编程中，需经常对已生成的刀路进行验证，以不断调试加工参数并获得好的编程效果，为读者深入掌握 Mastercam 的二维刀路编制方法起到了很好的抛砖引玉的作用。

任务三　提高
练习零件编程
加工

提高练习

打开配套资源包"源文件 /cha03/3-2.mcam"进行编程加工，零件材料为铝合金，只进行正面编程加工，零件图如图 3-77 所示。

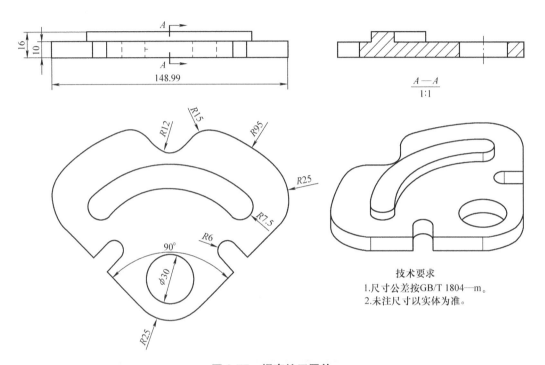

图 3-77　提高练习零件

盒子下盖凸模编程加工

任务目标

> 知识目标

1）掌握对零件图形对象的分析方法。

2）掌握曲面粗加工挖槽、传统曲面精加工等高外形、高速曲面精加工平行铣削和流线铣削精加工的编程加工方法。

3）掌握通过曲面修补来构建辅助曲面，提高刀路平滑度的方法。

> 能力目标

1）能根据零件图形对象的分析结果设置加工工艺，包括对刀具的选择和加工方法的确定等。

2）能正确使用曲面挖槽粗加工的编程方法进行粗加工和精加工。

3）能正确使用曲面等高外形精加工刀路进行清角加工。

4）能正确使用高速曲面精加工平行铣削和流线铣削刀路进行曲面精加工。

5）能运用加工曲面和干涉曲面实现刀路加工范围的控制。

> 素质目标

1）能养成在对零件进行编程加工前进行图形对象分析的习惯，以提高加工工艺的设计能力。

2）能对螺旋下刀和斜插下刀的设置效果有较深入的理解。

3）能对曲面挖槽粗加工刀路的粗加工和精加工的切换方法有深入的理解。

4）能结合刀具特点和加工对象特点考虑清角加工的方法和注意事项。

5）能具备对加工曲面有一定的保护意识，对加工曲面和干涉曲面的作用有较深入的理解。

任务导入

打开配套资源包"源文件/cha04/盒子下盖凸模.mcam"进行编程加工，只进行正面编程加工，零件材料为铝合金，零件工程图如图 4-1 所示，打开第 1 图层。

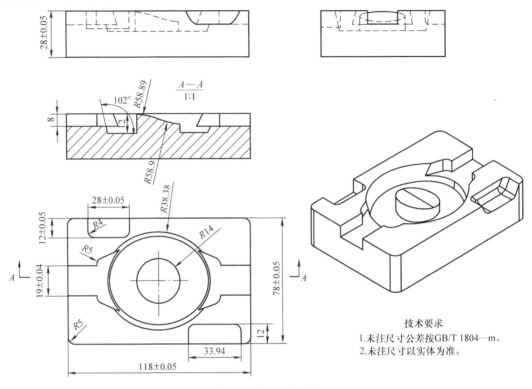

图 4-1　盒子下盖凸模

技术要求
1.未注尺寸公差按GB/T 1804—m。
2.未注尺寸以实体为准。

任务分析

1. 图形分析

通过 Mastercam 系统所提供的分析功能得知，该零件外形尺寸为 120mm×78mm×28mm。该图形复杂程度一般，既有规则的二维特征，也有三维曲面特征，各部分特征分布不一，零件对角有两个小的 U 形凹槽。图形各个不同特征的具体尺寸可通过 Matercam 自带的【分析】功能进行分析。

多学一招：当没有图样可对照看图分析数据时，可通过 Mastercam 自带的分析功能，测量图形各部分的具体尺寸，并进行数据分析处理，以方便编程。操作方法如下：

在【主页】选项中可找到相关的分析功能，读者可根据需要选择系统提供的分析功能进行处理，其中提供的分析功能有【图素分析】【距离分析】【刀路分析】【动态分析】【角度分析】【串连分析】【实体检查】【2D 区域】【统计】等，如图 4-2 所示，具体操作由读者自行尝试，在此不再赘述。

图 4-2　分析功能菜单

其中【动态分析】功能用得比较多，以了解某图素的加工深度或圆角半径等。以分析本任务零件中的某个圆角曲面为例，单击【动态分析】功能，然后单击某圆角曲面，动态移动至曲面的最底端，如图 4-3a 所示。系统弹出【动态分析】对话框，可知其圆角半径为 5.00mm，最底的深度为 -8.0mm，如图 4-3b 所示。

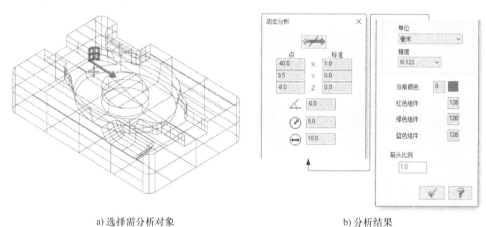

a) 选择需分析对象　　　　　　　　　b) 分析结果

图 4-3　分析某曲面

2. 工艺分析

考虑到零件图形比较简单，可直接对整个零件进行粗加工，中间凹槽曲面部分要注意下刀方式的控制，防止撞刀。该部分由椭圆拔模 12° 拉伸剪切而成，与其相接曲面为平底面。拔模曲面部分是整个零件的编程难点，为使该部分能生成规则的刀路，需进行曲面修补。同时，对于不规则曲面要采用球头立铣刀进行精加工，以获得好的表面质量，兼顾处理清角和接刀问题。结合零件特点，对整个零件应采用分区法进行编程加工为宜。

3. 刀路规划

步骤 1：使用 ϕ50mm 面铣刀对零件上表面采用面铣削加工，加工余量为 0.0mm。

步骤 2：使用 ϕ2mm R1mm 圆角铣刀对零件采用曲面挖槽粗加工，加工余量为 0.25mm。

步骤 3：使用 ϕ2mm R1mm 圆角铣刀对零件采用外形铣削粗加工，加工余量为 0.25mm。

步骤 4：使用 ϕ8mm 立铣刀对零件外轮廓采用外形铣削精加工，加工余量为 0.0mm。

步骤 5：使用 ϕ8mm 立铣刀对零件中间凹槽椭圆处采用曲面挖槽精加工，加工余量为 0.0mm。

步骤 6：使用 ϕ8mm 立铣刀对零件中间凹槽采用曲面挖槽精加工，加工余量为 0.0mm。

步骤 7：使用 ϕ8mm 立铣刀对零件椭圆曲面采用等高外形精加工，加工余量为 0.0mm。

步骤 8：使用 ϕ8mm 立铣刀对零件外轮廓采用外形铣削精加工，加工余量为 0.0mm。

步骤 9：使用 ϕ6mm 球头立铣刀对零件椭圆曲面采用等高外形精加工，加工余量为 0.0mm。

步骤 10：使用 ϕ6mm 球头立铣刀对零件凸出圆柱圆弧曲面采用平行铣精加工，加工余量为 0.0mm。

步骤 11：使用 ϕ6mm 球头立铣刀对零件右下角 U 形曲面采用平行铣精加工，加工余量为 0.0mm。

任务实施

一、准备工作

1. 选择机床

选择【机床】/【铣床】/【默认】命令。

2. 模拟设置

调出【机床群组属性】对话框，设置【毛坯设置】为 X0mm、Y0mm、Z0.5mm，材料大小为 X120mm、Y80mm、Z30mm。

3. 新建刀路群组

参照任务三介绍的方法，分别建立名称为：50R0、12R1、8R0 和 6R3 的刀路群组，单击▶按钮移到群组名为 50R0 的目录下。

二、编制刀路

1. 平面铣削精加工

1）选择【刀路】/【平面铣】命令，系统弹出【串连线框】对话框，选中【俯视图】单选按钮，在绘图区选取大矩形，如图 4-4 所示，单击【确定】按钮。

2）系统弹出【平面加工】对话框，创建直径为 50mm 的面铣刀，设置【进给速率】为 300mm/min，【主轴转速】为 3500r/min，【进刀速率】为 100mm/min，勾选【快速提刀】复选项，其他选项都不勾选，其他参数按默认设置。

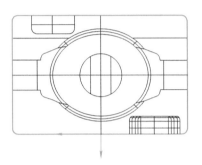

图 4-4　选择加工边界

3）打开【切削参数】选项卡，在【类型】选项的下拉列表中选择【双向】选项，设置【底面预留量】为 0.0mm，设置【截断方向超出量】为 25.0mm，【引导方向超出量】为 25.0mm，【进刀引线长度】为 25.0mm，【退刀引线长度】为 25.0mm，【最大步进量】为 25mm，铣削方式为【顺铣】，【粗切角度】为 0.0mm，在【两切削间移动方式】选项的下拉列表中选择【高速圆圈】选项，如图 4-5 所示。

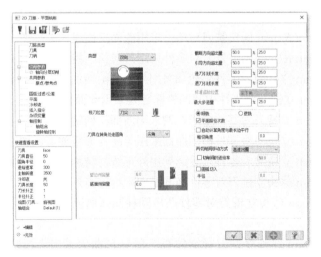

图 4-5　设置切削参数

操作提示：这里的切削深度是一步到位，读者也可尝试分几层铣削，操作方法是勾选【分层铣深】选项，并设置每次切削深度。【截断方向的超出量】和【切削方向的超出量】的设置主要用于控制加工范围。读者还可以尝试采用【一刀式】的加工类型。

实战经验：面铣削精加工中，设置【最大步进量】的距离时不宜大于刀具直径的80%，精加工时为获得好的表面质量一般设置范围为刀具直径的40%～65%，太小会影响加工效率，太大会使加工表面出现较大的振纹，如波浪型，如图4-6所示，特别是当加工余量大时更加容易出现此现象。一般精加工时设置步距为刀具直径的50%，这里还要考虑切削速度的大小。

4）打开【共同参数】选项卡，勾选【参考高度】并设置为10.0mm，【下刀位置】为5.0mm，【工件表面】为0.5mm，【深度】为0.0mm，单击所有【绝对坐标】选项，其他参数按默认设置。

多学一招：平面铣削加工除了采用面铣方法外，还可采用二维挖槽和二维轮廓铣的方法，读者可自行尝试操作。

单击【确定】按钮，生成刀路，如图4-7所示。

图4-6　波浪型刀纹

图4-7　平面铣削刀路

单击插入箭头按钮 ▼ 下移至加工群组名为12R1的目录下。

2. 曲面挖槽粗加工

调出【层别管理】对话框，打开第5层（REC层），调出粗加工边界。

1）选择【刀路】/【挖槽】命令，如图4-8所示。

图4-8　选择【挖槽】命令

窗选所有曲面，单击按钮，系统弹出【刀路曲面选择】对话框，如图4-9所示。

在【切削范围】选项卡处单击【选择】按钮，系统弹出【串连线框】对话框，在绘图区选取第5层的"REC"矩形，如图4-10所示。单击【串连线框】对话框中的【确定】按钮，系统弹出【刀路曲面选择】对话框，单击该对话框的【确定】按钮。

2）系统弹出【曲面粗切挖槽】对话框，创建直径为12mm的圆角铣刀，设置【进给速率】为800mm/min，【主轴转速】为2500r/min，【下刀速率】为100mm/min，【提刀速率】为2500mm/min，勾选【快速提刀】复选项，如图4-11所示。

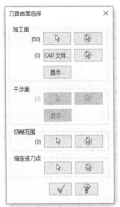

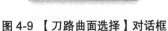

图 4-9 【刀路曲面选择】对话框

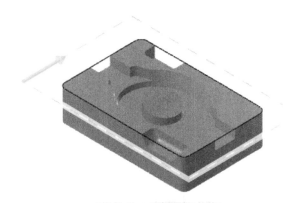

图 4-10 选择加工边界

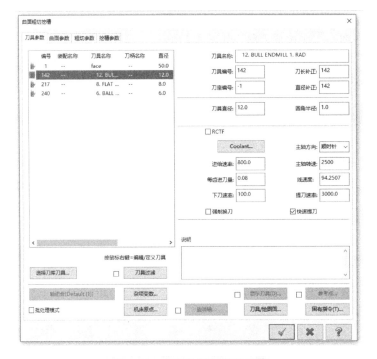

图 4-11 刀具选择与参数设置

3）打开【曲面参数】选项卡，勾选【参考高度】复选框并设置为 10.0mm，【下刀位置】为 5.0mm。勾选所有【绝对坐标】复选项，设置【加工面预留量】为 0.25mm，如图 4-12 所示。

4）打开【粗切参数】选项卡，设置【整体公差】为 0.025mm，【Z 最大步进量】为 0.5mm。勾选【螺旋进刀】和【由切削范围外下刀】复选项，如图 4-13 所示。

单击【螺旋式下刀】按钮，系统弹出【螺旋/斜插下刀设置】对话框。在【螺旋形】选项卡设置【最小半径】为 1.2mm，【最大半径】为 6.0mm，【Z 间距（增量）】为 0.3mm，【XY 预留间隙】为 1.0mm。勾选【沿着边界斜插下刀】和【只有在螺旋失败时使用】选项卡，设置【如果长度超过】为 20.0mm，如图 4-14 所示，单击【确定】按钮 ✓ 。

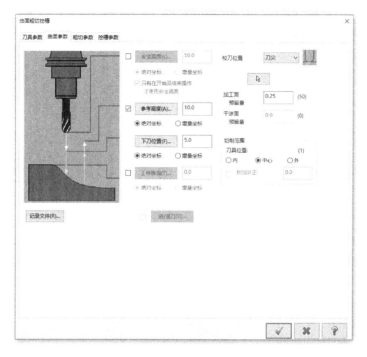

图 4-12　曲面加工参数设置

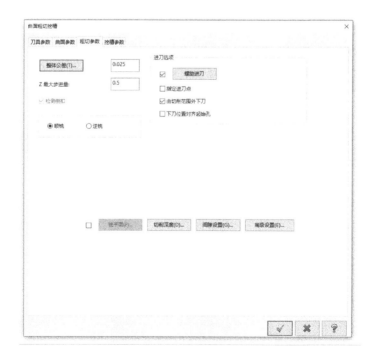

图 4-13　粗加工参数设置

图 4-14　螺旋式下刀参数设置

　　实战经验：封闭式的挖槽加工粗加工时，下刀方式的设置显得尤为重要，优先考虑选择螺旋下刀。以下结合经验重点介绍螺旋下刀方式中几个选项的设置情况。

　　最小 / 最大半径：设置最小与最大螺旋半径时需考虑下刀空间的大小，如果螺旋方式进刀失败，可通过调整这个参数去尝试螺旋下刀。

　　Z 间距（增量）：开始用螺旋方式下刀时，刀具相对切削深度表面（工件表面）的安全距离建议取值一般为 0.3 ~ 2mm。

　　XY 预留间隙：开始以螺旋方式下刀时，螺旋槽距离工件外形 XY 方向的安全距离建议取大值，如 1mm，以防止在粗加工时下刀由于弹刀而导致过切。

　　如果执行螺旋下刀失败时：主要设置如果螺旋下刀失败时是采用【垂直下刀】还是【中断程式】，当加工深度较大时，建议选择【中断程式】。否则，刀具就会直插下来，这样对机床与刀具都不利，机床往往发出尖锐的插刀声音。

　　沿着边界斜插下刀：这个选项常常会用到，根据工件形状渐降下刀，自行设定刀具边界移动方式，特别是在设置螺旋方式下刀失败时，它可以令刀具下到工件的最深处，且根据工件形状特点环绕式下刀，而不是直插，一般都建议使用。

　　进刀角度：设置螺旋线的升角，此值影响到螺旋的圈数。如果此值太小，螺旋圈数会增加，切削长度随之增大。升角太大时，会产生刀具端刃切削的情况，建议设置大小为 2° ~ 15°。

　　另外，【由切削范围外下刀】这个选项在遇到还有其他敞开部位要加工时建议使用，使刀具侧向水平进刀，避免了垂直下刀。

　　对于封闭式粗加工，下刀方式除了螺旋或斜线下刀外，还可以在加工前先加工出一个工艺孔在粗加工下刀时使用。

　　以上几点，初学者应注意结合实际加工情况进行深入理解并加强应用。

　　单击【切削深度】按钮，系统弹出【切削深度设置】对话框，选择【绝对坐标】选项，设置【最高位置】为 0.0mm，【最低位置】为 −12.0mm，如图 4-15 所示，单击【确定】按钮 ✔ 。

操作提示：通过设置切削深度为绝对值有利于限制切削深度，往往能起到好的保护作用，防止过切。

单击【间隙设置】按钮，系统弹出【刀路间隙设置】对话框，勾选【切削排序最佳化】复选项，其他参数按默认设置，如图4-16所示，单击【确定】按钮 ✓。

操作提示：勾选【切削排序最佳化】复选项后，系统自动对不同深度的区域进行分区加工，直到加工完成后才转入下一区域的加工，而不是统一加工到同一深度后再转入下一深度的加工，从而减少提刀，提高加工效率，建议勾选。

图 4-15　切削深度设置

图 4-16　优化刀路

5）打开【挖槽参数】选项卡，选择切削方式为【等距环切】，设置【切削间距（直径%）】为65%。勾选【精修】选项，设置【次】为1，【间距】为0.25mm，其余参数按默认设置，如图4-17所示。

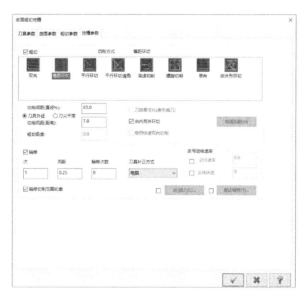

图 4-17　挖槽参数设置

单击【曲面粗切挖槽】对话框中的【确定】按钮 ✓，生成刀路，如图4-18所示。

3. 外形铣削粗加工

调出【层别管理】对话框，关闭第 5 层（REC 层）。

1）选择【刀路】/【外形】命令，系统弹出【串连线框】对话框，选中【俯视图】单选按钮 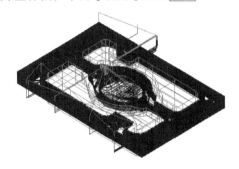，在绘图区中最大轮廓线中一长直线的中点处进行选取，如图 4-19 所示。通过箭头方向可知刀具补偿为左补偿，单击【确定】按钮 ✔ 。

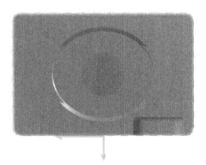

图 4-18　曲面挖槽粗加工刀路　　　　　图 4-19　选择加工边界

实战经验：进行外形铣削加工时，选择的起始点将作为刀具的切入点。在选取前一般先在较长的一直线的中点处进行打断，以此中点作为切入点（图 4-20 所示 A 点）。一般不将切入点设在转角处（图 4-20 所示 B 点），这样可以较好地保证 B 点转角处的尺寸。

2）系统弹出【2D 刀路 - 外形铣削】对话框，打开【刀具】选项卡，选择直径为 12mm 的圆角铣刀，设置【进给速率】为 800.0mm/min，【下刀速率】为 100.0mm/min，【主轴转速】为 2500.0r/min，勾选【快速提刀】选项，如图 4-21 所示。

图 4-20　切入点设定

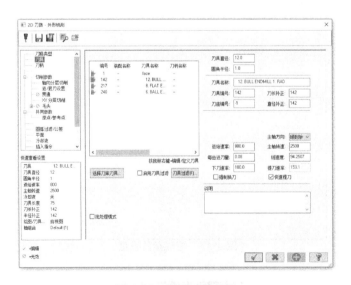

图 4-21　设置刀具参数

3）打开【切削参数】选项卡，设置【补正方式】为【左】，【外形铣削方式】为【2D】，【壁边预留量】和【底面预留量】为 0.25mm，其他参数按默认设置，如图 4-22 所示。

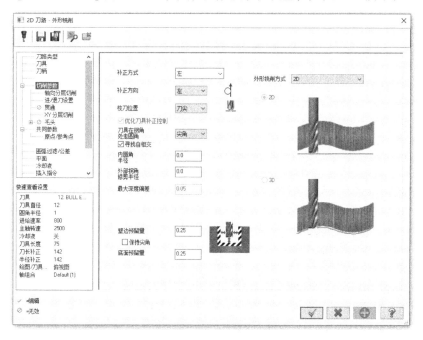

图 4-22 设置切削参数

4）打开【轴向分层切削】选项卡，勾选【轴向分层切削】选项，设置【最大粗切步进量】为 1.0mm，勾选【不提刀】选项，其他参数按默认设置，如图 4-23 所示。

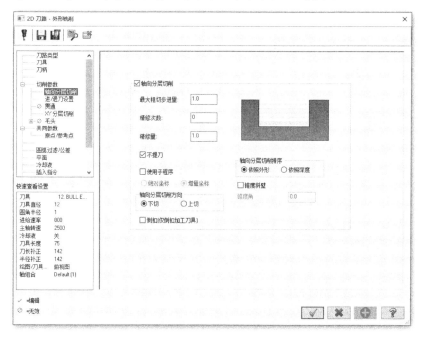

图 4-23 设置深度切削参数

5）打开【进 / 退刀参数】选项卡，选择【相切】选项，设置【长度】为 0%，【圆弧】/【半径】为 30%，【扫描角度】为 90.0°，单击按钮 ，即将进退刀参数设为一致，如图 4-24 所示。

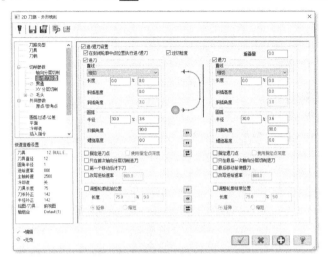

图 4-24　设置进退刀参数

6）打开【XY 分层切削】选项卡，勾选【XY 分层切削】选项，设置【粗切】/【次】为 1，选择【精修】区域为【所有深度】，勾选【不提刀】选项，其他参数如图 4-25 所示。

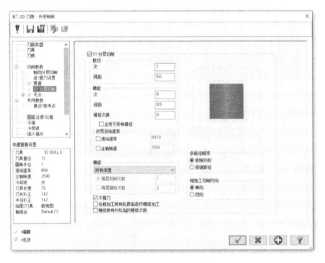

图 4-25　设置分层切削

实战经验：分层切削除了可进行粗、精加工外，还可用于扩大切削范围。如当材料外形余量比较大且刀具无法一步加工到外形定义尺寸时，可设置增加外形切削的层数，达到清除余量的目的。

7）单击【共同参数】选项，设置【参考高度】为 10.0mm，【下刀位置】为 5.0mm，【工件表面】为 -12.0mm，【深度】为 -28.0mm，选择所有【绝对坐标】选项，其他参数按默认设置。

操作提示：这里设置【工件表面】为 -12.0mm，是因为粗加工时已经加工到 -12.0mm。如果设置为 0mm 将产生过多的空刀，不利于提高加工效率。

单击 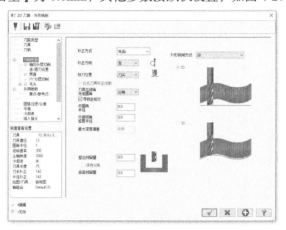 按钮，生成刀路，如图 4-26 所示。

单击插入箭头按钮 ▼ 下移至加工群组名为 8R0 的目录下。

4. 外形铣削精加工（最大轮廓线）

1）选择【刀路】/【外形】命令，选取上一步所选的最大轮廓线，注意箭头方向应与上一步一样，刀具补偿为左补偿，并执行确定操作。

2）系统弹出【2D 刀路 - 外形铣削】对话框，打开【刀具】选项卡，创建直径为 8mm 的立铣刀，设置【进给速率】为

图 4-26　外形铣削粗加工刀路

300.0mm/min，【下刀速率】为 100.0mm/min，【主轴转速】为 3500.0r/min，勾选【快速提刀】选项，其他参数按默认设置。

3）打开【切削参数】选项卡，设置【补正方向】为【左】，【外形铣削方式】为【2D】，【壁边预留量】和【底面预留量】为 0.0mm，其他参数按默认设置，如图 4-27 所示。

图 4-27　设置切削参数

4）打开【进 / 退刀设置】选项卡，选择【相切】选项，设置【长度】为 0%，【圆弧】/【半径】为 30%，【扫描（角度）】为 90.0°，单击按钮 ▶▶，即将进退刀参数设为一致。

5）打开【XY 分层切削】选项卡，勾选【XY 分层切削】选项，设置【粗切】/【次】为 2，【间距】为 0.125mm，选择【精修】区域为【最后深度】，勾选【不提刀】选项，其他参数如图 4-28 所示。

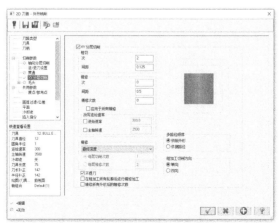

图 4-28　设置分层切削

操作提示：由于 ϕ8mm 立铣刀加工 -28.0mm 的深度，吃刀量较大，为了提高刀具的承受能力，将 0.25mm 的余量分两次加工，以保证加工质量。

6）单击【共同参数】选项，设置【参考高度】为 10.0mm，【下刀位置】为 5.0mm，【工件表面】为 0.0mm，【深度】为 -28.0mm，选择所有【绝对坐标】选项，其他参数按默认设置。

单击 ✓ 按钮，生成刀路，如图 4-29 所示。

5. 曲面挖槽精加工（中间凹槽椭圆处）

调出【图层管理】对话框，打开第 2 图层，调出加工范围边框。

1）选择【刀路】/【挖槽】命令，窗选所有曲面，单击按钮 结束选择，系统弹出【刀路曲面选择】对话框，如图 4-30 所示。

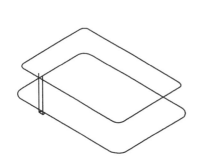

图 4-29　外形铣削精加工刀路　　　　　　图 4-30　【刀路曲面选择】对话框

在【边界范围】选项卡处单击【选择】按钮 ▷，系统弹出【串连线框】对话框，在绘图区选取刚调出的第 2 层的边框，如图 4-31 所示。单击【串连线框】对话框中的【确定】按钮 ✓，系统弹出【刀路曲面选择】对话框，再单击该对话框的【确定】按钮 ✓。

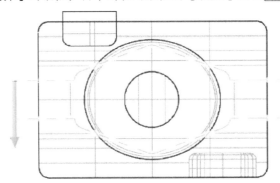

图 4-31　选择加工边界

2）系统弹出【曲面粗切挖槽】对话框，选择直径为 8mm 的平底立铣刀，设置【进给速率】为 300mm/min，【主轴转速】为 3500r/min，【下刀速率】为 100mm/min，【提刀速率】为 2500mm/min，勾选【快速提刀】复选项，其他参数按默认设置。

3）打开【曲面参数】选项卡，勾选【参考高度】复选项并设置为 10.0mm，【下刀位置】为 5.0mm，勾选所有【绝对坐标】复选项，【加工面预留量】为 0.0mm，如图 4-32 所示。

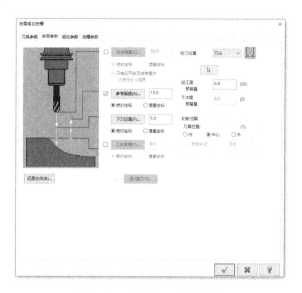

图 4-32　曲面加工参数设置

4）打开【粗切参数】选项卡，设置【整体公差】为 0.01mm，【Z 最大步进量】为 0.5mm。只勾选【螺旋进刀】复选项，如图 4-33 所示。

图 4-33　粗加工参数设置

操作提示：此处只勾选【螺旋进刀】选项，不勾选【由切削范围外下刀】选项，是因为此时如果勾选了该选项很容易发生误切现象，对比本任务步骤 2 的挖槽粗加工刀路，相信读者清楚什么时候应该选与不选此项。

单击【螺旋式下刀】按钮，系统弹出【螺旋 / 斜插下刀设置】对话框。设置【最小半径】为 0.8mm，【最大半径】为 4.0mm，【Z 间距（增量）】为 0.3mm，【XY 预留间隙】为 1.0mm，如图 4-34 所示，单击【确定】按钮 ✓ 。

单击【切削深度】按钮，系统弹出【切削深度设置】对话框。选择【绝对坐标】选项，设置【最高位置】和【最低位置】都为 −8.0mm，如图 4-35 所示，单击【确定】按钮 ✓ 。

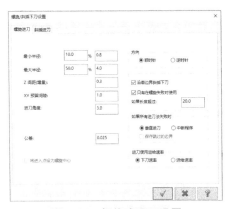

图 4-34　螺旋式下刀设置

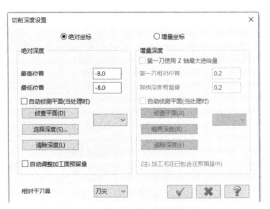

图 4-35　切削深度设置

操作提示：最高和最低位置同设为 -8.0mm，相当于在同一个平面内一步加工 -8.0mm 深度。结合前面参数设置可知，这里的挖槽粗加工没有留余量，只是精加工该部分的底面。如此设置参数则将挖槽粗加工变为精加工，可见，粗、精加工的效果在同一种方式中并不唯一，也可以互换。

5）打开【挖槽参数】选项卡，选择切削方式为【等距环切】，设置【切削间距（直径 %）】为 65%。勾选【精修】复选项，设置【次】为 1，【间距】为 0.25mm，如图 4-36 所示。

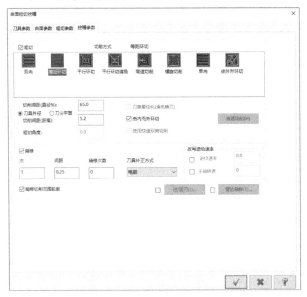

图 4-36　挖槽参数设置

单击【确定】按钮 ✓，生成刀路如图 4-37 所示。

6. 曲面挖槽精加工（中间凹槽）

1）选择【刀路】/【挖槽】命令，窗选所有曲面，单击按钮（结束选择），系统弹出【刀路曲面选择】对话框，在【边界范围】选项卡处单击【选择】按钮 🔖，系统弹出【串连线框】对话框，在绘图区选择图层中第 2 层的椭圆，如图 4-38 所示。单击【串连线框】对话框中的【确定】按钮 ✓，系统弹出【刀路曲面选择】对话框，再单击该对话框的【确

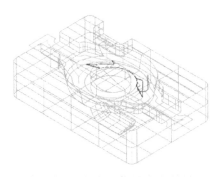

图 4-37　曲面挖槽精加工刀路

定】按钮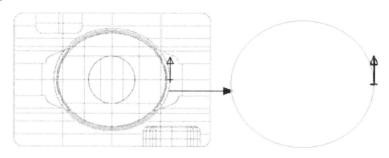。

图 4-38　选择加工边界

2）系统弹出【曲面粗切挖槽】对话框，选择直径为 8mm 的立铣刀，设置【进给速率】为 300mm/min，【主轴转速】为 3500r/min，【下刀速率】为 100mm/min，【提刀速率】为 2500mm/min。勾选【快速提刀】复选项，其他参数按默认设置。

3）打开【曲面参数】选项卡，勾选【参考高度】复选项并设置为 10.0mm，【下刀位置】为 5.0mm。勾选所有【绝对坐标】复选项，【加工面预留量】为 0.0mm，如图 4-39 所示。

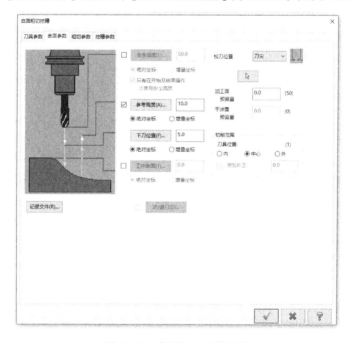

图 4-39　曲面加工参数设置

4）打开【粗切参数】选项卡，设置【整体公差】为 0.01mm，【Z 最大步进量】为 0.5mm，只勾选【螺旋进刀】复选项，如图 4-40 所示。

单击【螺旋式下刀】按钮，系统弹出【螺旋 / 斜插下刀设置】对话框。在【螺旋进刀】选项卡中设置【最小半径】为 0.8mm，【最大半径】为 4.0mm，【Z 间距（增量）】为 0.3mm，【XY 预留间隙】为 0.3mm，如图 4-41 所示，单击【确定】按钮 。

单击【切削深度】按钮，系统弹出【切削深度设置】对话框。勾选【绝对坐标】选项卡，设置【最高位置】和【最低位置】都为 −12.0mm，如图 4-42 所示，单击【确定】按钮 。

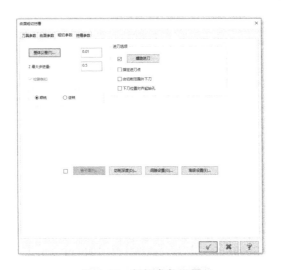

图 4-40　粗切参数设置

图 4-41　螺旋式下刀参数设置

图 4-42　切削深度设置

5）打开【挖槽参数】选项卡，选择切削方式为【等距环切】，设置【切削间距（直径 %）】为 65%。勾选【精修】选项，设置【次】为 1，【间距】为 0.25mm，如图 4-43 所示。

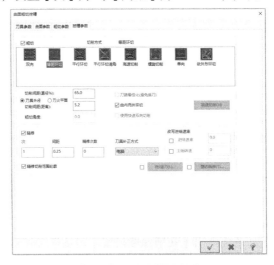

图 4-43　挖槽参数设置

单击【确定】按钮 ，生成刀路，如图4-44所示。

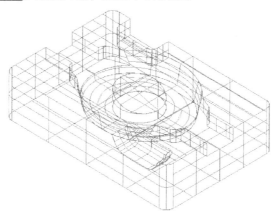

图4-44　曲面挖槽精加工刀路

7. 等高外形精加工

进行曲面修补。调出【层别管理】对话框，新建第6图层，名称为face-hold。

操作提示：养成针对不同图素进行分层处理的习惯，可以提高工作效率，特别是当图形复杂时显得尤为重要，便于图形的选取与编辑。

选择【曲面】/【填补内孔】命令，如图4-45所示。

图4-45　选择【填补内孔】命令

选取椭圆拔模曲面，移动光标至图4-46所示的位置，单击，此时生成一曲面，如图4-47所示。用同样的方法对其他曲面进行修补，一共生成4个曲面，修补完整的曲面最终结果如图4-48所示。

图4-46　移动箭头到生成曲面边界处　　　图4-47　修补曲面　　　图4-48　修补后的曲面

操作提示：根据图形特点并结合Mastercam软件所提供的刀路形式对曲面进行修补，在数控编程中经常采用，希望读者能认真领会其要点。这里对曲面进行修补是为了后续加工的需要。

1）选择【刀路】/【精切】/【传统等高】命令，如图4-49所示。

选择刚修补的曲面，单击【结束选择】按钮 ，系统弹出【刀路曲面选择】对话框，如图4-50所示。

在【边界范围】选项卡处单击【选择】按钮 ，系统弹出【串连线框】对话框，在绘图区选择图层中第2层的椭圆，如图4-51所示。单击【串连线框】对话框中的【确定】按钮 ，系统弹出【刀路曲面选择】对话框，单击该对话框的【确定】按钮 ✓。

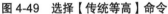

图 4-49　选择【传统等高】命令

图 4-50　【刀路曲面选择】对话框

操作提示：这里所选择的加工曲面相对于没有进行修补之前的曲面是完整的，这样做的目的有助于生成连续的刀路，不会发生过多的跳刀现象，这是编程时常用的控制刀路的技巧。

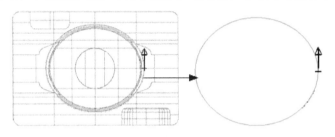

图 4-51　选择加工边界

2）系统弹出【曲面精修等高】对话框，选择直径为 8mm 的立铣刀，设置【进给速率】为 800mm/min，【主轴转速】为 3000r/min，【下刀速率】为 100mm/min，【提刀速率】为 2500mm/min。勾选【快速提刀】复选项，如图 4-52 所示。

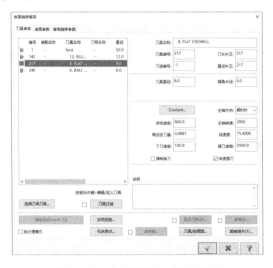

图 4-52　刀具选择与参数设置

3）打开【曲面参数】选项卡，勾选【参考高度】并设置为10.0mm，【下刀位置】为5.0mm。勾选所有【绝对坐标】复选项，设置【加工面预留量】和【干涉面预留量】都为0.0mm，如图4-53所示。

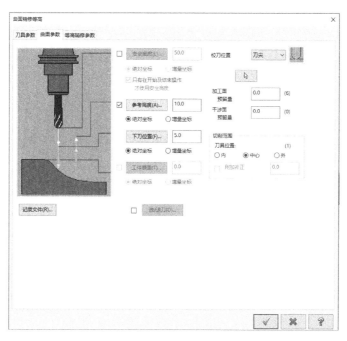

图4-53　曲面加工参数设置

4）打开【等高精修参数】选项卡，设置【整体公差】为0.01mm，【Z最大步进量】为0.05mm，如图4-54所示。

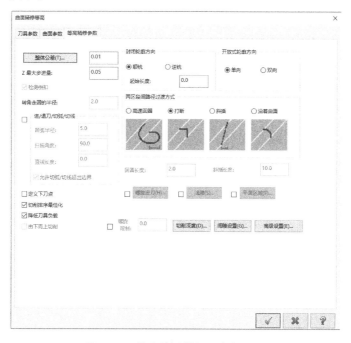

图4-54　等高外形精加工参数设置

操作提示：由于采用立铣刀精加工拔模曲面，因此【Z 最大步进量】不宜太大，否则会出现明显的台阶。

单击【切削深度】按钮，系统弹出【切削深度设置】对话框。选择【绝对坐标】选项，设置【最高位置】为 −8.8mm，【最低位置】为 −12.0mm，如图 4-55 所示，单击【确定】按钮。

操作提示：【最高位置】为 −8.8mm 的计算方法：由于接下来采用 ϕ6mm 球头立铣刀进行精加工，这里存在着接刀问题，ϕ6mm 球头立铣刀的刀具半径为 3mm，为了使所接的刀痕好一点，这里有意将加工高度再提高 0.2mm（这个值是不宜太大），即一共所提高度为 3.2mm，而最大的切削深度是 −12mm，因此立铣刀最小切削深度可设置为：−12mm+3.2mm = −8.8mm。此值太大将影响加工效率，因为立铣刀加工曲面效果没有球头立铣刀好。

面对这种无圆角过渡的曲面特点，采用立铣刀对球头立铣刀加工后的余量进行清角时，需正确处理接刀问题，常采用等高外形刀路。

单击【曲面精修等高】对话框中的【确定】按钮，生成刀路，如图 4-56 所示。

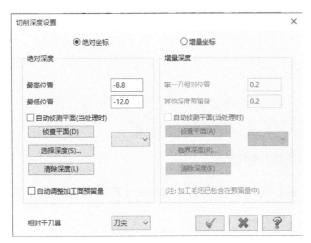

图 4-55　切削深度设置　　　　　　图 4-56　等高外形精加工刀路

8. 外形铣削精加工

1）选择【刀路】/【外形】命令，系统弹出【串连线框】对话框，单击【部分选取】按钮，选中【俯视图】单选按钮，在绘图区选取零件左上角轮廓线中一直线作为部分串连的第一图素（注意箭头方向应与图 4-57 所示 A 点处一样，如果发现不对则可通过反向按钮进行调整），接着直接选择图 4-57 所示 B 点处的直线作为部分线的终止点，结果如图 4-57 所示。根据此时箭头方向可判断刀具补偿方式为左补正，单击【确定】按钮。

2）系统弹出【2D 刀路 - 外形铣削】对话框，选择直径为 8mm 的立铣刀，设置【进给速率】为 300mm/min，【主轴转速】为 3500r/min，【下刀速率】为 100mm/min。勾选【快速提刀】复选项，其他参数按默认设置。

3）打开【外形参数】选项卡，勾选【参考高度】选项并设置为 10.0mm，【下刀位置】为 5.0mm，【工件表面】为 0.0mm，【深度】为 −10.0mm。选择所有【绝对坐

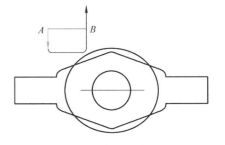

图 4-57　选择加工边界

标】选项，【补正方式】为【电脑】，【补正方向】为【左】，【XY 预留量】和【Z 方向预留量】都为 0.0mm。勾选【X 轴分层切削】【进 / 退刀向量】和【过滤】复选框，如图 4-58 所示。

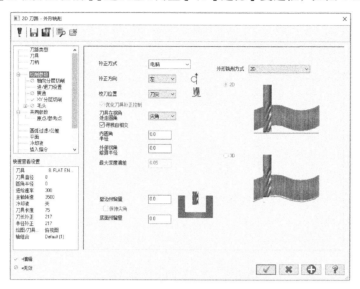

图 4-58　外形加工参数设置

单击【进 / 退刀设置】选项，系统弹出【进 / 退刀设置】对话框，进刀方式为【相切】，只在【直线】选项中设置【长度】为 4mm，单击 ⏩ 按钮，将设置完成的进刀方式参数对应到退刀参数的选项中，如图 4-59 所示，单击【确定】按钮 ✓。

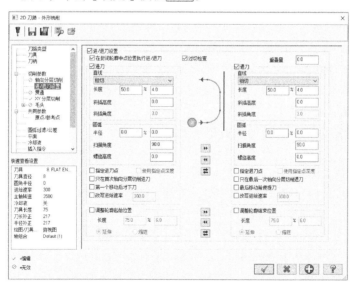

图 4-59　进 / 退刀设置

操作提示：这里进刀方式采用延长直线法是为了避免因进刀轨迹长度不够而导致直接撞刀，没有设置圆弧进刀是为了减少空走刀。

单击【XY 分层切削】选项，系统弹出【XY 分层切削】对话框，设置【粗切】/【次】为 2，【间距】为 6.0mm，勾选【不提刀】复选项，如图 4-60 所示，单击【确定】按钮 ✓。

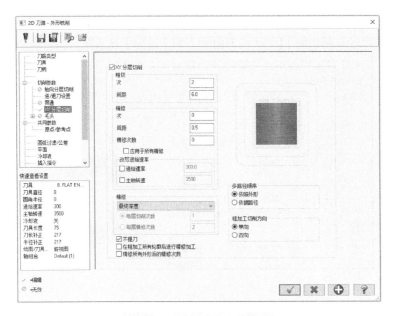

图 4-60　XY 轴分层切削设置

操作提示：由于这里只是选取轮廓线作为加工轨迹，只是绕着这轮廓线进给会存在着一些余量尚未加工到位，为了扩大刀具的加工范围特设置【XY 分层切削】，读者可通过不同设置自行领会其中的道理。

在【2D 刀路 - 外形铣削】对话框中单击【确定】按钮 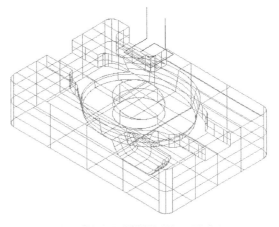，生成刀路，如图 4-61 所示。

操作提示：本步骤所加工的区域除了采用轮廓加工方法外，还可采用开放式的 2D 挖槽加工，读者可尝试自行编程。

单击插入箭头按钮 ▼ 下移至加工群组名为 6R3 的目录下。

图 4-61　外形铣削精加工刀路

9. 曲面等高外形精加工

1）复制"第 7 步：曲面精修等高"刀路，在刚生成的第 9 步：曲面精修等高刀路的目录下单击【参数】选项。

2）系统弹出【曲面精修等高】对话框，打开【刀具参数】选项卡，选择直径为 6mm 的球头立铣刀。设置【进给速率】为 600mm/min，【主轴转速】为 3500r/min，【下刀速率】为 100mm/min，【提刀速率】为 2500mm/min。勾选【快速提刀】复选项，其他选项都不勾选，如图 4-62 所示。

3）打开【等高精修参数】选项卡，设置【Z 最大步进量】为 0.15mm。勾选【进/退刀/切弧/切线】选项卡，并设置【圆弧半径】为 4.0mm，【扫描角度】为 90°，【直线长度】为 0.0mm。勾选【切削排序最优化】和【降低刀具负载】复选项，其他参数按默认设置，如图 4-63 所示。

操作提示：为防止刀具直接踩刀，一般都采用圆弧/直线相切方式进退刀，但在设置时要充分考虑会不会产生过切现象。当【Z 最大步进量】设置得比较小时，可不考虑采用设置【进/退刀/切弧/切线】，在刀具过渡方式中直接采用其他方式进行过渡。

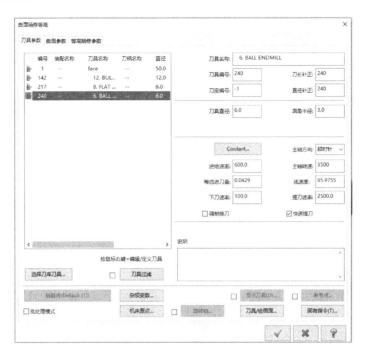

图 4-62　刀具选择与参数设置

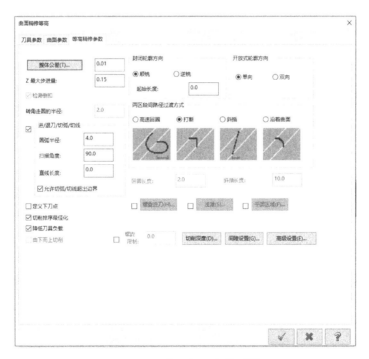

图 4-63　曲面加工参数设置

单击【切削深度】按钮，系统弹出【切削深度设置】对话框，勾选【绝对坐标】选项卡，设置【最高位置】为 0.0mm，【最低位置】为 −12.0mm，如图 4-64 所示，单击【确定】按钮 ✓ 。

单击【曲面精修等高】对话框中的【确定】按钮 ✓ ，生成刀路，如图 4-65 所示。

图 4-64　切削深度设定

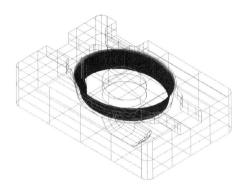

图 4-65　等高外形精加工刀路

10. 高速平行铣削精加工（零件凸圆柱上的圆弧曲面）

1）选择【刀路】/【精切】/【平行】命令，如图 4-66 所示。系统弹出【高速曲面刀路 - 平行】对话框，在【加工图形】选项中单击【选择图素】按钮 ，如图 4-67 所示。

图 4-66　选择【精切平行】命令

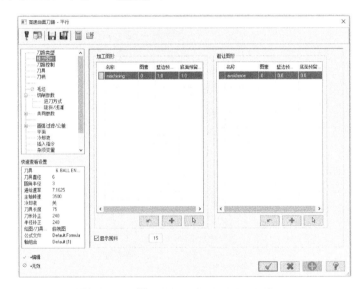

图 4-67　【高速曲面刀路 - 平行】对话框

选择中间凸圆柱上的两圆弧曲面，如图 4-68 所示，单击【结束选择】按钮 。

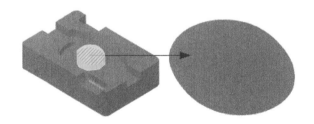

图 4-68　选择加工面

2）系统返回【高速曲面刀路 - 平行】对话框，选择【切削参数】选项卡，设置【依照次数】/【切削间距】为 0.25mm，其他参数按默认设置，如图 4-69 所示。

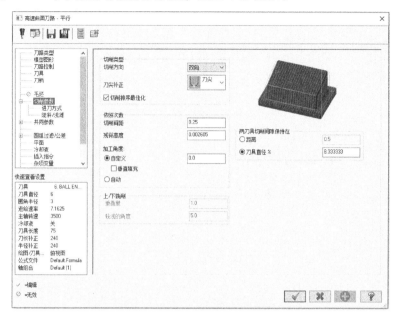

图 4-69　设置【依照次数】/【切削间距】

实战经验：设置【加工角度】时需考虑尽可能使生成的刀路简单且能保证加工质量，经验上使用较多的角度是 45°。如果用此角度加工后仍发现加工质量不好，再采用 135° 进行加工，可获得较好的加工质量。

选择【进刀方式】选项卡，选择【两区段间路径过渡方式】为【平滑】，如图 4-70 所示。

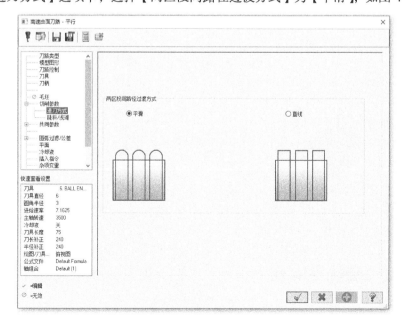

图 4-70　设置进刀方式

选择【共同参数】选项卡，参数设置如图 4-71 所示。

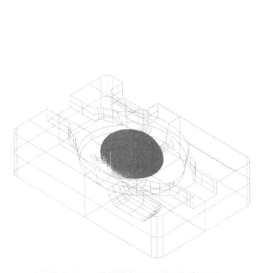

图 4-71　设置共同参数

单击【高速曲面刀路 - 平行】对话框中的【确定】按钮 ✓ ，生成刀路，如图 4-72 所示。

11. 流线铣削精加工（零件右下角曲面）

1）选择【刀路】/【精切】/【流线】命令，如图 4-73 所示。

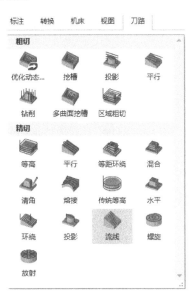

图 4-72　曲面精加工平行铣削刀路　　　**图 4-73　选择【精切】/【流线】命令**

选择零件右下角曲面，如图 4-74 所示的加工面，单击按钮 结束选择 。系统弹出【刀路曲面选择】对话框，如图 4-75 所示。

图 4-74 选择加工面

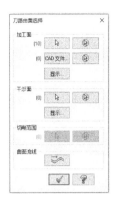

图 4-75 【刀路曲面选择】对话框

操作提示：对于曲面流线加工的切削方向可通过【曲面流线】选项中的【流线参数】按钮 进行调整。

在【干涉面】选项中单击【选择】按钮，选择与加工曲面相连接的所有曲面，如图 4-76 所示的干涉面，单击应用按钮。系统返回【刀路曲面选择】对话框，单击【确定】按钮。

2）系统弹出【曲面精修流线】对话框，选择直径为 6mm 的球头立铣刀。设置【进给速率】为 600mm/min，【主轴转速】为 3500r/min，【下刀速率】为 100mm/min，【提刀速率】为 2500mm/min。勾选【快速提刀】复选项，其他参数按默认设置。

3）打开【曲面参数】选项卡，勾选【参考高度】并设置为 10.0mm，【下刀位置】为 5.0mm，勾选所有【绝对坐标】复选项。设置【加工面预留量】为 0.0mm，【干涉面预留量】都为 0.01mm，如图 4-77 所示。

图 4-76 选择干涉面

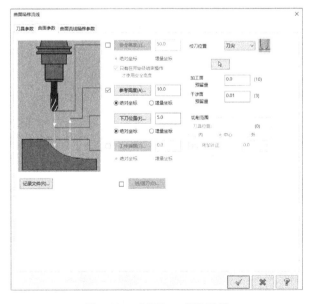

图 4-77 曲面加工参数设置

4）打开【曲面流线精修参数】选项卡，设置参数如图 4-78 所示。

单击【曲面精修流线】对话框中的【确定】按钮 ，生成刀路，如图 4-79 所示。

图 4-78   曲面流线精修参数设置

12. 实体模拟加工

模拟结果如图 4-80 所示。

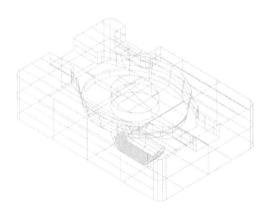

图 4-79   曲面精加工平行铣削刀路

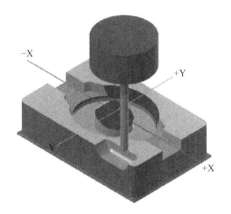

图 4-80   模拟结果

任务小结

本任务学习了零件图形对象的分析方法，采用曲面粗加工挖槽、传统曲面精加工等高外形、高速曲面精加工平行铣削和流线铣削精加工的编程加工方法对零件进行刀路的编制，介绍了结合刀具特点和加工对象特点考虑清角加工的方法，以及为生成更加平滑流畅的刀路对曲面进行了修补的方法；对螺旋下刀和斜插下刀的设置效果进行了深入分析，通过加工曲面和干涉曲面的作用使读者具备对加工曲面有较强的保护意识。

提高练习

打开配套资源包"源文件 /cha04/4-2.mcam"进行编程加工，零件材料为铝合金，零件图如图 4-81 所示。

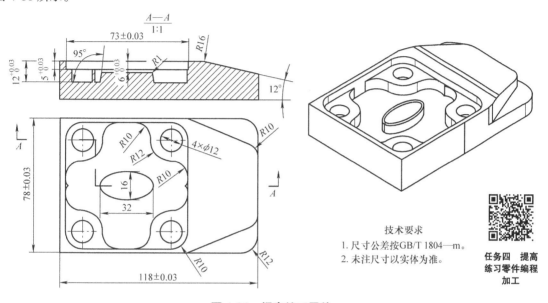

图 4-81 提高练习零件

技术要求
1. 尺寸公差按GB/T 1804—m。
2. 未注尺寸以实体为准。

任务四 提高
练习零件编程
加工

圆弧桥形零件编程加工

任务目标

> 知识目标

1）掌握双面加工零件的编程与装夹方法。

2）掌握动态定面创建坐标系方法，实现不同加工工序中加工坐标系的创建。

3）掌握动态铣削高速加工的编程方法技巧。

4）掌握外形铣削刀路的倒角加工编程方法。

5）掌握实体选择加工边界的方法。

6）掌握多工序编程加工的仿真操作方法。

> 能力目标

1）能通过平移、旋转等功能正确设置零件的加工坐标系。

2）能根据双面加工零件的特点和加工技术要求选择正确的装夹方法和安排加工工艺。

3）能利用零件结构本身的空位进行装夹，避免出现接刀痕。

4）能使用投影命令快捷移动图素至指定位置。

5）能熟练运用平面铣削刀路和外形铣削刀路的类型、进/退刀的参数设置实现控制加工范围。

6）能利用实体边界不同的类型选择对应的加工边界。

7）能对零件进行倒角编程加工。

8）能利用投影命令实现对图素的平移。

> 素质目标

1）能对双面加工零件的加工要求安排不同的加工工艺。

2）能思考利用零件现有结构特征选择合适的装夹方法。

3）能思考设置不同的加工参数实现对不同加工范围的控制。

4）能建立对于具有较高几何公差要求的加工特征采用同一加工工序完成以保证加工质量的意识。

任务导入

打开配套资源包"源文件 /cha05/ 圆弧桥型零件 .mcam"进行编程加工，零件材料为铝合金，零件工程图如图 5-1 所示。

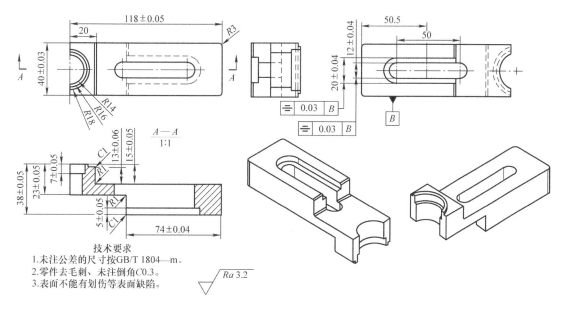

图 5-1　圆弧桥形零件

任务分析

1. 图形分析

根据零件工程图分析可知，该零件外形尺寸为 118mm × 40mm × 38mm，总体外形呈 L 形。零件主体的顶面与底面都有台阶。L 形顶面左端有圆弧形台阶，中心为中空键槽，从底面可知该中空键槽有落差为 5mm 的台阶。零件要求去毛刺，未注倒角为 C0.3，表面粗糙度值为 Ra3.2μm。

2. 工艺分析

该零件总体造型呈 L 形，最小尺寸公差为 ±0.03mm，要求中间键槽与 L 形两侧边平面的平行度公差为 0.03mm 和表面粗糙度值为 Ra3.2μm，是整个零件的加工要点与难点。加工材料为铝合金，毛坯大小为 120mm × 42mm × 40mm。结合 L 形的结构特点，可利用顶面台阶的落差空位作为装夹部位，底面加工时需要将整个零件的最大外形所有尺寸都加工到位，从而有效避免接刀痕的产生。加工时先加工底面，再加工顶面。无论是底面加工还是顶面加工的装夹，要求零件的左侧都留出机用虎钳一定的空位，装夹方法如图 5-2 所示。

3. 刀路规划

（1）顶面加工

步骤 1：使用 φ50mm 面铣刀对工件上表面采用平面铣削刀路进行精加工，加工余量为 0.0mm。

步骤 2：使用 φ10mm R1mm 圆角铣刀对 L1 形台阶采用斜插外形铣削刀路进行粗加工，加工余量为 0.35mm。

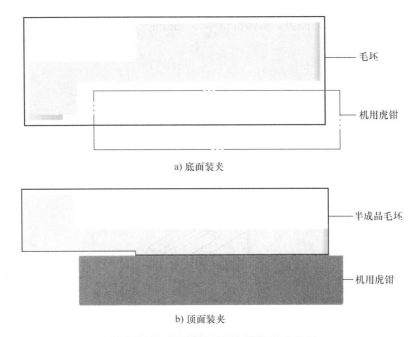

a) 底面装夹

b) 顶面装夹

图 5-2　圆弧桥形零件加工装夹方式示意

　　步骤 3：使用 ϕ10mm R1mm 圆角铣刀对 L1 形台阶采用 2D 外形铣削刀路进行精加工，加工余量为 0.0mm。

　　步骤 4：使用 ϕ10mm R1mm 圆角铣刀对封闭 U 形槽采用斜插外形铣削刀路进行粗加工，加工余量为 0.35mm。

　　步骤 5：使用 ϕ10mm R1mm 圆角铣刀对封闭 U 形槽采用 2D 外形铣削刀路进行精加工，加工余量为 0.0mm。

　　步骤 6：使用 ϕ10mm R1mm 圆角铣刀对整体外形采用斜插外形铣削刀路进行粗加工，加工余量为 0.5mm。

　　步骤 7：使用 ϕ10mm R1mm 圆角铣刀对整体外形采用 2D 外形铣削刀路进行精加工，加工余量为 0.0mm。

　　步骤 8：使用 ϕ10mm R1mm 圆角铣刀对左前端采用 2D 外形铣削刀路进行粗加工，加工余量为 0.5mm。

　　步骤 9：使用 ϕ10mm R1mm 圆角铣刀对左前端采用 2D 外形铣削刀路进行精加工，加工余量为 0.0mm。

　　步骤 10：使用 ϕ10mm R1mm 圆角铣刀对开放 U 形槽采用 2D 外形铣削刀路进行粗加工，加工余量为 0.5mm。

　　步骤 11：使用 ϕ10mm 立铣刀对开放 U 形槽采用 2D 外形铣削刀路进行精加工，加工余量为 0.0mm。

　　步骤 12：使用 ϕ8mm 倒角刀对 C1 的倒角采用外形铣削倒角刀路进行精加工，加工余量为 0.0mm。

（2）底面加工

步骤 1：使用 ϕ10mm R1mm 圆角铣刀对 L2 形台阶采用 2D 高速刀路 - 动态铣削的外形铣削刀路进行粗加工，加工余量为 0.5mm。

步骤 2：使用 ϕ10mm R1mm 圆角铣刀对 L2 形台阶采用 2D 高速刀路 - 区域铣削的外形铣削刀路进行精加工，加工余量为 0.0mm。

步骤 3：使用 ϕ10mm 立铣刀对 R14mm 圆弧面台阶采用斜插的外形铣削刀路进行粗加工，加工余量为 0.5mm。

步骤 4：使用 ϕ10mm 立铣刀对 R14mm 圆弧面台阶采用外形铣削刀路进行精加工，加工余量为 0.0mm。

步骤 5：使用 ϕ10mm 立铣刀对零件上表面采用 2D 外形铣削刀路进行精加工，加工余量为 0.0mm。

步骤 6：使用 ϕ10mm 立铣刀对 R16mm 圆弧面台阶采用 2D 外形铣削刀路进行粗加工，加工余量为 0.35mm。

步骤 7：使用 ϕ10mm 立铣刀对 R16mm 圆弧面台阶采用 2D 外形铣削刀路进行精加工，加工余量为 0.0mm。

步骤 8：使用 ϕ10mm 立铣刀对 R18mm 圆弧台阶面采用 2D 外形铣削刀路进行粗加工，加工余量为 0.35mm。

步骤 9：使用 ϕ10mm 立铣刀对 R18mm 圆弧台阶面采用 2D 外形铣削刀路进行精加工，加工余量为 0.0mm。

步骤 10：使用 ϕ8mm 倒角刀对 C1 的倒角采用外形铣削倒角刀路进行精加工，加工余量为 0.0mm。

步骤 11：使用 ϕ8mm 倒角刀对 C0.3 的倒角采用外形铣削倒角刀路进行精加工，加工余量为 0.0mm。

任务实施

任务五　圆弧桥形零件编程加工

一、零件底面加工准备工作

1. 确定零件底面编程坐标系

通过按 <F9> 键打开系统坐标系，如图 5-3 所示，零件偏离了系统坐标系的位置。同时，考虑加工工艺要求，需利用顶面台阶的落差空位作为装夹部位，装夹要求如图 5-2a 所示，先加工底面，再加工顶面，因此需要将零件进行位置调整。

新建第 2 图层（边界盒）并设为当前工作图层，在绘图区域的正下方将绘图模式切换为【3D】，在【线框】选项上单击【边界框】按钮，选取实体，单击【结束选择】按钮 ⊘结束选择 。单击【确定】按钮 ⊘，在系统弹出的【边界框】对话框中设置【立方体设置】/【原点】为【立方体的中心】，分别设置 X118.0mm，Y40.0mm，Z38.0mm，并在边界盒的上表面绘制任意一条对角线，结果如图 5-4 所示。

在【转换】选项上单击【移到到原点】按钮，系统自动选择所有图素，移动鼠标光标到刚绘制的对角线的中点，当显示为中点时单击以确定，如图 5-5a 所示。系统自动将所有图素移至系统坐标系的原点 Z0 下方处，结果如图 5-5b 所示。

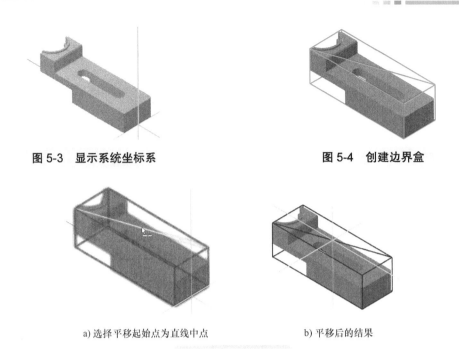

图 5-3　显示系统坐标系　　　　　　　　　图 5-4　创建边界盒

a) 选择平移起始点为直线中点　　　　　　　b) 平移后的结果

图 5-5　移动至原点

在绘图区域的正下方状态栏上设置当前构图面为【右视图】，单击【转换】/【旋转】按钮，窗选所有图素，单击【结束选择】按钮_{结束选择}。设置为【移动】方式，系统默认选择坐标原点为【旋转中心点】，设置旋转角度为 180°，如图 5-6a 所示。单击【确定】按钮后，接着在边界盒的上表面绘制任意一条对角线，结果如图 5-6b 所示。

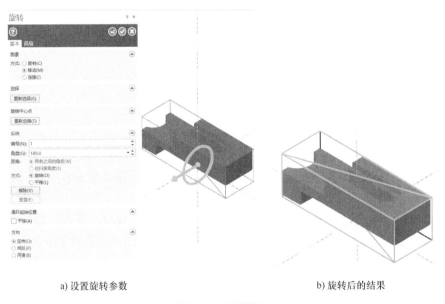

a) 设置旋转参数　　　　　　　　　　b) 旋转后的结果

图 5-6　旋转零件

在【转换】选项上单击【移到到原点】按钮，系统自动选择所有图素，移动鼠标光标到刚绘制的对角线的中点，当显示为中点时单击以确定，系统自动将所有图素移至系统坐标系的原点 Z0 下方。

在屏幕左下角单击【层别】选项，新建第 10 图层（底面 L1）作为当前工作图层，打开第 1 图层，利用直线命令，在图 5-7a 所示的 *A*、*B* 两点绘制直线段，结果如图 5-7b 所示。

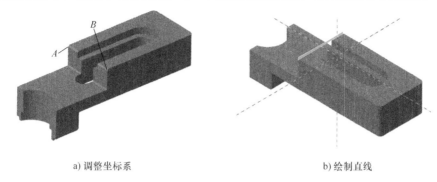

a) 调整坐标系　　　　　　　　　　　　b) 绘制直线

图 5-7　调整坐标系

操作提示：此处只是调整好零件底面的编程坐标系，后续还需要再对顶面的编程坐标系进行调整确认。

2. 选择机床

选择【机床】/【铣床】/【默认】命令。

3. 模拟设置

调出【机器群组属性】对话框，设置【毛坯设置】为 X0mm、Y0mm、Z1mm，材料大小为 X120mm、Y42mm、Z40mm。

4. 新建刀路群组

参照任务三介绍的方法，分别建立名称为：50R0、10R1-1、10R0-1 和 8C1-1 的刀路群组，单击 ▶ 按钮移到群组名为 50R0 的目录下。

二、编制刀路

1. 平面铣削精加工

将绘图平面和刀具平面调整为俯视图。

1）选择【刀路】/【平面铣】命令，系统弹出【实体串连】对话框，以【实体】的形式，如图 5-8a 所示，在绘图区选取零件底面上表面的封闭轮廓，如图 5-8b 所示，单击【确定】按钮⊘。

操作提示：直接通过【实体】的形式对实体进行串连图素的选取，大大提高了选取的效率。

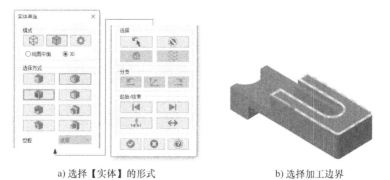

a) 选择【实体】的形式　　　　　　　　　　b) 选择加工边界

图 5-8　选择加工边界

2）系统弹出【2D 刀路 - 平面铣削】对话框，打开【刀具】选项卡，创建直径为 50mm 的面铣刀，设置【进给速率】为 500.0mm/min，【下刀速率】为 100.0mm/min，【主轴转速】为 5000.0r/min，勾选【快速提刀】选项。

3）打开【切削参数】选项卡，在【类型】选项的下拉列表中选择【一刀式】选项，设置【底面预留量】为 0.0 mm，【引导方向超出量】为 55.0mm，【进刀引线长度】为 60.0mm，【退刀引线长度】为 10.0mm，【粗切角度】为 0.0mm，如图 5-9 所示。

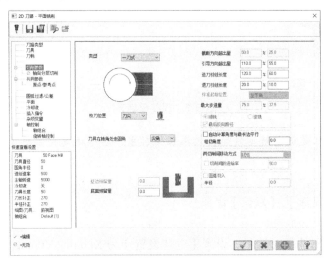

图 5-9 设置切削参数

操作提示：考虑此处使用的面铣刀直径大小已超过了零件表面 40mm 的宽度，因此采用了一刀式的加工类型。同时由于所选择的加工线的位置正处于零件的右端，为了避免进刀时直接垂直加工零件的上表面，将【进刀引线长度】设为 60mm，将【退刀引线长度】设为 10mm，具体的参数用法建议读者通过设置不同的值进行对比分析，以更好地掌握相关参数的使用方法。

4）单击【共同参数】选项，勾选【参考高度】并设置为 10.0mm，【下刀位置】为 5.0mm，【工件表面】和【深度】都为 0.0mm，单击所有【绝对坐标】选项，如图 5-10 所示。

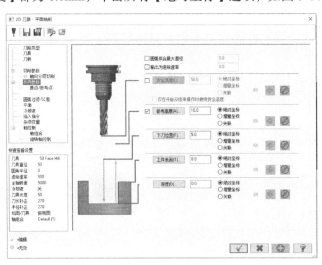

图 5-10 设置共同参数

单击按钮 ☑️ ，生成刀路，如图 5-11 所示。

单击 ▼ 按钮下移至刀具群组名为 "10R1-1" 目录下。

2. 外形铣削粗加工（L1 形台阶）

1）利用【图层管理器】打开第 10 图层底面 L1，选择【刀路】/【外形】命令，系统弹出【线框串连】对话框，选择【线框模式】，单击【单体】按钮 ╱ ，如图 5-12a 所示。按照图 5-12b 所示 L1 线段的起始点位置选择直线，单击【确定】按钮 ☑️ 。根据箭头指向判断此时刀具补偿为右补偿，单击【确定】按钮 ☑️ 。

图 5-11 平面加工精加工刀路

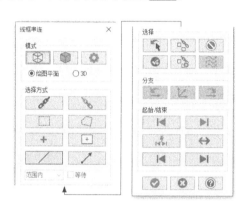

a）选择【单体】的形式

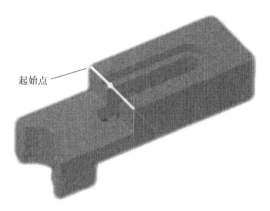

b）选择加工边界

图 5-12 选择加工边界

2）系统弹出【2D 刀路 - 外形铣削】对话框，打开【刀具】选项卡，创建直径为 10mm、圆角半径为 1mm 的圆角铣刀，设置【进给速率】为 1500.0mm/min，【下刀速率】为 2000.0mm/min，【主轴转速】为 5000.0r/min，勾选【快速提刀】选项。

3）打开【切削参数】选项卡，设置【补正方向】为【右】，【外形铣削方式】为【斜插】，设置【斜插方式】为【深度】，【斜插深度】为 0.5mm，勾选【在最终深度处补平】选项，【壁边预留量】和【底面预留量】都为 0.35mm，其他参数按默认设置。

打开【进 / 退刀设置】选项卡，选择【相切】选项，设置【长度】为 80%，【圆弧】/【半径】为 0%，单击按钮 ▶▶ ，即将进、退刀参数设为一致。

打开【XY 分层切削】选项卡，勾选【XY 分层切削】选项，在【粗切】选项栏中设置【次】为 8 次，【间距】为 6.0mm，勾选【不提刀】选项。

4）单击【共同参数】选项卡，设置【参考高度】为 10.0mm，【下刀位置】为 5.0mm，【工件表面】为 0.0mm，【深度】为 -15.0mm，选择所有【绝对坐标】选项。

单击 ☑️ 按钮，生成刀路，如图 5-13 所示。

3. 外形铣削精加工（L1 形台阶）

1）复制 "第 2 步：外形铣削（斜插）" 刀路，在刚生成的第 3 步：外形铣削（斜插）刀路的目录下单击【参数】

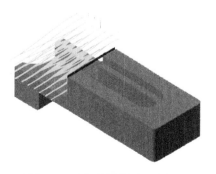

图 5-13 外形铣削粗加工刀路

选项。

2）系统弹出【2D 刀路 - 外形铣削】对话框，修改【进给速率】为 600mm/min，【主轴转速】为 5000.0r/min，【下刀速率】为 2000mm/min，【提刀速率】为 3000 mm/min，勾选【快速提刀】复选框，其他选项都不勾选，其他参数按默认设置。

3）打开【切削参数】选项卡，设置修改【外形铣削方式】为【2D】，设置【壁边预留量】和【底面预留量】都为 0.0mm，其他参数按默认设置。

单击【确定】按钮 ✔ ，单击【重新生成所有无效操作】按钮 ▮x ，生成刀路，如图 5-14 所示。

4. 外形铣削粗加工（封闭 U 形槽）

1）选择【刀路】/【外形】命令，系统弹出【线框串连】对话框，以【实体】/【串连】的形式，通过翻转调整视图选择图 5-15 所示 U 形槽封闭边界，单击【确定】按钮 ✔ 。需要注意此时箭头的方向，对应的刀具补偿为右补偿。

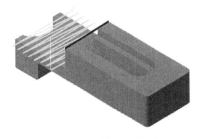

图 5-14　外形铣削精加工刀路

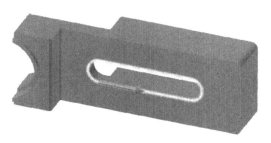

图 5-15　选择加工边界

2）系统弹出【2D 刀路 - 外形铣削】对话框，打开【刀具】选项卡，选择直径为 10mm、圆角半径为 1mm 的圆角铣刀，设置【进给速率】为 1500.0mm/min，【下刀速率】为 2000.0mm/min，【主轴转速】为 5000.0r/min，勾选【快速提刀】选项。

3）打开【切削参数】选项卡，设置【补正方向】为【右】，【外形铣削方式】为【斜插】，选择【斜插方式】为【深度】，设置【斜插深度】为 0.5mm，勾选【在最终深度处补平】选项，【壁边预留量】和【底面预留量】都为 0.25mm，其他参数按默认设置。

打开【进 / 退刀设置】选项卡，选择【相切】选项，设置【长度】为 0%，【圆弧】/【半径】为 30%，【扫描（角度）】为 45.0°，单击按钮 ▸▸ ，即将进、退刀参数设为一致。

打开【XY 分层切削】选项卡，不勾选【XY 分层切削】选项。

4）单击【共同参数】选项卡，设置【参考高度】为 10.0mm，【下刀位置】为 5.0mm，【工件表面】为 0.0mm，【深度】为 -24.0mm，选择所有【绝对坐标】选项。

操作提示：此处 U 形槽的深度应为 23.0mm，为了使整个零件加工到位，直接多加工了 1.0mm。

单击 ✔ 按钮，生成刀路，如图 5-16 所示。

5. 外形铣削精加工（封闭 U 形槽）

1）复制"第 4 步：外形铣削（斜插）"刀路，在刚生成的第 5 步：外形铣削（斜插）刀路的目录下单击【参数】选项。

2）系统弹出【外形铣削 - 斜降下刀】对话框，选择直径为 10mm 的圆角铣刀，设置【进给速率】为 1000mm/min，【主轴转速】为 5000r/min，【下刀速率】为 2000mm/min，【提刀速率】为 3000mm/min，勾选【快速提刀】复选框，其他选项都不勾选，其他参数按默认设置。

3）打开【切削参数】选项卡，设置【补正方向】为【右】，修改【外形铣削方式】为【2D】，设置【壁边预留量】和【底面预留量】都为 0.0mm，其他参数按默认设置。

单击【确定】按钮 ，单击【重新生成所有无效操作】按钮 ，生成刀路，如图 5-17 所示。

图 5-16　外形铣削粗加工刀路

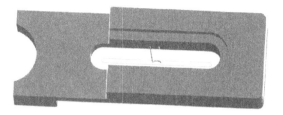

图 5-17　外形铣削精加工刀路

6. 外形铣削粗加工（整体外形）

关闭第 10 图层，新建第 11 图层（最大外形），在【线框】选项上单击【矩形】按钮，以系统坐标系原点为矩形的中心绘制大小为 118mm×40mm 的矩形，并对左侧两个直角边倒直角 0.3mm，对右侧两个直角边倒半径 3mm 的圆角，结果如图 5-18 所示。

图 5-18　调用零件的最大外形

多学一招：此处对左侧的两拐角进行了倒角，是对应图中的技术要求进行处理的，目的也是为了使加工后零件的外形避免出现锋利的尖角。

1）选择【刀路】/【外形】命令，系统弹出【线框串连】对话框，以【线框】/【串连】的形式，从刚生成矩形的左下角选择矩形，如图 5-19 所示，单击【确定】按钮 。需要注意此时箭头的方向，对应的刀补为左补偿。

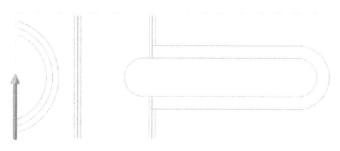

图 5-19　选择最大外形为加工对象

2）系统弹出【2D 刀路 - 外形铣削】对话框，打开【刀具】选项卡，选择直径为 10mm、圆角半径为 1mm 的圆角铣刀，设置【进给速率】为 1500.0mm/min，【下刀速率】为 2000.0mm/min，【主轴转速】为 5000.0r/min，勾选【快速提刀】选项。

3）打开【切削参数】选项卡，设置【补正方向】为【左】，【外形铣削方式】为【斜插】，选择【斜插方式】为【深度】，设置【斜插深度】为 1.0mm，勾选【在最终深度处补平】选项，【壁边预留量】和【底面预留量】都为 0.35mm，其他参数按默认设置。

打开【进 / 退刀设置】选项卡，选择【相切】选项，设置【长度】为 20%，【圆弧】/【半径】为 20%，【扫描（角度）】为 45.0°，单击按钮 ⏩，即将进、退刀参数设为一致。

4）单击【共同参数】选项，设置【参考高度】为 10.0mm，【下刀位置】为 5.0mm，【工件表面】为 0.0mm，【深度】为 −24.5mm，选择所有【绝对坐标】选项，如图 5-20 所示。

操作提示：此处零件的最大深度为 23.0mm，考虑采用了 R1mm 的圆角铣刀，同时再增加 0.5mm 的加工深度以超出零件此处的最大深度，即 23mm+1mm+0.5mm=24.5mm。

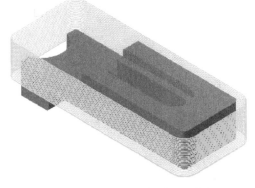

图 5-20　外形铣削粗加工刀路

7. 外形铣削粗加工（整体外形）

1）复制"第 6 步：外形铣削（斜插）"刀路，在刚生成的第 7 步：外形铣削（斜插）刀路的目录下单击【参数】选项。

2）系统弹出【2D 刀路 - 外形铣削】对话框，选择直径为 10mm 的圆鼻刀，设置【进给速率】为 1000mm/min，【主轴转速】为 5000r/min，【下刀速率】为 2000mm/min，【提刀速率】为 3000mm/min，勾选【快速提刀】复选框，其他选项都不勾选，其他参数按默认设置。

3）打开【切削参数】选项卡，修改【外形铣削方式】为【2D】，设置【壁边预留量】和【底面预留量】都为 0.0mm，其他参数按默认设置。

单击【确定】按钮 ✔，单击【重新生成所有无效操作】按钮 ▨，生成刀路，如图 5-21 所示。

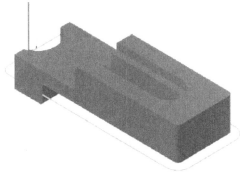

8. 外形铣削粗加工（左前端）

关闭第 11 图层，新建第 12 图层（左前端 U 形轮廓）。选择【线框】/【单一边界】命令，分别选择图 5-22 所示的 3 条边，以提取指定边界线。

图 5-21　外形铣削精加工刀路

选择【转换】/【投影】命令，系统弹出【投影】对话框，选择【移动】方式和【投影到】/【深度】为 0.0mm，如图 5-23a 所示。窗选图 5-22 所示生成的 4 条直线并确定，结果如图 5-23b 所示。

操作提示：采用投影功能可以方便地实现图素的平移，因此，除了使用这种方法进行平移外，读者还可以采用平移或动态平移的方法来实现。

选择【线框】/【修剪到图素】命令，系统弹出【修剪到图素】对话框，如图 5-24a 所示，以

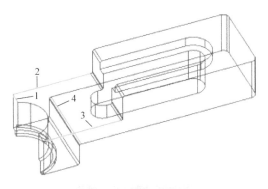

图 5-22　选择边界线

【修剪两物体】的方式分别进行修剪，修剪结果如图 5-24b 所示。

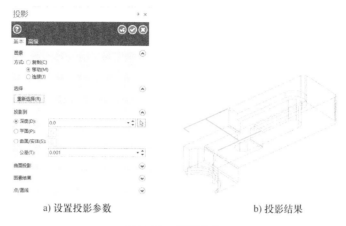

a) 设置投影参数　　　　　　　　　　　b) 投影结果

图 5-23　投影直线

a)【修剪到图素】对话框　　　　　　　　b) 修剪结果

图 5-24　修剪直线

将图 5-24b 所示右侧的垂直线删除。选择【线框】/【修改长度】命令，系统弹出【修改长度】对话框，如图 5-25a 所示，以【加长】/【距离】为 1.0mm 的方式对图 5-25b 所示的直线端进行加长，并对两直角进行倒角 0.3mm，处理结果如图 5-25c 所示。

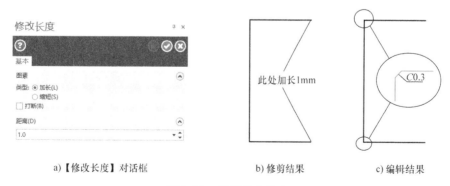

a)【修改长度】对话框　　　　b) 修剪结果　　　　c) 编辑结果

图 5-25　编辑轮廓处理

操作提示：生成辅助加工线段的目的是为了加工零件左侧尚没有加工的部位。另外，此处针对两水平直线进行延长，目的是为了使刀具的加工范围跨过台阶范围。如果不在此处延长时，可通过接下来采用 2D 轮廓铣削刀路进行延长处理。

1）选择【刀路】/【外形】命令，系统弹出【线框串连】对话框，选择刚生成的 U 形轮廓，如图 5-26 所示，单击【确定】按钮 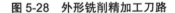。需要注意此时箭头的方向，对应的刀具补偿为左补偿。

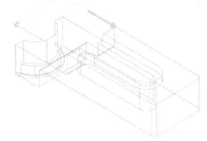

2）系统弹出【2D 刀路 - 外形铣削】对话框，打开【刀具】选项卡，选择直径为 10mm、圆角半径为 1mm 的圆角铣刀，设置【进给速率】为 1500.0mm/min，【下刀速率】为 2000.0mm/min，【主轴转速】为 5000.0r/min，勾选【快速提刀】选项。

3）打开【切削参数】选项卡，设置【补正方向】为【左】，【外形铣削方式】为【2D】，设置【壁边预留量】为 0.5mm，其他参数按默认设置。

图 5-26　选择 U 形轮廓为加工对象

打开【进 / 退刀设置】选项卡，选择【相切】选项，设置【长度】为 20%，【圆弧】/【半径】为 20%，【扫描（角度）】为 45.0°，单击按钮 ▶▶，即将进、退刀参数设为一致。

打开【XY 分层切削】选项卡，勾选【XY 分层切削】选项，在【粗切】选项栏中设置【次数】2 次，【间距】为 0.5mm，勾选【不提刀】选项。

4）单击【共同参数】选项，设置【参考高度】为 10.0mm，【下刀位置】为 5.0mm，【工件表面】为 0.0mm，【深度】为 -41.0mm，选择所有【绝对坐标】选项，如图 5-27 所示。

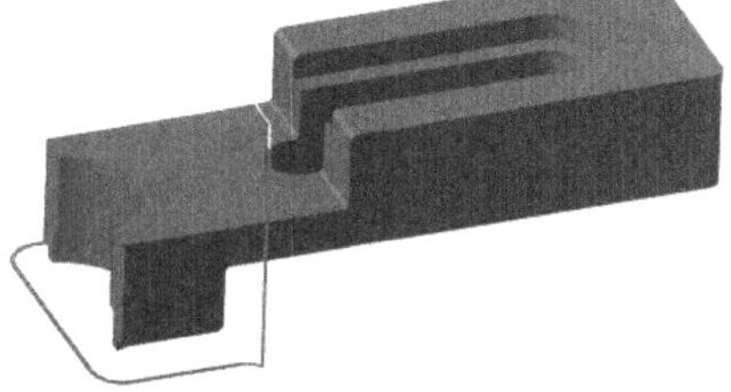

操作提示：从此处可知，在装夹毛坯时，毛坯突出台虎钳的高度应大于 42.0mm 以上，以免发生过切。

9. 外形铣削精加工（左前端）

1）复制"第 8 步：2D 刀路 - 等高外形"刀路，在刚生成的第 9 步：2D 刀路 - 等高外形刀路的目录下单击【参数】选项。

2）系统弹出【外形铣削 - 斜降下刀】对话框，修改【进给速率】为 1000mm/min，其他参数按默认设置。

图 5-27　外形铣削粗加工刀路

3）打开【切削参数】选项卡，修改【壁边预留量】为 0.0mm，其他参数按默认设置。

打开【XY 分层切削】选项卡，不勾选【XY 分层切削】选项。

单击【确定】按钮 ✓，单击【重新生成所有无效操作】按钮 ，生成刀路，如图 5-28 所示。

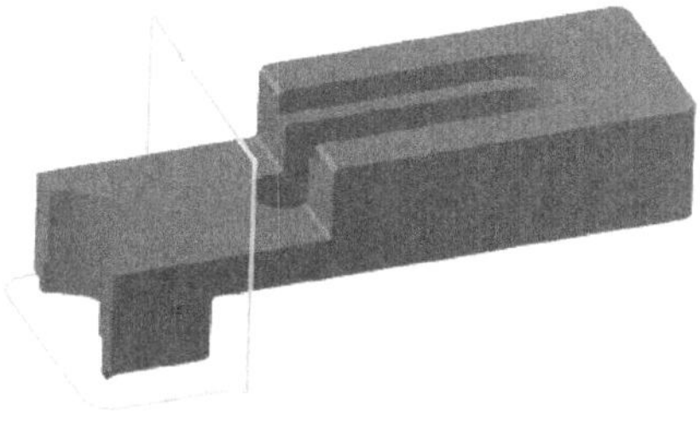

图 5-28　外形铣削精加工刀路

10. 外形铣削粗加工（开放 U 形槽）

1）只显示第 1 图层并作为当前图层，选择【刀路】/【外形】命令，系统弹出【实体串连】对话框，以【实体】/【局部串连】 的形式，如图 5-29a、b 所示，先选择箭头所在边，然后再选择相对应的另一边，注意起始点的位置，单击【确定】按钮 。需要注意此时箭头的方向，对应的刀具补偿为右补偿，选择结果如图 5-29c 所示。

2）系统弹出【2D 刀路 - 外形铣削】对话框，打开【刀具】选项卡，选择直径为 10mm、圆角半径为 1mm 的圆角铣刀，设置【进给速率】为 1500.0mm/min，【下刀速率】为 2000.0mm/min，【主轴转速】为 5000.0r/min，勾选【快速提刀】选项。

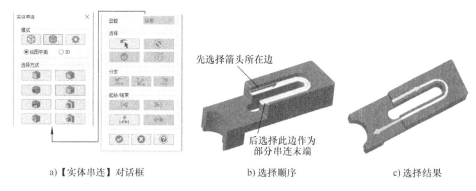

a)【实体串连】对话框　　　b) 选择顺序　　　c) 选择结果

先选择箭头所在边

后选择此边作为
部分串连末端

图 5-29　选择加工边界

3）打开【切削参数】选项卡，设置【补正方向】为【右】,【外形铣削方式】为【2D】,【壁边预留量】和【底面预留量】都为 0.35mm，其他参数按默认设置。

4）打开【进 / 退刀设置】选项卡，选择【进 / 退刀设置】选项和【调整轮廓起始位置】选项，以【延伸】的形式设置【长度】为 7.5mm，单击按钮 ▶▶ ，即将【调整轮廓结束位置】参数设为一致，如图 5-30 所示。

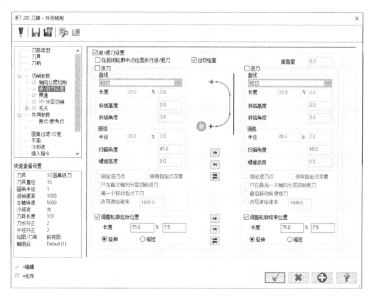

图 5-30　进 / 退刀参数设置

操作提示：通过设置【调整轮廓起始位置】和【调整轮廓结束位置】可以起到控制加工边界长度的效果。

5）单击【共同参数】选项，设置【参考高度】为 10.0mm,【下刀位置】为 5.0mm,【工件表面】为 0.0mm,【深度】为 −5.0mm，选择所有【绝对坐标】选项。

单击 ✔ 按钮，生成刀路，如图 5-31 所示。

单击 ▶ 按钮移至刀路群组名为 10R0-1 的目录下。

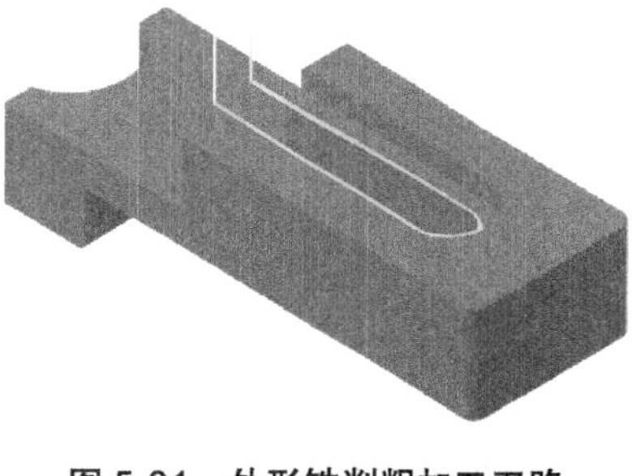

11. 外形铣削精加工（开放 U 型槽）

1）复制"第 10 步：外形铣削（2D）"刀路，在刚生成

图 5-31　外形铣削粗加工刀路

的第 11 步：外形铣削（2D）刀路的目录下单击【参数】选项。

2）系统弹出【2D 刀路 - 外形铣削】对话框，创建直径为 10mm 的立铣刀，设置【进给速率】为 1000mm/min，【主轴转速】为 5000r/min，【下刀速率】为 2000mm/min，【提刀速率】为 3000mm/min，勾选【快速提刀】复选框，其他参数按默认设置。

3）打开【切削参数】选项卡，修改【壁边预留量】和【底面预留量】都为 0.0mm，其他参数按默认设置。

单击【确定】按钮 ✓，单击【重新生成所有无效操作】按钮，生成刀路，如图 5-32 所示。

图 5-32 外形铣削精加工刀路

单击 ▶ 按钮移至刀路群组名为 8C1-1 的目录下。

12. 外形铣削倒角加工（倒角 C1）

利用【图层管理器】增加显示第 10 图层底面（L1）。

1）选择【刀路】/【外形】命令，系统弹出【线框串连】对话框，以【实体】/【边缘】的形式，选择图 5-33 所示 L1 直线，注意箭头的方向，此时刀补方向为右补偿，单击【确定】按钮 ✓。

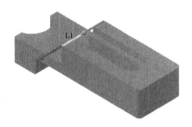

图 5-33 选择加工边界

2）系统弹出【2D 刀路 - 外形铣削】对话框，打开【刀具】选项卡，创建直径为 8mm 的倒角刀，设置【进给速率】为 600.0mm/min，【下刀速率】为 2000.0mm/min，【主轴转速】为 3125r/min，勾选【快速提刀】选项。

3）打开【切削参数】选项卡，设置【补正方向】为【右】，【外形铣削方式】为【2D 倒角】，设置【倒角宽度】和【底部偏移】都为 1.0mm，设置【壁边预留量】和【底面预留量】都为 0.0mm，其他参数按默认设置，如图 5-34 所示。

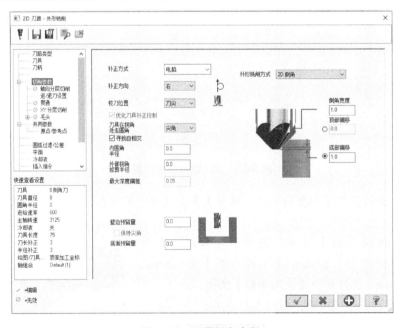

图 5-34 设置倒角参数

打开【进 / 退刀设置】选项卡，选择【相切】选项，设置【长度】为 60%，【圆弧】/【半径】

为 0mm，单击按钮 ⏩，即将进、退刀参数设为一致。

4）单击【共同参数】选项，设置【参考高度】为 10.0mm，【下刀位置】为 5.0mm，【工件表面】为 0.0mm，【深度】为 0.0mm，选择所有【绝对坐标】选项。

单击 ✔ 按钮，生成刀路，如图 5-35 所示。

13. 实体模拟加工（底面）

在【刀路管理器】中单击选择所有操作按钮 ▶，选择所有加工程序，单击【验证已选择的操作】按钮 🔖，系统弹出【验证】对话框，单击【播放】按钮 ▶，采用实体加工验证，结果如图 5-36 所示。

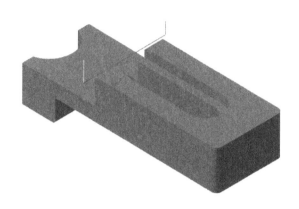

图 5-35　倒角 C1 加工刀路

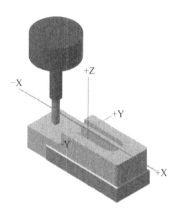

图 5-36　实体加工验证

操作提示：至此已完成零件底面的加工。考虑到零件左侧的台阶凹槽由三个半圆组成，为了避免台阶凹槽半圆因装夹误差产生同轴度误差，特意留到顶面加工时再统一加工。

三、零件顶面加工准备工作

1. 确定零件顶面编程坐标系

通过【图层管理器】打开第 1 图层（边界盒），在屏幕左下角单击【平面】选项，打开【平面】管理器，单击 ➕ 按钮，选择【动态定面】选项，如图 5-37a 所示。将坐标系移至当前坐标系的原点，如图 5-37b 所示。将光标移至 Z 轴出现垂直尺时输入【-38】，按回车键确定，结果如图 5-37c 所示。

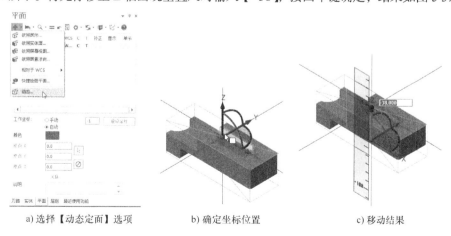

a) 选择【动态定面】选项　　　　b) 确定坐标位置　　　　c) 移动结果

图 5-37　动态定面

再次按回车键确定，将光标指定到图 5-38a 所示的位置出现刻度圆盘时，输入【-180】，按回车键确定，结果如图 5-38b 所示。

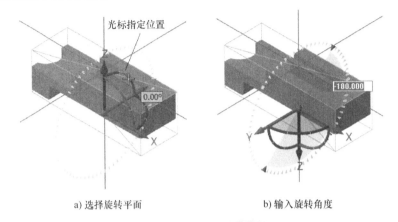

a) 选择旋转平面　　　　　　　　　b) 输入旋转角度

图 5-38　旋转坐标系

再次按回车键确定。在【新建平面】对话框中设置【名称】为【顶面加工坐标系】，勾选【WCS（W）】选项，如图 5-39a 所示，单击【确定】按钮 ，生成新的加工坐标系，如图 5-39b 所示。

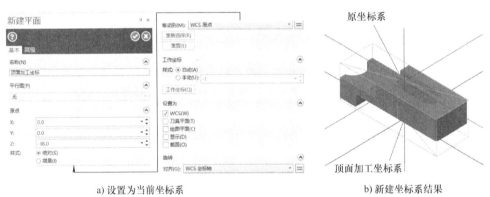

a) 设置为当前坐标系　　　　　　　　b) 新建坐标系结果

图 5-39　命名坐标系

通过右键菜单选择【等视图】，结果如图 5-40a 所示。此时【平面】管理器已增加了"顶面加工坐标"的内容，如图 5-40b 所示。可知当前工作坐标系已变为刚刚新建的"顶面加工坐标"。

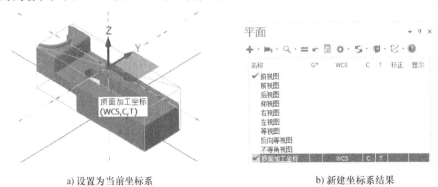

a) 设置为当前坐标系　　　　　　　　b) 新建坐标系结果

图 5-40　命名坐标系

操作提示：建立了新的工作坐标系后，读者可通过调整视角进行验证。除了刚才介绍的坐标系的创建方法外，还可以通过【依照图形】【依照实体面】等方法进行创建，具体将在任务十中介绍。

（1）如何调整至不同视图为当前工作坐标系　以返回原俯视图为例，读者只需在俯视图所对应的【WCS】【C】列中进行单击即可，如图 5-41a 所示，结果如图 5-41b 所示。

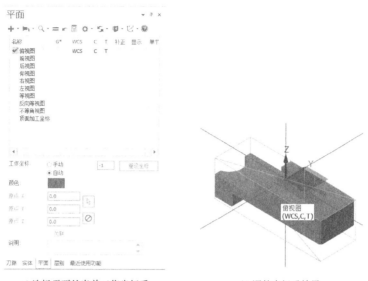

a) 选择需要的当前工作坐标系　　　　　　　　　b) 调整坐标系结果

图 5-41　调整至不同视图为当前工作坐标系

（2）如何删除新建立的坐标系　以删除顶面加工坐标系为例，在顶面加工坐标系为非当前工作坐标系的前提下，此处的当前工作坐标系为【俯视图】。在【顶面加工坐标】处单击右键，在弹出的快捷菜单中选择【删除】/【选择】即可，如图 5-42 所示。

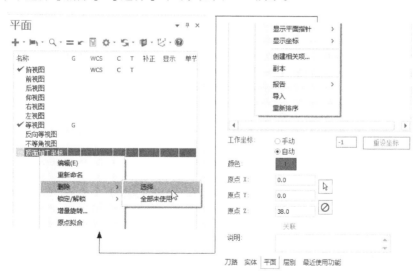

图 5-42　删除工作坐标系

2. 选择机床

选择【机床类型】/【铣床】/【默认】命令。

3. 新建刀路群组

参照第 3 章介绍的方法，分别建立名称为 10R1-2、10R0-2 和 8C1-2 的刀路群组。

四、编制刀路

1. 动态铣削粗加工（L2 形台阶）

单击 ▶ 按钮移至刀路群组名为 10R1-2 的目录下。

利用【图层管理器】新建第 20 图层（顶面外形），只打开第 12 图层（左前端 U 形轮廓），显示结果如图 5-43a 所示。选择【转换】/【投影】命令，系统弹出【投影】对话框，在【基本】选项卡中选择【复制】方式和【投影到】/【深度】为 −38.0mm；打开【高级】选项卡，勾选【层别】选项，如图 5-43b 所示，结果生成线框，如图 5-43c 所示上方 U 形线。选择【线框】/【修改长度】命令，系统弹出【修剪到图素】对话框，以【缩短】【距离】为 1.0mm 的方式对如图 5-43b 所示的直线端进行缩短，并对缩短后的两直线采用直线相连使其形成封闭线框，结果如图 5-43c 所示。打开第 1 图层（零件主体）和第 11 图层（最大外形），关闭第 12 图层（左前端 U 形）。

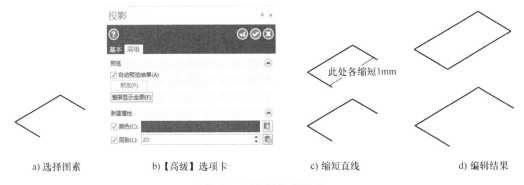

a) 选择图素　　　b)【高级】选项卡　　　c) 缩短直线　　　d) 编辑结果

图 5-43　编辑轮廓处理

1）选择【刀路】/【动态铣削】命令，系统弹出【串连选项】对话框，如图 5-44a 所示。在【加工范围】选项中单击【选择加工串连】按钮 ⬚，选择如图 5-44b 所示矩形并确定。在【避让范围】选项中单击【选择避让串连】按钮 ⬚，选择如图 5-44c 所示月形串连并确定。

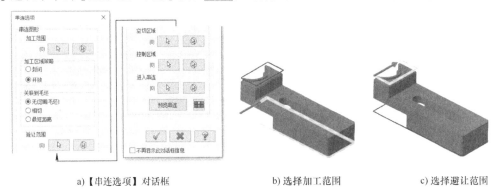

a)【串连选项】对话框　　　b) 选择加工范围　　　c) 选择避让范围

图 5-44　选择加工范围

　　操作提示：如图 5-44 所示两轮廓线不在同一加工深度，但是可以通过【共同参数】选项以【绝对坐标】的方式进行设置，即可实现对加工深度的控制。说明此时当采用【绝对坐标】的方式设置加工深度时，作为加工轮廓线所处的深度与实际加工深度并没有严格的位置关系。

2）系统打开【2D 高速刀路 - 动态铣削】对话框，创建直径为 10mm、圆角半径为 1mm 的圆角铣刀，设置【进给速率】为 1000.0mm/min，【下刀速率】为 800.0mm/min，【主轴转速】为 3500.0r/min，勾选【快速提刀】选项。

3）打开【切削参数】选项卡，设置【步进量】为 2.0mm，设置【壁边预留量】和【底面预留量】为 0.5mm，其他参数按默认设置，如图 5-45 所示。

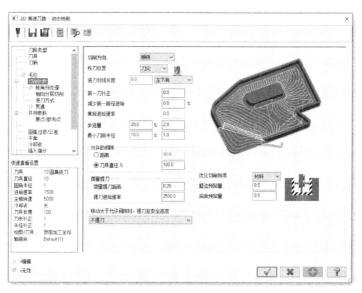

图 5-45　设置切削参数

打开【轴向分层切削】选项卡，勾选【深度铣削】选项，设置【最大粗切步进量】为 5.0mm，其他参数按默认设置，如图 5-46 所示。

打开【进刀方式】选项卡，设置【螺旋半径】为 3.6mm，其他参数按默认设置，如图 5-47 所示。

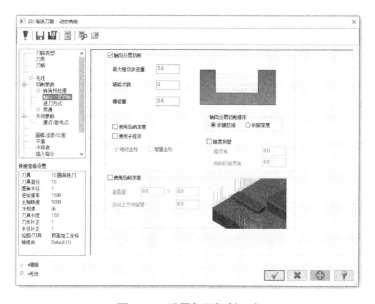

图 5-46　设置每层切削深度

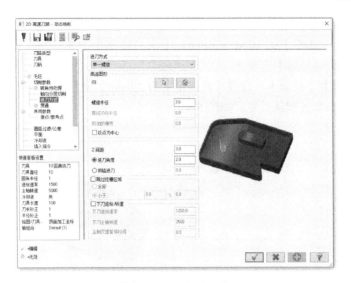

图 5-47　设置进刀参数

4）打开【共同参数】选项卡，勾选【参考高度】并设置为 10.0mm，【下刀位置】为 5.0mm，【工件表面】为 2.0mm，【深度】为 -15.0mm，单击所有【绝对坐标】选项。

操作提示：此处需要注意【工件表面】设为 2.0mm 是考虑到毛坯余量的问题，如果设为 0.0mm，容易因刀具吃刀量大而发生撞刀。

单击【确定】按钮 ☑ ，生成刀路，如图 5-48 所示。

2. 区域铣削精加工（L2 形台阶）

1）复制"第 13 步：2D 高速刀路（2D 动态铣削）"刀路，在刚生成的第 14 步：2D 高速刀路（2D 动态铣削）刀路的目录下单击【参数】选项。

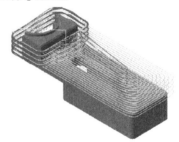

图 5-48　2D 高动态铣削粗加工刀路

2）系统弹出【2D 高速刀路 - 区域】对话框，打开【刀路类型】选项卡，选择【区域】方式，如图 5-49 所示。

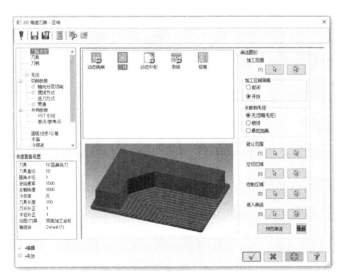

图 5-49　选择区域加工方式

3）打开【刀具】选项卡，修改【进给速率】为 500mm/min，【主轴转速】为 5000r/min，【下刀速率】为 1000mm/min，【提刀速率】为 3000 mm/min，勾选【快速提刀】复选框，其他选项都不勾选，其他参数按默认设置。

4）打开【切削参数】选项卡，设置【XY 步进量】的【最小距离】和【最大距离】分别为 2.5mm 和 5.0mm，设置【壁边预留量】和【底面预留量】为 0.0mm，其他参数按默认设置，如图 5-50 所示。

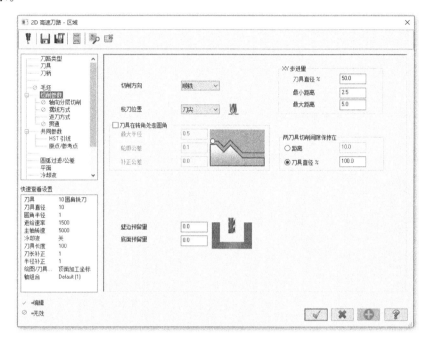

图 5-50　设置切削参数

单击【确定】按钮 ✓，单击【重新生成所有无效操作】按钮，生成刀路，如图 5-51 所示。

只显示第 1 图层，关闭其他所有图层，单击▶按钮移至刀具群组名为 10R0-2 目录下。

3. 外形铣削粗加工（R14mm 圆弧面）

1）选择【刀路】【外形】命令，系统弹出【线框串连】对话框，以【实体】/【局部串连】的形式，选择如图 5-52 所示 R14mm 圆弧台阶边界，从圆弧的上端开始选取，注意箭头的方向，此时刀补方向为右补偿，单击【确定】按钮 ✓。

操作提示：以 R14mm 圆弧台阶边界的上端作为加工的起始点，不但决定了刀具的加工起始位置，而且将进给路线确定为顺铣，相比于逆铣有助于获得更好的加工质量，读者在实践的过程中可根据加工质量效果总结其中的规律。

2）系统弹出【2D 刀路 - 外形铣削】对话框，打开

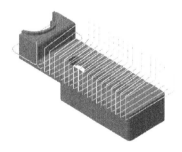

图 5-51　2D 高速动态铣削精加工刀路

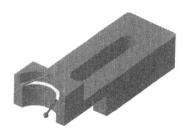

图 5-52　选择加工边界

【刀具】选项卡，创建直径为 10mm 的立铣刀，设置【进给速率】为 1200.0mm/min，【下刀速率】为 800.0mm/min，【主轴转速】为 3500.0r/min，勾选【快速提刀】选项。

3）打开【切削参数】选项卡，设置【补正方式】为【电脑】，【补正方向】为【右】，【外形铣削方式】为【斜插】，【斜插方式】为【深度】，【斜插深度】为 1.0mm，勾选【在最终深度处补平】选项，设置【壁边预留量】和【底面预留量】都为 0.5mm，其他参数按默认设置。

4）打开【进 / 退刀设置】选项卡，以【相切】方式进行进 / 退刀，参数设置如图 5-53 所示。

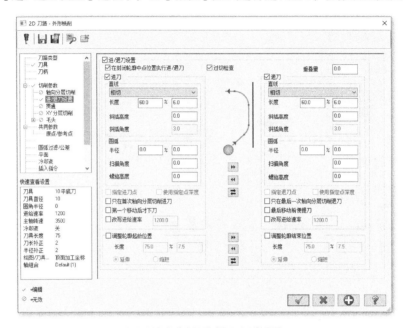

图 5-53　延长进退刀的长度

5）打开【共同参数】选项卡，设置【参考高度】为 10.0mm，【下刀位置】为 5.0mm，【工件表面】为 1.0mm，【深度】为 -25.0mm，选择所有【绝对坐标】选项。

单击 ✓ 按钮，生成刀路，如图 5-54 所示。

4. 外形铣削精加工（R14mm 圆弧面）

1）复制"第 15 步：外形铣削 - 斜插"刀路，在刚生成的第 16 步：外形铣削 - 斜插刀路的目录下单击【参数】选项。

2）系统弹出【外形铣 - 斜插】对话框，修改【进给速率】为 600mm/min，【主轴转速】为 5000.0r/min，【下刀速率】为 2000mm/min，【提刀速率】为 3000 mm/min，勾选【快速提刀】复选框，其他选项都不勾选，其他参数按默认设置。

3）打开【切削参数】选项卡，设置修改【外形铣削方式】为【2 D】，设置【壁边预留量】和【底面预留量】都为 0.0mm，其他参数按默认设置。

单击【确定】按钮 ✓ ，单击【重新生成所有无效操作】按钮 ，生成刀路，如图 5-55 所示。

图 5-54　外形铣削粗加工刀路

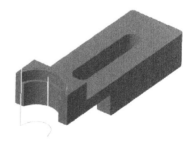

图 5-55　外形铣削精加工刀路

5.外形铣削精加工（工件上表面）

1）选择【刀路】/【外形】命令，系统弹出【线框串连】对话框，以【实体】/【局部串连】的形式，选择如图 5-53 所示 $R16mm$ 圆弧台阶边界，从圆弧的上端开始选取，注意箭头的方向，单击【确定】按钮 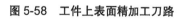。

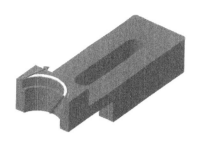

图 5-56　选择加工边界

2）系统弹出【2D 刀路 - 外形铣削】对话框，打开【刀具】选项卡，选择直径为 10mm 的立铣刀，设置【进给速率】为 500.0mm/min，【下刀速率】为 1000.0mm/min，【主轴转速】为 3500.0r/min，勾选【快速提刀】选项。

3）打开【切削参数】选项卡，设置【补正方式】为【关】，设置【壁边预留量】和【底面预留量】都为 0.0mm，其他参数按默认设置。

打开【进 / 退刀设置】选项卡，勾选【调整轮廓起始位置】选项，设置【长度】为 6.0mm，选择【延伸】，单击按钮 ⏭，使起始与终止的位置都一样，参数设置如图 5-57 所示。

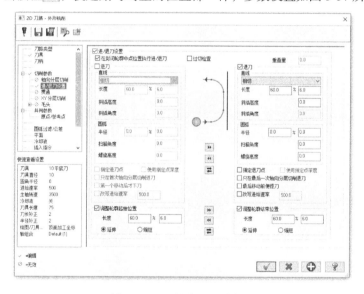

图 5-57　延长进退刀的长度

4）打开【共同参数】选项卡，设置【参考高度】为 10.0mm，【下刀位置】为 5.0mm，【工件表面】为 1.0mm，【深度】为 0.0mm，选择所有【绝对坐标】选项。

单击 按钮，生成刀路，如图 5-58 所示。

6.外形铣削粗加工（$R16mm$ 圆弧面）

1）复制"第 17 步：外形铣削（2D）"刀路，在刚生成的第 18 步：外形铣削（2D）刀路的目录下单击【参数】选项。

2）系统弹出【2D 刀路 - 外形铣削】对话框，修改【进给率】为 500mm/min，其他参数按默认设置。

图 5-58　工件上表面精加工刀路

3）打开【切削参数】选项卡，设置【补正方式】为【电脑】，【补正方向】为【右】，【外形铣削方式】为【斜插】，【斜插方式】为【深度】，【斜插深度】为 1.0mm，勾选【在最终深度处补平】选项，设置【壁边预留量】和【底面预留量】都为 0.25mm，其他参数按默认设置。

4）单击【共同参数】选项，设置【参考高度】为 10.0mm，【下刀位置】为 5.0mm，【工件表面】为 1.0mm，【深度】为 -7.0mm，选择所有【绝对坐标】选项。

单击 ✓ 按钮，生成刀路，如图 5-59 所示。

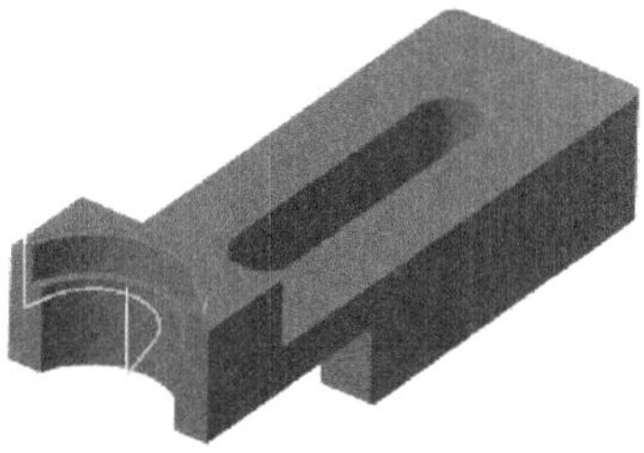

7. 外形铣削精加工（R16mm 圆弧面）

1）继续复制"第 18 步：外形铣削（2D）"刀路，在刚生成的第 19 步：外形铣削（2D）刀路的目录下单击【参数】选项。

2）系统弹出【2D 刀路 - 外形铣削】对话框，修改【进给速率】为 600mm/min，【主轴转速】为 5000.0r/min，【下刀速率】为 2000mm/min，【提刀速率】为 3000mm/min，勾选【快速提刀】复选框，其他选项都不勾选，其他参数按默认设置。

图 5-59　R16mm 圆弧面粗加工刀路

3）打开【切削参数】选项卡，设置修改【外形铣削方式】为【2D】，设置【壁边预留量】和【底面预留量】都为 0.0mm，其他参数按默认设置。

单击【确定】按钮 ✓，单击【重新生成所有无效操作】按钮 🔩，生成刀路，如图 5-60 所示。

8. 外形铣削粗加工（R18mm 圆弧台阶）

1）选择【刀路】/【外形】命令，系统弹出【线框串连】对话框，以【实体】/【局部串连】的形式，选择如图 5-61 所示 R18mm 圆弧台阶边界，从圆弧的上端开始

图 5-60　外形铣削精加工刀路

选取，注意箭头的方向，此时刀补方向为左补偿，单击【确定】按钮 ✓。

2）系统弹出【2D 刀路 - 外形铣削】对话框，打开【刀具】选项卡，选择直径为 10mm 的立铣刀，设置【进给速率】为 1000.0mm/min，【下刀速率】为 2000.0mm/min，【主轴转速】为 3500.0r/min，勾选【快速提刀】选项。

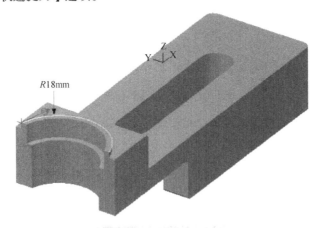

图 5-61　选择加工边界

3）打开【切削参数】选项卡，设置【补正方向】为【左】，【外形铣削方式】为【2D】，【壁边预留量】和【底面预留量】都为 0.35mm，其他参数按默认设置。

打开【进/退刀设置】选项卡，选择【相切】选项，设置【长度】为 10%，【圆弧】/【半径】为 10%，【扫描（角度）】为 30.0°，单击按钮 ⏩，即将进、退刀参数设为一致。

打开【XY 轴分层铣削】选项卡，设置【粗加工】的【次】为 2，【间距】为 5.0mm，勾选

【不提刀】选项。

4）单击【共同参数】选项，设置【参考高度】为 10.0mm，【下刀位置】为5.0mm，【工件表面】为0.0mm，【深度】为 -2.0mm，选择所有【绝对坐标】选项。

单击  按钮，生成刀路，如图 5-62 所示。

图 5-62　R18mm 台阶表面粗加工刀路

9. 外形铣削精加工（R18mm 圆弧台阶）

1）继续复制"第 20 步：外形铣削（2D）"刀路，在刚生成的第21步:外形铣削（2D）刀路的目录下单击【参数】选项。

2）系统弹出【2D 刀路 - 外形铣削】对话框，修改【进给速率】为 500mm/min，【主轴转速】为 5000.0r/min，【下刀速率】为 2000mm/min，【提刀速率】为 3000mm/min，勾选【快速提刀】复选框，其他选项都不勾选，其他参数按默认设置。

3）打开【切削参数】选项卡，设置【壁边预留量】和【底面预留量】都为 0.0mm，其他参数按默认设置。

单击【确定】按钮 ，单击【重新生成所有无效操作】按钮，生成刀路，如图 5-63 所示。

单击▶按钮移至刀具群组名为 8C1-2 目录下。

图 5-63　R18mm 台阶表面精加工刀路

10. 外形铣削倒角加工（倒角 C1）

1）选择【刀路】/【外形】命令，系统弹出【线框串连】对话框，以【实体】/【边缘】的形式，选择如图 5-64 所示 C1 边界，注意箭头的方向，此时刀补方向为右补偿，单击【确定】按钮 。

2）系统弹出【2D 刀路 - 外形铣削】对话框，打开【刀具】选项卡，创建直径为 8mm 的倒角刀，设置【进给速率】为 600.0mm/min，【下刀速率】为 2000.0mm/min，【主轴转速】为 5000.0r/min，勾选【快速提刀】选项。

图 5-64　选择加工边界

3）打开【切削参数】选项卡，设置【补正方向】为【右】，【外形铣削方式】为【2D 倒角】，设置【倒角宽度】和【底部偏移】都为 1.0mm，设置【壁边预留量】和【底面预留量】都为 0.0mm，其他参数按默认设置，如图 5-65 所示。

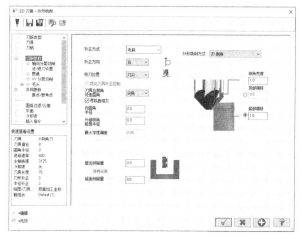

图 5-65　设置倒角参数

打开【进 / 退刀参数】选项卡，选择【相切】选项，设置【长度】为 60%，【圆弧】/【半径】为 0，单击按钮 ▸▸ ，即将进、退刀参数设为一致。

4）单击【共同参数】选项，设置【参考高度】为 10.0mm，【下刀位置】为 5.0mm，【工件表面】为 0.0mm，【深度】为 -2.0mm，选择所有【绝对坐标】选项。

单击 ✓ 按钮，生成刀路，如图 5-66 所示。

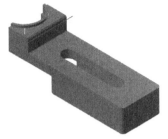

图 5-66　倒角 C1 加工刀路

11. 外形铣削倒角加工（倒角 C0.3）

1）复制"第 22 步：外形铣削（2D 倒角）"刀路，在刚生成的第 23 步：外形铣削（2D 倒角）刀路的目录下单击【图形】选项。系统弹出【串连管理】对话框，在对话框的空白处单击右键，在弹出菜单中选择【全部重新串连】选项，如图 5-67a 所示。系统弹出【线框串连】对话框，以【实体】/【局部串连】的形式，选择如图 5-67b 所示的倒角边界并确定。继续在【串连管理】对话框的【实体串连】处单击右键，在弹出菜单中选择【添加】选项，如图 5-67c 所示，系统弹出【线框串连】对话框，以【实体】/【局部串连】的形式，选择如图 5-67d 所示的倒角边界并逐步确定。由于两直线段是分开的，要在同一刀路中创建，需要保证其刀具的补偿方向一致，如此处同为右补偿。

a)【串连管理】对话框

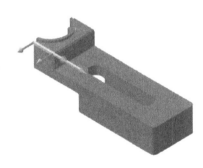

b) 选择倒角边界

c) 选择【添加】选项

d) 选择另一倒角边界

图 5-67　选择倒角边界

2）单击【参数】选项，系统弹出【2D 刀路 - 外形铣削】对话框，打开【切削参数】选项卡，修改【倒角宽度】和【底部偏移】都为 0.3mm。

3）单击【共同参数】选项，设置【参考高度】为 10.0mm，【下刀位置】为 5.0mm，【工件表面】为 0.0mm，【深度】为 −0.0mm，勾选【深度】选项处的【增量坐标】选项。

单击【确定】按钮 ☑ ，单击【重新生成所有无效操作】按钮 ，生成刀路，如图 5-68 所示。

五、实体模拟加工

在【刀路】管理器的【机床群组 -1】目录下单击【毛坯设置】选项，在弹出的【机床群组属性】对话中单击【确定】按钮 ☑ ，单击选择所有操作按钮 ，选择所有加工程序，单击【验证已选择的操作】按钮 ，系统弹出【验证】对话框，单击【播放】按钮 ，采用实体加工验证，结果如图 5-69 所示。

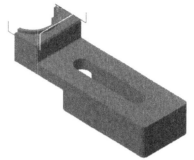

图 5-68　侧边倒角加工刀路

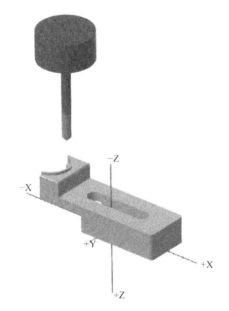

图 5-69　实体加工验证

操作提示：当采用多个加工坐标系进行仿真加工时，为了统一同一个毛坯参照，需将起始位置统一。对于复杂的编程，特别是对于多工序编程加工的零件，在编程的过程中需要多运用模拟仿真来调试验证程序编制的正确与否，以提高编程的正确率。

任务小结

本任务结合零件结构特点和加工要求，巧妙地通过装夹方法保证了零件加工要求的平行度和表面粗糙度要求。针对正反面都需要加工的零件，介绍了如何通过平移、旋转和动态定面的方法构建不同构图平面来确定零件的底面和背面的编程加工坐标系，还特别加强了对 2D 外形铣削刀路的常规刀路和高速加工刀路的编程方法与技巧，包括斜插刀路、2D 高速刀路、倒角加工等应用，如何通过调整进、退刀参数或延长原有加工轮廓实现扩大加工的范围，以及如何通过投影的方式实现快速移动图素。对于多工序加工的零件需要特别注意基准的确定。建议读者对本任务介绍的方法多练习和反思，以进一步提高编程能力。

提高练习

打开配套资源包"练习文件 /cha05/5-2.mcam"，零件材料为铝合金，零件工程图如图 5-70所示。

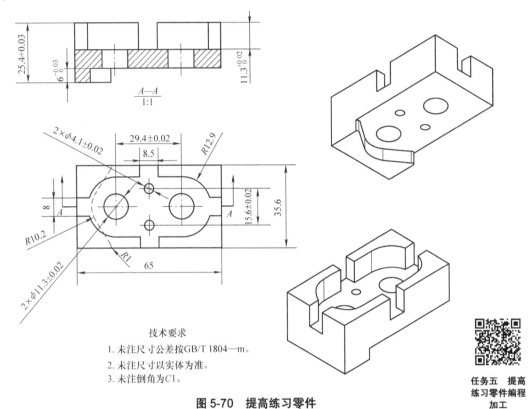

技术要求

1. 未注尺寸公差按GB/T 1804—m。

2. 未注尺寸以实体为准。

3. 未注倒角为C1。

图 5-70　提高练习零件

任务五　提高练习零件编程加工

烟灰缸编程加工

任务目标

> 知识目标

1）掌握构建辅助曲面和辅助曲线的方法，以创建更加平滑合理的刀路。

2）掌握曲面挖槽粗加工、传统的曲面等高外形精加工和曲面平行铣削精加工的编程加工方法。

> 能力目标

1）能根据加工对象正确设置曲面等高外形精加工刀路的相关参数，如何增加对浅平面的加工，以改善加工质量。

2）能根据零件的结构特点构建辅助曲面，从而生成更加平滑连续的加工刀路。

3）能根据零件的结构特点和所使用的刀具留下的余量正确创建相应的清角刀路。

> 素质目标

1）能结合零件的结构特点巧妙设计辅助曲面和辅助曲线，实现对加工区域的区分，从而提高对生成刀路轨迹加工范围的控制能力。

2）能对图层管理的意义与作用有深入的理解。

3）能具备较强的区域划分与生成刀路的控制能力，特别是辅助曲面和辅助曲线的应用。

4）能在进退刀时考虑相应的进退刀的位置，以获得更好的加工工艺质量。

任务导入

打开配套资源包"源文件 /cha06/ 烟灰缸 .mcam"进行编程加工，零件材料为铝合金，零件工程图如图 6-1 所示。

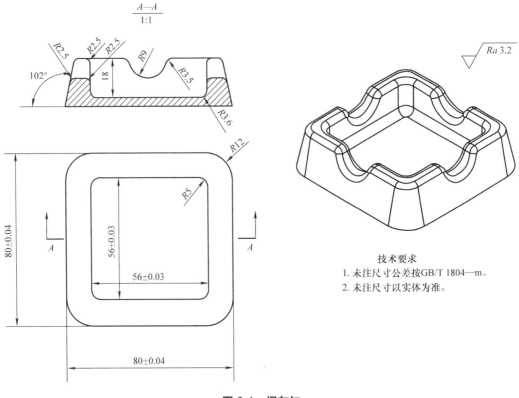

图 6-1　烟灰缸

任务分析

1. 图形分析

通过 Mastercam 系统所提供的分析功能得知，该零件外形尺寸为 80mm×80mm×22mm，零件曲面区域变化较大，曲面多，其中外形曲面拔模斜度为 12°，四个大凹圆弧半径为 R9mm，中间深 18mm 的平底凹槽部分大小为 56mm×56mm，最小凹圆角为 R3.6mm，图形最大特点就是有四处具有对称性。

2. 工艺分析

该零件曲面造型变化大且不连续，对刀路的连续生成造成了一定的困难。如果根据零件图形具有对称性的特点，将其划分为四个区域进行镜像加工，生成的刀路将不连续，刀路也变得复杂，实践证明这种方法生成的 NC 程序很大，加工时间长，表面质量差。因此，这里将根据图形特点创建一些辅助曲线与曲面，从而更好地控制刀路的生成，以达到良好的加工效果。

3. 刀路规划

步骤 1：使用 φ10mm 立铣刀对零件整体采用曲面挖槽粗加工，加工余量为 0.25mm。

步骤 2：使用 ϕ10mm 立铣刀对零件上表面采用外形铣削刀路精加工，加工余量为 0.0mm。

步骤 3：使用 ϕ10mm 立铣刀对零件中间平底凹槽采用标准挖槽精加工，加工余量为 0.0mm。

步骤 4：使用 ϕ10mm 立铣刀对零件拔模曲面采用等高外形精加工，加工余量为 0.0mm。

步骤 5：使用 ϕ8mm 球头立铣刀对零件拔模曲面采用等高外形精加工，加工余量为 0.0mm。

步骤 6：使用 ϕ8mm 球头立铣刀对零件 R2.5mm 凸圆角曲面采用等高外形精加工，加工余量为 0.0mm。

步骤 7：使用 ϕ8mm 球头立铣刀对零件上、下方 R9mm 圆角曲面采用平行铣削精加工，加工余量为 0.0mm。

步骤 8：使用 ϕ8mm 球头立铣刀对零件左、右方 R9mm 圆角曲面采用平行铣削精加工，加工余量为 0.0mm。

步骤 9：使用 ϕ6mm 球头立铣刀对零件 R3.6mm 凹圆角曲面采用等高外形精加工，加工余量为 0.0mm。

步骤 10：使用 ϕ6mm 球头立铣刀对零件凹槽平底面采用外形铣削清角加工，加工余量为 0.0mm。

任务实施

任务六　烟灰缸编程加工

一、准备工作

1. 选择机床

选择【机床】/【铣床】/【默认】命令。

2. 模拟设置

调出【机器群组属性】对话框，设置【毛坯设置】X0mm、Y0mm、Z0.2mm，材料大小为 X100mm、Y100mm、Z30mm。

3. 新建刀路群组

分别建立名称为 10R0、8R4 和 6R3 的刀路群组，将 ▶ 移到群组名为 10R0 的目录下。

二、编制刀路

1. 曲面粗切挖槽加工

在屏幕左下角单击【层别】选项，打开第 3 图层（毛坯正方形），以调出曲面挖槽粗加工边界。

1）选择【刀路】/【3D】/【挖槽】命令，窗选所有曲面，单击【结束选择】按钮 [结束选择]，系统弹出【刀路曲面选择】对话框，如图 6-2 所示。在【边界范围】选项卡处单击【选择】按钮 [↖]，系统弹出【线框串连】对话框，在绘图区选取刚调出图层第 3 层的"REC"矩形，如图 6-3 所示。单击【线框串连】对话框中的【确定】按钮 [✓]，系统弹出【刀路曲面选择】对话框，单击该对话框的【确定】按钮 [✓]。

2）系统弹出【曲面粗切挖槽】对话框，创建直径为 10mm 的立铣刀，设置【进给速率】为 1000mm/min，【主轴转速】为 3000r/min，【下刀速率】为 600mm/min，【提刀速率】为 2500mm/min，勾选【快速提刀】复选项，其他选项都不勾选，如图 6-4 所示。

图 6-2 【刀路曲面选择】对话框

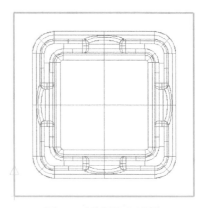

图 6-3 选择加工边界

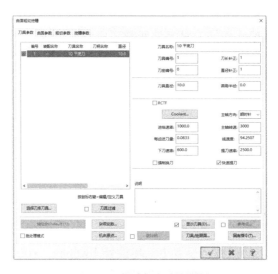

图 6-4 刀具选择与参数设置

3）打开【曲面参数】选项卡，勾选【参考高度】复选项并设置为 10.0mm，【下刀位置】为 5.0mm，选择所有【绝对坐标】选项，设置【加工面预留量】为 0.25mm，如图 6-5 所示。

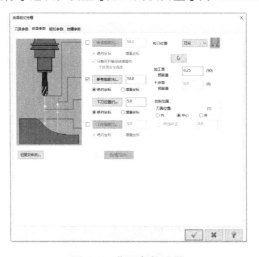

图 6-5 曲面参数设置

4）打开【粗切参数】选项卡，设置【整体公差】为 0.05mm，设置【Z 最大步进量】为 0.5mm，勾选【螺旋进刀】和【由切削范围外下刀】复选项，如图 6-6 所示。

图 6-6 粗加工参数设置

单击【螺旋进刀】按钮，系统弹出【螺旋/斜插下刀设置】对话框。设置【Z 间距（增量）】为 0.3mm，【XY 预留间隙】为 1.5mm。勾选【沿着边界斜插下刀】选项，设置【如果长度超过】为 10.0mm。在【如果所有进刀法失败时】选项中勾选【垂直下刀】选项，【进刀使用进给速率】为【下刀速率】，如图 6-7 所示，单击【确定】按钮 ✔ 。

图 6-7 螺旋式下刀设置

单击【切削深度】按钮，系统弹出【切削深度设置】对话框，选择【绝对坐标】选项，设置【最高位置】为 -0.1mm，【最低位置】为 -22.0mm，如图 6-8 所示，单击【确定】按钮 ✔ 。

实战经验：挖槽粗加工时，如果需控制刀具不在工件 Z0 的上表面加工时，可以将这里的【最高位置】设为比 Z0 点稍低一点的深度，如这里设为 -0.1mm，这样可以减少走空刀。但前提是必须保证刀具第一刀的切削量不能太大，否则容易发生弹刀现象，如加工时毛坯上表面已经过加工，可采这种设置方法。

单击【间隙设定】按钮，系统弹出【刀路间隙设置】对话框，勾选【切削排序最佳化】复选项，如图 6-9 所示，单击【确定】按钮 。

图 6-8　切削深度设置

图 6-9　优化刀路

5）打开【挖槽参数】选项卡，选择切削方式为【等距环切】，设置【切削间距（直径％）】为 75%。勾选【精修】选项，设置【次】为 1，【间距】为 0.25mm，其余参数默认设置，如图 6-10 所示。

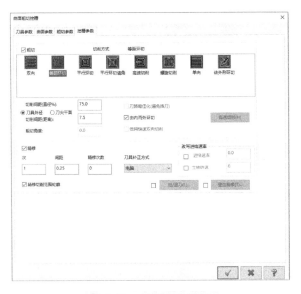

图 6-10　挖槽参数设置

操作提示：设置【精修】选项加工的方式类似于轮廓铣削刀路，它可对轮廓进行一次或多次的加工，从而获得较小而且一致的加工余量，以便在精加工时能取得较好的表面质量。因此粗加工时，一般建议设置该选项，同时精修间距的数值相对较小，如 0.25mm。

单击【曲面粗加工挖槽】对话框中的【确定】按钮 ，生成刀路，如图 6-11 所示。

2.外形铣削精加工（上表面）

关闭第 3 图层（毛坯正方形），打开第 1 图层（辅助线框）。

1）选择【刀路】/【外形】命令，系统弹出【线框串连】对话框，单击【俯视图】单选按钮

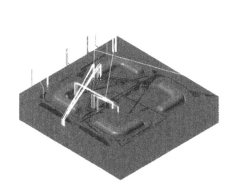，在绘图区刚调出来的小矩形左下角处单击，如图 6-12 所示。根据箭头指向判断此时刀具补偿为左补偿，单击【确定】按钮 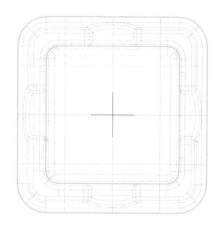。

图 6-11　曲面挖槽粗加工刀路

图 6-12　选择加工边界

2）系统弹出【2D 刀路 - 外形铣削】对话框，打开【刀具】选项卡，选择直径为 10mm 的球头立铣刀，设置【进给速率】为 600.0mm/min，【下刀速率】为 300.0mm/min，【主轴转速】为 3500.0r/min，勾选【快速提刀】选项。

3）打开【切削参数】选项卡，设置【补正方式】为【电脑】，【补正方向】为【左】，【外形铣削方式】为【2D】，【壁边预留量】为 –0.5mm，【底面预留量】为 0.0mm，其他参数按默认设置，如图 6-13 所示。

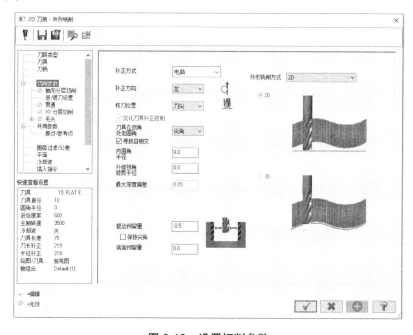

图 6-13　设置切削参数

操作提示：将【壁边预留量】设为负余量是为了使加工范围向内部再偏移 0.5mm。

打开【进 / 退刀设置】选项卡，不勾选【在封闭轮廓中点位置执行进 / 退刀】选项，选择【相切】选项，设置【长度】为30%，【圆弧】/【半径】为30%，【扫描角度】为90.0°，单击按钮，即将进、退刀参数设为一致，如图 6-14 所示。

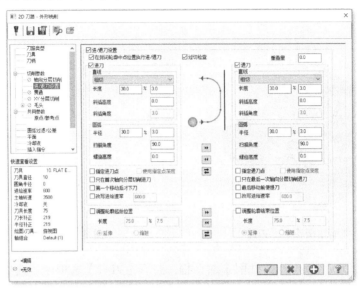

图 6-14　设置进 / 退刀

打开【XY 分层切削】选项卡，不勾选【XY 分层切削】选项。

4）单击【共同参数】选项，设置【参考高度】为10.0mm，【下刀位置】为5.0mm，【工件表面】为0.0mm，【深度】为0.0mm，选择所有【绝对坐标】选项。

单击 ✔ 按钮，生成刀路，如图 6-15 所示。

3.2D 挖槽（标准）精加工（里面）

构建辅助曲线：新建第 6 图层（内侧正方形）。

选择【线框】/【所有曲线边缘】命令，如图 6-16 所示。

图 6-15　生成外形铣削刀路

图 6-16　选择【所有曲线边缘】命令

选择零件中间凹槽平底面，单击【结束选择】按钮 结束选择，在【所有曲线边缘】对话框单击【确定】按钮 ✔。生成的曲线如图 6-17 所示。

选择【线框】/【两点打断】命令，如图 6-18 所示。选择如图 6-17 所示 A 点处一直线，将光标移至直线中点，再次选择该直线，系统将在其中点处将该直线打断成两段，单击【确定】按钮 ✔。

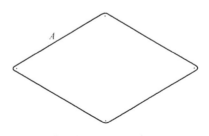

图 6-17　生成曲线

图 6-18 选择【两点打断】命令

操作提示：将其中一直线在中点处打断是为了后续进行轮廓清角加工时便于确定进刀点的位置。

1）选择【刀路】/【2D】/【挖槽】命令，在绘图区选取刚生成的矩形（图 6-17），作为加工范围边界线，并执行确定操作。

2）系统弹出【2D 刀路 -2D 挖槽】对话框，选择直径为 10mm 的立铣刀，设置【进给速率】为 400mm/min，【主轴转速】为 2500r/min，【下刀速率】为 100mm/min。勾选【快速提刀】复选项，其他选项都不勾选。

3）打开【切削参数】选项卡，设置【壁边预留量】和【底面预留量】为 0.0mm，如图 6-19 所示。

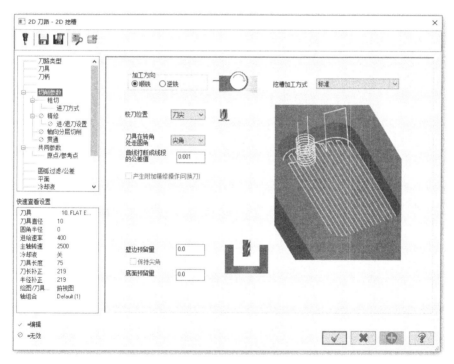

图 6-19 2D 挖槽参数设置

打开【粗切】选项卡，选择切削方式为【等距环切】，设置【切削间距（直径%）】为 50，勾选【由内而外环切】复选项，如图 6-20 所示。

实战经验：由于是精加工，不宜将【切削间距（刀具直径%）】设得太大，一般取刀具直径的 50%，粗加工时该值不超过刀具直径的 80%。

不设置【精修】选项卡。

4）打开【共同参数】选项卡，勾选【参考高度】复选框并设置为 10.0mm，【下刀位置】为 5.0mm，【工件表面】为 0.0mm，【深度】为 -18.0mm，只勾选所有【绝对坐标】复选项。

单击【挖槽（标准）】对话框中的【确定】按钮 ，生成刀路，如图 6-21 所示。

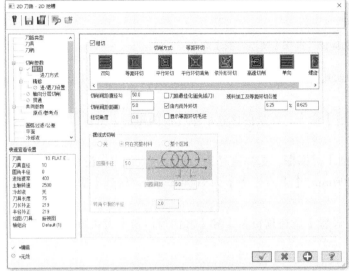

图 6-20　精修参数设置

图 6-21　标准挖槽精加工刀路

4. 曲面精修等高加工（清角）

1）构建辅助曲面：通过【层别管理】对话框，新建第 8 图层（还原实体），并将该图层设为主图层。只打开第 1 图层和第 8 图层，关闭其他图层。

选择【实体】/【拉伸】命令，如图 6-22 所示。

图 6-22　【拉伸实体】命令

系统弹出【线框串连】对话框，在绘图区选取最大的矩形，如图 6-23 所示，单击【确定】按钮 。

系统弹出【实体拉伸】对话框，在【基本】选项卡中设置【距离】为 22.0mm，如图 6-24a 所示。打开【高级】选项卡，设置【拨模】/【角度】为 12°，如图 6-24b 所示。单击【确定】按钮 。

生成实体如图 6-25 所示。

操作提示：采用拉伸方式生成实体时，当生成方法不对时，可拖动箭头方向，实现动态调整；或单击【全部反向】按钮 ↔ 进行调整。

选择【实体】/【固定半倒圆角】命令，如图 6-26 所示。

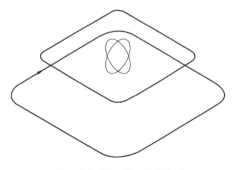

图 6-23　选择挤出边界

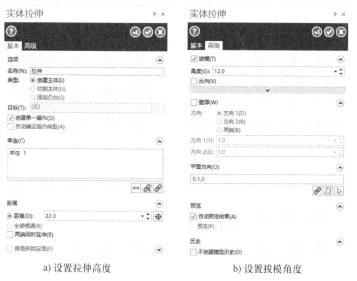

a) 设置拉伸高度 b) 设置拔模角度

图 6-24 生成实体参数设置

图 6-25 生成实体

图 6-26 实体倒圆角命令

系统弹出【实体选择】对话框，选择如图 6-27 所示 A 点所指实体边，单击【确定】按钮 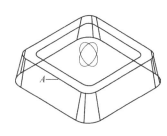 。

在【固定圆角半径】对话框，设置【半径】为 2.5mm，勾选【沿切线边界延伸】复选项，如图 6-28 所示。单击【确定】按钮 ，结果如图 6-29 所示。

图 6-27 选择倒圆角边

图 6-28 实体倒圆角参数设置

图 6-29 实体倒圆角结果

选择【实体】/【拉伸】命令，系统弹出【线框串连】对话框。在绘图区选取第1图层中的最小矩形，如图 6-30 所示，单击【确定】按钮⊘。

系统弹出【实体拉伸】对话框，在【基本】选项卡中勾选【切割主体】选项，设置【距离】为 18.0mm，不设置【高级】选项卡，以朝下的方式进行切割，若方向不对时可单击【全部反向】按钮↔进行调整。如图 6-31 所示。

图 6-30　选择挤出边界

图 6-31　实体切割设置

单击【确定】按钮⊘，结果如图 6-32 所示。

选择【实体】/【固定半倒圆角】命令，系统弹出【实体选择】对话框，选择如图 6-33 所示 B 点所指实体边，单击【确定】按钮✓。

图 6-32　实体剪切结果

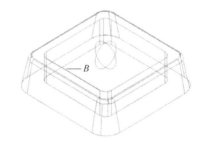

图 6-33　倒圆角边选择

在【固定圆角半径】对话框，设置【半径】为 2.5mm，勾选【沿切线边界延伸】复选项，如图 6-34 所示。

单击【确定】按钮⊘，结果如图 6-35 所示。

操作提示：这里所有的生成实体参数与倒圆角参数须通过 Mastercam 自带的分析功能先进行分析，然后才能确定具体的参数。在设置参数的时候一定要注意不能出错，必须保证创建的图形与原来的图形尺寸一致。

图 6-34　实体倒圆角设置

图 6-35　倒圆角结果

2）新建第 10 层（矩形封面），并将第 10 层作为当前图层。

选择【线框】/【矩形】命令，如图 6-36 所示。

图 6-36　选择【矩形】命令

系统弹出【矩形】对话框，勾选【创建曲面】选项，如图 6-37a 所示。调整视图为俯视图，选择如图 6-37b 所示的 C、D 两点，单击【确定】按钮，结果如图 6-37c 所示。

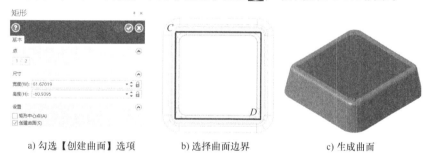

a) 勾选【创建曲面】选项　　　b) 选择曲面边界　　　c) 生成曲面

图 6-37　创建遮挡曲面

多学一招：在创建平整的曲面时，除了直接采用【矩形】命令中的【创建曲面】选项外，还可以采用【曲面】/【平面修剪】命令进行创建，读者可自行创建。

选择【刀路 /【精切】/【传统等高】命令，选择所有曲面，单击【结束选择】按钮。系统弹出【刀路曲面选择】对话框，单击【确定】按钮。

系统弹出【曲面精修等高】对话框，选择直径为 10mm 的立铣刀。设置【进给速率】为 800mm/min，【主轴转速】为 3000r/min，【下刀速率】为 600mm/min，【提刀速率】为 2500mm/min，勾选【快速提刀】复选项。

打开【曲面参数】选项卡，勾选【参考高度】并设置为 10.0mm，【下刀位置】为 5.0mm。勾选所有【绝对坐标】复选项，设置【加工面预留量】和【干涉面预留量】都为 0.0mm，如图 6-38 所示。

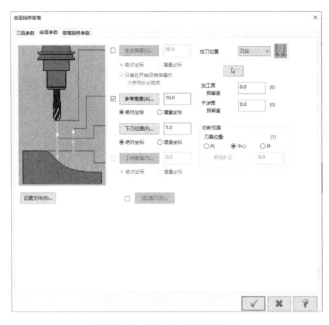

图 6-38　曲面加工参数设置

打开【等高精修参数】选项卡，设置【整体公差】为 0.01mm，【Z 最大步进量】为 0.05mm，勾选【进 / 退刀 / 切弧 / 切线】选项，设置【圆弧半径】为 5.0mm，【扫描角度】为 90.0°，其他参数设置如图 6-39 所示。

操作提示：由于采用立铣刀精加工拔模曲面，因此【最大进给量】不宜太大，否则会出现明显的台阶。

单击【切削深度】按钮，系统弹出【切削深度设置】对话框。选择【绝对坐标】选项，设置【最高位置】为 -17.8mm，【最低位置】为 -22.0mm，如图 6-40 所示，单击【确定】按钮 。

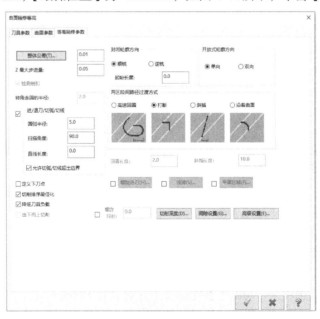

图 6-39　等高外形精加工参数设置

单击【曲面精修等高】对话框中的【确定】按钮  ，生成刀路，如图 6-41 所示。

图 6-40 切削深度设置　　　　　图 6-41 等高外形精加工刀路

单击插入箭头按钮 ▼ 下移至加工群组名为 8R4 的目录下。

多学一招：对于类似零件，如含有凹槽的图形，在生成刀路时如需控制刀具不加工到凹槽部分，可在该凹槽的上表面作一个曲面以达到封孔的效果，这样 Mastercam 在生成刀路时将不对被封的区域进行加工。这一技巧在控制刀具不进行某一区域的加工时经常使用，希望读者能认真领会。

5. 曲面精修等高加工（整体）

1）复制"第 4 步：曲面精修等高"刀路，并在刚生成的第 5 步：曲面精修等高刀路的目录下单击【参数】选项。

2）系统弹出【曲面精修等高】对话框，创建直径为 8mm 的球头立铣刀。设置【进给速率】为 800mm/min，【主轴转速】为 3000r/min，【进刀速率】为 200mm/min，【提刀速率】为 2500mm/min。勾选【快速提刀】复选项，其他选项都不勾选。

3）打开【切削参数】选项卡，修改【深度分层切削】为 0.25mm，不勾选【进 / 退刀 / 切弧 / 切线】选项，勾选【浅滩加工】选项，并单击【浅滩加工】按钮，系统弹出【浅滩加工】对话框，单击【添加浅滩区域刀路】选项，设置【分层切削最小切削深度】为 0.02mm，【角度限制】为 90°，其他参数按默认设置，如图 6-42 所示。

图 6-42 浅滩加工参数设置

操作提示：等高外形精加工的最大切削深度是 Z 方向的间距，在加工平缓曲面时，Z 方向间距不变的情况下，刀路的水平步距会随着平缓度的增加而变大。如果被加工的曲面比较平缓时，刀路就会变得疏一些，为避免这种现象的发生，可选用等高外形精加工刀路所提供的【浅滩加工】选项，设置【分层切削最小切削深度】的数值越小和【角度限制】范围越大，有助于控制加工刀路的疏密程度，能有效地保证较平缓曲面部位的加工效果，这里 R2.5mm 曲面圆弧过渡属于较平缓的区域。如图 6-43a 所示为默认没有设置【浅滩加工】选项情况下生成的刀路，而图 6-43b 所示是根据本例参数设置【浅滩加工】选项后生成的刀路效果。

4）在【曲面精修等高】对话框中打开【等高精修参数】选项卡，单击【切削深度】按钮，系统弹出【切削深度设置】对话框。单击【绝对坐标】复选项，设置【最高位置】为 0.0mm，【最低位置】为 -22.0mm，如图 6-44 所示，单击【确定】按钮 。

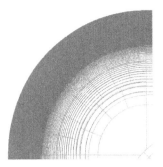
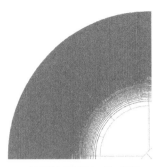

a) 没有设置【浅滩加工】选项　　　　　b) 设置【浅滩加工】选项

图 6-43　选择加工边界

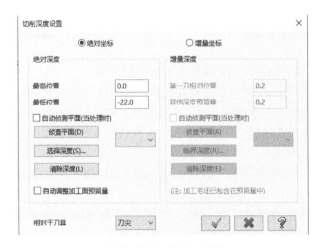

图 6-44　切削深度设置

单击【高级设置】按钮，系统弹出【高级设置】对话框，在【刀具在曲面（实体面）边缘走圆角】选项中单击【在所有边缘】选项，如图 6-45 所示，单击【确定】按钮 ✓ 。

5）在【曲面精修等高】对话框中的【确定】按钮 ✓ ，单击【重新生成所有无效操作】按钮 ⌷×，生成刀路，如图 6-46 所示。

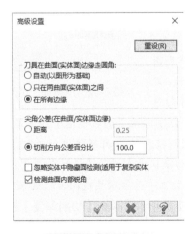

图 6-45　高级设置

图 6-46　等高外形精加工刀路

调出【层别】管理器，关闭第10图层。

6. 等高外形精加工（R2mm 曲面）

1）复制"第5步：曲面精修等高"刀路，在刚生成的第6步：曲面精修等高刀路的目录下单击【图形】选项，如图6-47所示。

系统弹出【刀路曲面选择】对话框，在【加工面】选项处单击【取消选择】按钮 ，取消上一步所选择的加工曲面，单击【选择】按钮 ，如图6-48所示。

图 6-47 选择【图形】选项

图 6-48 【刀路曲面选择】对话框

选择凹槽内的所有 R2.5mm 圆弧曲面，如图6-49所示，单击【结束选择】按钮 。系统返回【刀路曲面选择】对话框。

在【干涉面】选项处单击【选择】按钮 ，选择与凹槽内的所有 R2.5mm 圆弧曲面相连的曲面，如图6-50所示，单击【结束选择】按钮 。系统返回【刀路曲面选择】对话框，单击【确定】按钮 。

图 6-49 选择加工面

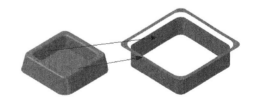

图 6-50 选择干涉面

2）在第6步：曲面精修等高外形刀路的目录下单击【参数】选项。系统弹出【曲面精修等高】对话框，设置【干涉面】/【预留量】为0.01mm，如图6-51所示。

3）打开【等高精修参数】选项卡，单击【切削深度】按钮，系统弹出【切削深度设置】对话框。单击【增量坐标】选项，参数设置默认，如图6-52所示，单击【确定】按钮 。

单击【曲面精修等高】对话框中的【确定】按钮 ，单击【重新生成所有无效操作】按钮 ，生成刀路，如图6-53所示。

多学一招：当采用相同的加工刀路时，为提高编程效率，采用复制刀路的方法，然后再对小部分参数进行修改即可达到相同的效果。

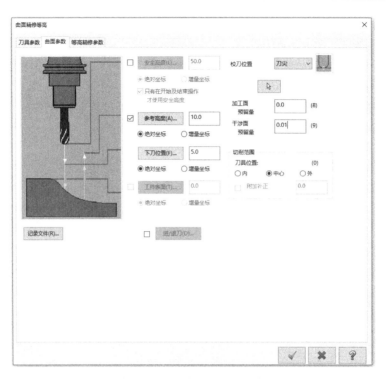

图 6-51　设置干涉面预留量

图 6-52　设置切削深度

图 6-53　等高外形精加工刀路

7. 曲面平行铣削精加工（上、下方 R9mm 曲面）

调出【层别管理】对话框，只打开第 2 图层（零件曲面），关闭其他图层。

1）在【刀路】管理器中单击右键，在弹出的快捷菜单中选择【铣床刀路】/【曲面精修】/【平行】命令，如图 6-54 所示。

选择零件正上下方 R9mm 凹圆角曲面，如图 6-55 所示，单击【结束选择】按钮 ✅结束选择。

系统弹出【刀路曲面选择】对话框，如图 6-56 所示。在【干涉面】选项卡中单击【选择】按钮 ▢，选择与刚才所选加工面相连接的所有曲面，如图 6-57 所示，单击【结束选择】按钮结束选择）。系统返回【刀路曲面选择】对话框，单击【确定】按钮 ✓ 。

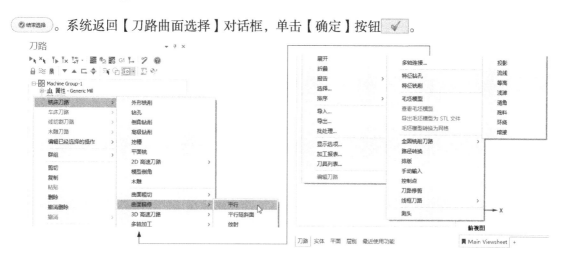

图 6-54　选择曲面平行铣削精加工刀路

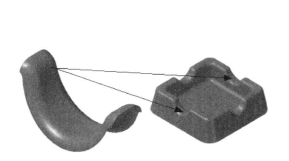

图 6-55　选择加工面

图 6-56　【刀路曲面选择】对话框

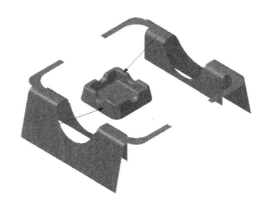

图 6-57　选择干涉面

2）系统弹出【曲面精修平行】对话框，选择直径为 8mm 的球头立铣刀。设置【进给速率】为 800mm/min，【主轴转速】为 3000r/min，【下刀速率】为 200mm/min，【提刀速率】为 2500mm/min，勾选【快速提刀】复选项。

3）打开【曲面参数】选项卡，勾选【参考高度】并设置为 10.0mm，【下刀位置】为 5.0mm。选择所有【绝对坐标】选项，设置【加工面预留量】为 0.0mm，【干涉面预留量】为 0.05mm，如图 6-58 所示。

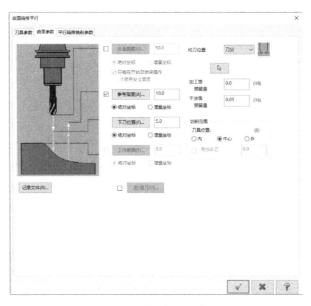

图 6-58　曲面加工参数设置

4）打开【平行精修铣削参数】选项卡，设置【整体公差】为 0.01mm，【最大切削间距】为 0.1mm。【切削方向】为【双向】,【加工角度】为 90°，如图 6-59 所示。

图 6-59　平行精加工铣削参数设置

单击【间隙设定】按钮，系统弹出【刀路间隙设置】对话框，设置【允许间隙大小】/【距离】为 10.0mm，在【移动小于允许间隙时，不提刀】选项中选择【平滑】选项，勾选【切削排序最佳化】复选框，其他参数按默认设置，如图 6-60 所示，单击【确定】按钮 ✓。

操作提示：此处设置【允许间隙大小】/【距离】的目的是为了避免提刀。读者可先采用默认值生成的刀路与修改为 10.0mm 的效果作对比。

单击【高级设置】按钮，系统弹出【高级设置】对话框，在【刀具在曲面（实体面）的边缘走圆角】选项中勾选【在所有的边缘】选项，单击【确定】按钮 ✔。

单击【曲面精修平行】对话框中的【确定】按钮 ✔，生成刀路，如图 6-61 所示。

多学一招：对于这两个曲面的加工还可以采用【刀路转换】命令进行镜像复制刀路，实现相同的加工效果。

图 6-60　刀路间隙设置

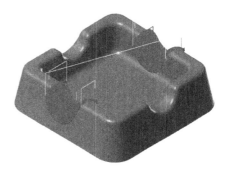

图 6-61　曲面精加工平行铣削刀路

8. 曲面平行铣削精加工（左、右侧 R9mm 曲面）

1）复制"第 7 步：曲面精修平行"刀路，在刚生成的第 8 步：曲面精修平行刀路的目录下单击【图形】选项，系统弹出【刀路曲面选择】对话框，在【加工面】选项处单击【取消选择】按钮 ⊗，取消上一步所选择的加工曲面，单击【选择】按钮 ⤢，选择工件左、右两侧的 R9mm 凹圆角曲面，如图 6-62 所示，单击【结束选择】按钮 （结束选择）。

系统弹出【刀路曲面选择】对话框，如图 6-63 所示。

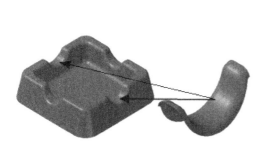

图 6-62　选择加工面

图 6-63　【刀路曲面选择】对话框

在【干涉面】选项卡中单击【选择】按钮 ，选择与刚才所选加工曲面相连接的所有曲面，如图 6-64 所示，单击【结束选择】按钮 ⊘结束选择。系统返回【刀路曲面选取】对话框，单击【确定】按钮 ✔ 。

2）在第 8 步：曲面精修平行刀路的目录下单击【参数】选项，系统弹出【曲面精修平行】对话框，打开【平行精修铣削参数】选项卡，修改【加工角度】为 0°，其他参数按默认设置，如图 6-65 所示。

图 6-64　选择干涉面

图 6-65　修改加工角度

单击【曲面精修平行】对话框中的【确定】按钮 ✔ ，单击【重新生成所有无效操作】按钮 ↓×，生成刀路，如图 6-66 所示。

单击插入箭头按钮 ▼ 下移至加工群组名为 6R3 的目录下。

9. 曲面等高外形精加工（R3.6mm 曲面）

调出【层别管理】对话框，打开第 1 图层。

1）选择【刀路 / 精切】/【传统等高】命令，选择凹槽底 R3.6mm 圆角部分曲面，如图 6-67 所示。

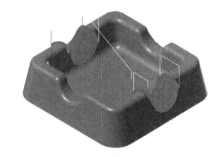

图 6-66　曲面精加工平行铣削刀路

图 6-67　选择加工面

单击【结束选择】按钮 ⊘结束选择，系统弹出【刀路曲面选择】对话框，如图 6-68 所示。

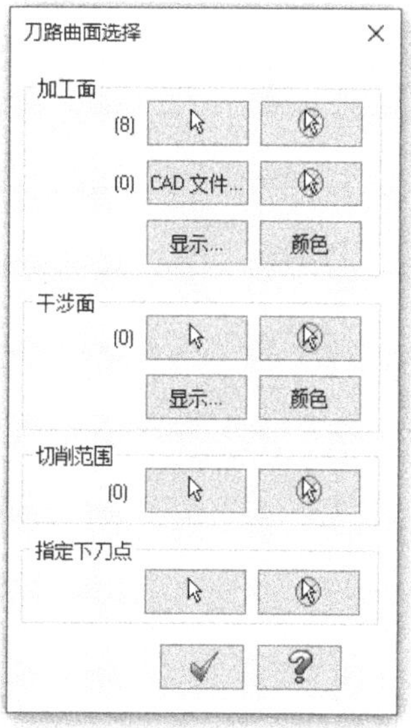

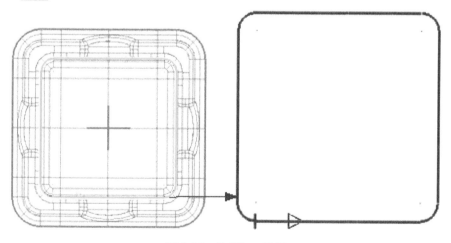

图 6-68　【刀路曲面选择】对话框

在【边界范围】选项卡处单击【选择】按钮 ▷，系统弹出【线框串连】对话框，通过单击右键选中【俯视图】单选按钮，在绘图区选取刚调出第 1 图层的最小矩形，如图 6-69 所示。单击【线框串连】对话框中的【确定】按钮 ✔，系统弹出【刀路曲面选择】对话框，单击该对话框的【确定】按钮 ✔。

图 6-69　选择加工边界

2）系统弹出【曲面精修等高】对话框，创建直径为 6mm 的球头立铣刀。设置【进给速率】为 800mm/min，【主轴转速】为 3500r/min，【下刀速率】为 100mm/min，【提刀速率】为 2500mm/min，勾选【快速提刀】复选项。

3）打开【曲面参数】选项卡，勾选【参考高度】并设置为 10.0mm，【下刀位置】为 5.0mm。选择所有【绝对坐标】选项，设置【加工面预留量】和【干涉面预留量】都为 0.0mm，如图 6-70 所示。

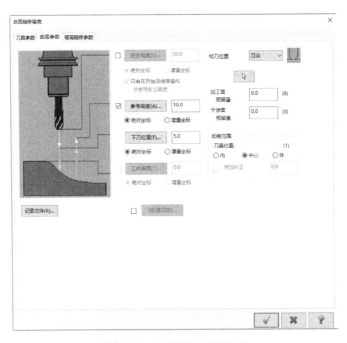

图 6-70　曲面加工参数设置

4）打开【等高精修参数】选项卡，设置【整体公差】为 0.01mm，【Z 最大步进量】为 0.05mm。勾选【进 / 退刀 / 切弧 / 切线】复选项，设置【圆弧半径】为 3.0mm，【扫描角度】为 90°。勾选【切削排序最佳化】复选项，其他参数按默认设置，如图 6-71 所示。

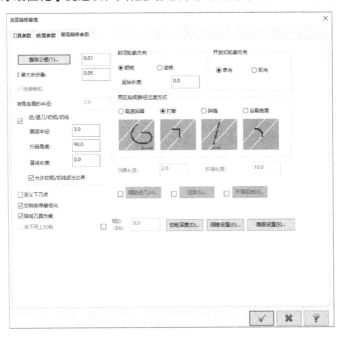

图 6-71　等高外形精加工参数设置

单击【切削深度】按钮，系统弹出【切削深度设置】对话框，选择【绝对坐标】选项，设置【最高位置】为 -17.0mm，【最低位置】为 -18.0mm，如图 6-72 示，单击【确定】按钮 ✔ 。

图 6-72 切削深度设置

操作提示：这里只加工 R3.6mm 圆角的曲面部分，由于之前已进行了粗加工，所以设置加工深度时只加工 1mm 的高度。

单击【高级设置】按钮，系统弹出【高级设置】对话框，在【刀具在曲面（实体面）边缘走圆角】选项中勾选【在所有边缘】选项，单击【确定】按钮 ✓。

单击【曲面精修等高】对话框中的【确定】按钮 ✓，生成刀路，如图 6-73 示。

10. 外形铣削精加工（清角）

调出【图层管理】对话框，打开第 6 图层（内侧正方形），将前面生成的矩形显示出来。

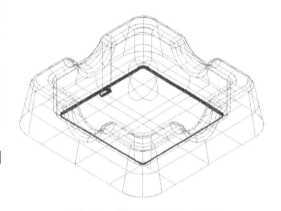

图 6-73 等高外形精加工刀路

1）选择【刀路】【外形】命令，系统弹出【线框串连】对话框，单击【俯视图】单选按钮，在绘图区刚调出来的矩形左侧直线中点处单击，如图 6-74 所示，单击【确定】按钮 ✓。

操作提示：如此选取直线再配合接下来在【进/退刀设置】选项卡不勾选【在封闭轮廓中点位置执行进/退刀】选项，是为了使进刀点定位在该直线的中点，而不至于定位在其他的转角处，不

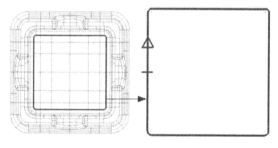

图 6-74 选择加工曲线

但有利于保证转角处的尺寸，而且有利于保护刀具，防止进刀点落在转角处时因刀具切削量大而引起弹刀。对于此处的进/退刀位置的设定，还可以通过动态调整或指定位置的方式进行，将在"任务七 拔片编程加工"介绍。

2）系统弹出【2D 刀路 - 外形铣削】对话框，打开【刀具】选项卡，选择直径为 6mm 的球头立铣刀，设置【进给速率】为 600.0mm/min，【下刀速率】为 300.0mm/min，【主轴转速】为3500.0r/min，勾选【快速提刀】选项。

3）打开【切削参数】选项卡，设置【补正方式】为【关】，【补正方向】为【右】，【外形铣削方式】为【2D】，【壁边预留量】和【底面预留量】为 0.0mm，其他参数按默认设置，如图 6-75 所示。

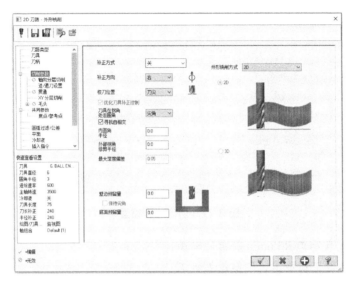

图 6-75　设置切削参数

操作提示：这里由于是将所选曲线作为刀具轨迹的中心线，因此需设置【补正方式】为【关】，而将【补正方向】设为【右】是为了设置刀具沿着右侧进行圆弧进刀。

打开【进 / 退刀设置】选项卡，不勾选【在封闭轮廓中点位置执行进 / 退刀】选项，选择【相切】选项，设置【长度】为 30%，【圆弧】/【半径】为 30%，【扫描角度】为 90.0°，单击按钮 ▶▶，即将进、退刀参数设为一致，如图 6-76 所示。

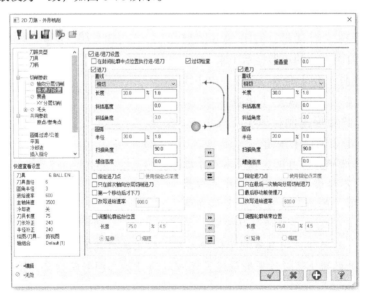

图 6-76　设置进 / 退刀

打开【XY 分层切削】选项卡，勾选【XY 分层切削】选项，设置【粗切】/【次】为 7，【间距】

为 0.2mm，【精修】/【次】为 0，勾选【不提刀】选项，其他参数默认设置，如图 6-77 所示。

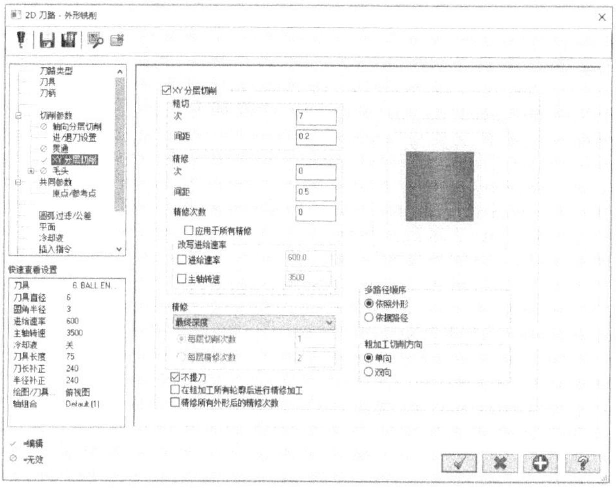

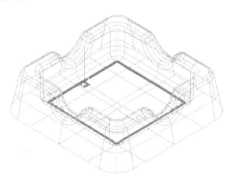

图 6-77　设置分层切削参数

4）单击【共同参数】选项，设置【参考高度】为 10.0mm，【下刀位置】为 5.0mm，【工件表面】为 0.0mm，【深度】为 −18.0mm，选择所有【绝对坐标】选项。

单击 ✅ 按钮，生成刀路，如图 6-78 所示。

三、实体模拟加工

选上所有的刀路进行验证模拟加工，结果如图 6-79 所示。

图 6-78　外形铣削刀路

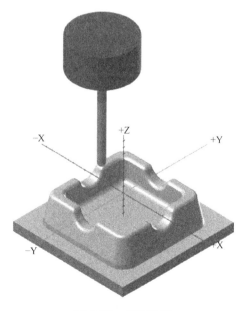

图 6-79　模拟结果

任务小结

本任务结合零件图形特点灵活地构建了较多的刀路辅助曲线与曲面，从而生成更加可控、流畅的刀路，在编制刀路的应用上具有较高的技巧性。读者通过本任务的学习后，在处理根据图形特点构建辅助曲线和曲面以及清角的能力方面会有一个大的提高。

提高练习

打开配套资源包"练习文件 /cha06/6-2.mcam"进行编程加工，零件材料为铝合金，零件工程图如图 6-80 所示。

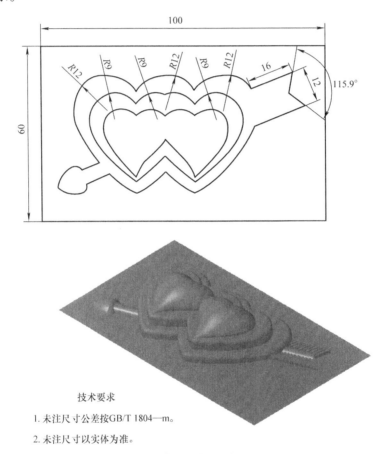

技术要求

1. 未注尺寸公差按GB/T 1804—m。

2. 未注尺寸以实体为准。

图 6-80　提高练习零件

任务六　提高练习零件编程加工

拨片编程加工

任务目标

> 知识目标

1）掌握常用板材类零件的加工夹具设计与编程加工的方法。

2）掌握高速曲面刀路粗、精加工的编程方法。

3）掌握攻螺纹的编程方法。

> 能力目标

1）能根据零件特点和加工技术要求设计夹具，并正确装夹和安排加工工艺。

2）能调整外形铣削刀路的起始点和退刀点，以避免发生加工干涉。

3）能在 2D 刀路中实现同一刀路加工不同的加工轮廓和加工深度。

> 素质目标

1）能根据零件加工要求安排不同的加工工艺，具备一定的多工序加工工艺设计能力。

2）能在编程加工的过程中建立并养成安全防护意识和便于取件操作的职业意识。

3）能根据零件的加工要求，综合夹具、毛坯、零件各自的结构特点，科学设计夹具和切削方法。

任务导入

打开配套资源包"源文件 /cha07/ 拨片 .mcam"，零件图如图 7-1 所示，打开第 1 图层。零件材料为厚度 6mm 的铝合金板材，毛坯尺寸为 118mm×50mm，表面已加工到位。

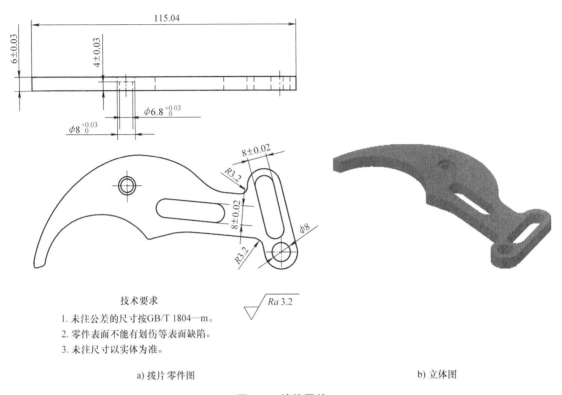

技术要求

1. 未注公差的尺寸按GB/T 1804—m。
2. 零件表面不能有划伤等表面缺陷。
3. 未注尺寸以实体为准。

a) 拨片零件图　　　　　　　　　　　b) 立体图

图 7-1　拨片零件

任务分析

1. 图形分析

　　该拨片零件的加工属于板材类零件加工，外形尺寸为 115.04mm×48.05mm，零件内部有两个 U 形槽和 1 个沉头孔，通孔直径为 8mm。U 形槽的宽度为 8.0mm，沉头孔的直径大小分别为 8mm 和 6.8mm，沉头孔直径的尺寸公差为 0.03mm，是整个零件的加工难点，最小拐角半径为 3.2mm。

2. 工艺分析

　　该拨片零件的外形呈半月形，属于不规则的异形零件。由于零件比较薄，无法使用常规方法进行装夹，需要结合零件自身的结构特点进行装夹。零件的内外部位都需要进行加工，结合零件结构特点可以先加工零件的内部孔与 U 形槽，然后再加工外轮廓。零件最小内孔为 φ6.8mm，最小凹圆角半径为 3.2mm，因此可采用直径为 6mm 的平底刀进行加工。

　　整个零件的加工可分为 4 步，具体如下：

　　第 1 步是设计辅助夹具并加工，在辅助夹具上采用螺纹连接进行装夹，可用螺钉和垫片锁紧的方法来实现，在确定螺纹孔的位置时需要考虑零件的内、外侧加工的装夹需要，此处共设计了 6 个螺纹孔，零件的外侧与内侧各 3 个。

　　第 2 步是在零件的外侧加工定位孔，这个定位孔位置与夹具设计的螺纹孔相对应。

　　第 3 步是利用零件外侧的 3 个定位孔进行装夹，加工零件的内侧。

　　第 4 步是利用零件内侧的 3 个定位孔进行装夹，加工零件的外侧。

3. 刀路规划

夹具加工：

步骤 1：使用 ϕ12mm 平底刀对夹具整体采用高速曲面 - 区域粗切刀路进行粗加工，加工余量为 0.35mm。

步骤 2：使用 ϕ12mm 平底刀对夹具外形采用外形铣削刀路进行精加工，加工余量为 0.0mm。

步骤 3：使用 ϕ6mm 平底刀对夹具的水平区域采用高速曲面 - 水平区域刀路进行精加工，加工余量为 0.0mm。

步骤 4：使用 ϕ6mm 平底刀对 ϕ8mm 沉头孔采用斜插的外形铣削刀路进行精加工，加工余量为 0.0mm。

步骤 5：使用 ϕ4mm 钻头对零件外侧的 M5mm 螺纹进行预钻孔。

步骤 6：使用 ϕ4mm 钻头对零件内侧的 M5mm 螺纹进行预钻孔。

步骤 7：使用 ϕ5mm 右牙刀对零件外侧的 M5mm 螺纹进行攻螺纹。

步骤 8：使用 ϕ5mm 右牙刀对零件内侧的 M5mm 螺纹进行攻螺纹。

步骤 9：使用 ϕ6mm 倒角刀对底面台阶采用外形铣削倒角刀路进行加工，加工余量为 0.0mm。

步骤 10：使用 ϕ6mm 倒角刀对柱子和部分内孔采用外形铣削倒角刀路进行加工，加工余量为 0.0mm。

拨片外侧定位孔加工：

步骤 11：使用 ϕ6mm 平底刀对零件内侧 ϕ8mm 孔采用斜插的外形铣削刀路进行粗加工，加工余量为 0.35mm。

步骤 12：使用 ϕ6mm 平底刀对零件内侧 ϕ8mm 孔采用外形铣削刀路进行精加工，加工余量为 0.0mm。

拨片加工：

步骤 13：使用 ϕ5mm 平底刀对零件内侧采用斜插的外形铣削刀路进行粗加工，加工余量为 0.35mm。

步骤 14：使用 ϕ5mm 平底刀对零件内侧采用外形铣削刀路进行精加工，加工余量为 0.0mm。

步骤 15：使用 ϕ5mm 平底刀对零件内侧 ϕ8mm 孔采用斜插的外形铣削刀路进行粗加工，加工余量为 0.35mm。

步骤 16：使用 ϕ5mm 平底刀对零件内侧 ϕ8mm 孔采用外形铣削刀路进行精加工，加工余量为 0.0mm。

步骤 17：使用 ϕ5mm 平底刀对零件外侧采用斜插的外形铣削刀路进行粗加工，加工余量为 0.35mm。

步骤 18：使用 ϕ5mm 平底刀对零件外侧采用外形铣削刀路进行精加工，加工余量为 0.0mm。

4. 夹具设计

加工时毛坯尺寸为 118mm × 50mm × 60mm，表面已加工到位，因此只需要加工零件的内部与外部即可，考虑到装夹要求，需要设置夹具。

1）新建第 3 图层（夹具线框）。通过右键菜单选择【顶视图】，设置构图面的深度 Z 为 -6.0mm。选择【线框】/【矩形】命令，以系统坐标系原点为矩形的中心点绘制大小为 120mm × 52mm 的矩形。

选择【转换】/【串连补正】命令，根据图 7-2 所示偏移 6 条轮廓线，具体偏移距离如图 7-2 所示。

任务七　拨片
编程加工——
夹具设计

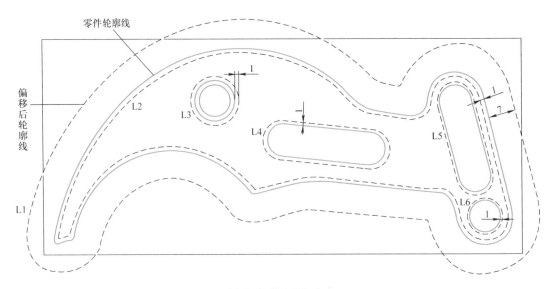

图 7-2　创建夹具线框

操作提示：将零件的最大外形轮廓线向外偏移 7.0mm 是考虑到接下来需要用到 $\phi 6$mm 平底刀进行加工，以及其他轮廓分别向外和向内偏移 1.00mm 与 0.5mm 的目的都是为了给后续加工刀具留出一定的空间，达到避空的效果。

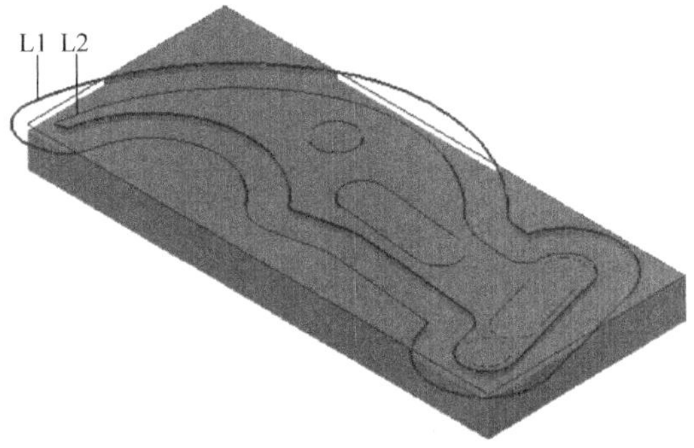

2）新建第 4 图层（夹具）。选择【实体】/【创建】/【拉伸】命令，选择刚创建的矩形，以向下拉伸 10.0mm 的方式创建长方体，结果如图 7-3 所示，以创建夹具的主体。

图 7-3　创建夹具主体

选择【实体】/【拉伸】命令，选择图 7-3 所示偏移获得的 L1 和 L2 封闭曲线，以向下拉伸切割 1.5mm 的方式创建避空位，结果如图 7-4a 所示。采用相同的方法，以向下拉伸切割 1.5mm 的方式继续创建其他避空位，所有避空位均使用图 7-2 所示偏移获得的封闭曲线，结果如图 7-4b 所示。

对图 7-4b 所示的台阶尖角进行倒圆角处理，倒圆角半径为 0.3~1mm，结果如图 7-5 所示。

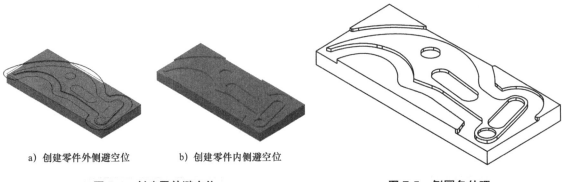

a）创建零件外侧避空位　　　　b）创建零件内侧避空位

图 7-4　创建零件避空位

图 7-5　倒圆角处理

操作提示：此处对尖角部位进行倒圆角目的是为了避免因尖角产生伤手问题。对于圆角半径的大小读者可以根据需要自行设计。

考虑到接下来将在当前夹具的避空处通过 M5mm 螺纹孔和 ϕ10mm 垫片组装进行装夹，此处将利用零件现有的结构特点设计 3 个 M5mm 螺纹孔。

3）设置第 3 图层（夹具线框）为当前工作图层。

设置构图面的深度 Z 为 0.0mm，在【绘图】工具栏单击【圆心点】按钮⊕，选择【线框】/【已知点画圆】命令，设置【直径】为 10.0mm，分别在如图 7-6 所示 3 个 ϕ10mm 圆的位置单击，即可确定将来装夹时 ϕ10mm 垫片所处的位置。

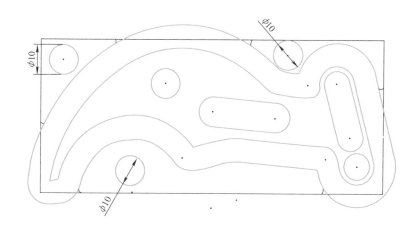

图 7-6　创建放置垫片的位置

操作提示：此处放置垫片的位置需要注意避开接下来刀具走刀的加工位置即可。绘制垫片时直接以垫片大小来锁定圆的直径，可起到更加直观的动态判断效果。

设置构图面的深度 Z 为 -0.6mm，选择【线框】/【圆弧】/【已知点画圆】命令，继续在刚绘制的 3 个 ϕ10mm 垫片的基础上绘制 3 个同心的 ϕ7.8mm 圆，结果如图 7-7 所示。

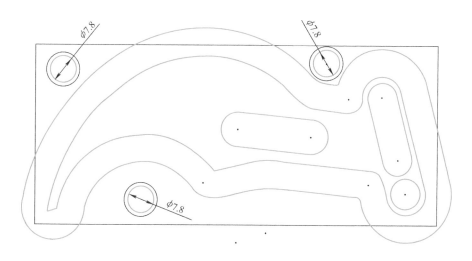

图 7-7　绘制 3 个 ϕ7.8mm 的圆

操作提示：此处绘制 3 个 ϕ7.8mm 的圆并将其构图深度降低 0.6mm 的目的是为了接下来生成定位柱时比零件要低一些，以便在加工时方便装夹。读者也可以设为 ϕ8mm，这个尺寸主要是考虑到对拨片的首次加工时需要做定位孔，而此次拨片的定位孔大小设为 ϕ8mm，因此需要将柱子的尺寸变小，以方便安装。

接下来继续在刚绘制的 3 个 ϕ10mm 的垫片和拨片内部 3 个孔的位置绘制 ϕ5mm 的圆，以备接下来绘制螺纹孔，结果如图 7-8 所示。

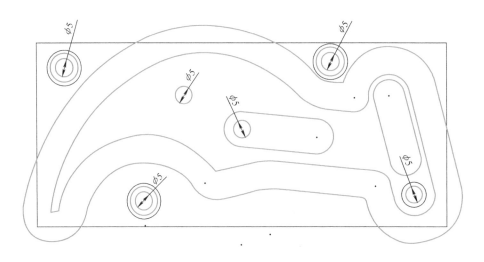

图 7-8　绘制 6 个 ϕ5mm 圆

选择【实体】/【拉伸】命令，选择如图 7-7 所示的 3 个 ϕ7.8mm 圆作为拉伸轮廓线，以【添加凸台】的方式向上拉伸 10.0mm 的方式创建圆柱，结果如图 7-9 所示。

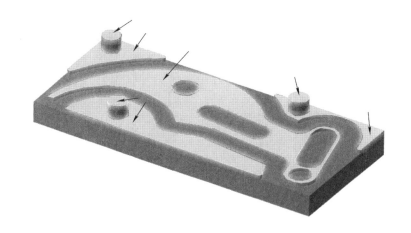

图 7-9　创建定位柱

4）新建第 30 图层（倒角 C0.3mm），并设为当前工作图层。将【绘图平面 2D/3D】切换为【3D】，选择【线框】/【所有曲线边缘】命令，选择如图 7-9 箭头所指示的面，单击【结束选择】按钮（🔘 结束选择）。单击【确定】按钮 🔘，生成曲线，如图 7-10a 所示。删除如图 7-10a 箭头所示的圆，结果如图 7-10b 所示。

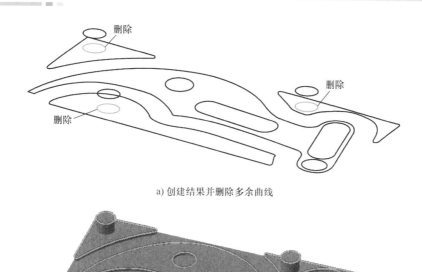

a) 创建结果并删除多余曲线

b) 倒角曲线

图 7-10　创建后续的倒角曲线

操作提示：此处创建曲线为将来倒角需要用到的曲线，读者也可以在后续进行倒角时再创建。

5）设置第 3 图层（夹具线框）为当前工作图层，关闭第 30 图层。同时对定位柱的棱边进行倒角，尺寸为 C0.3。结果如图 7-11a 所示。接下来继续以【实体】/【拉伸】的方法对如图 7-8 所示的 6 个 ϕ5mm 的圆创建螺纹孔，结果如图 7-11b 所示。

操作提示：对定位柱进行导角处理是为了安装方便和避免伤手。

6）通过【层别】管理器，显示第 2 图层（零件主体）。通过右键菜单选择【顶视图】，设置构图面的深度 Z 为 0.0mm，分别在夹具的左下角和右下角绘制如图 7-12a 所示的三角形。注意三角形的位置只要稍稍超过拨片的内部即可。选择【实体】/【拉伸】命令，选择两个三角形，以【切割主体】/【全部贯通】向下的方式切割夹具的主体，结果如图 7-12b 所示。

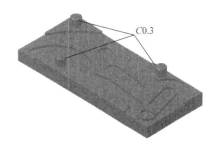

a) 对定位柱进行倒角

继续对其他的尖角位置进行倒角和倒圆角处理，夹具外轮廓周边倒圆角半径为 1.0mm，其他上表面倒角为 C0.3mm，结果如图 7-12c 所示。

操作提示：此处根据拨片的结构特点，将夹具的左下角与右下角进行倒角处理，主要是为了待加工后方便取件。同时将其他的尖角位置进行倒角处理是为了避免出现伤手现象。

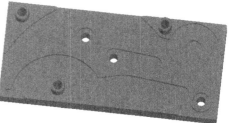

b) 创建螺纹孔

图 7-11　创建螺纹孔

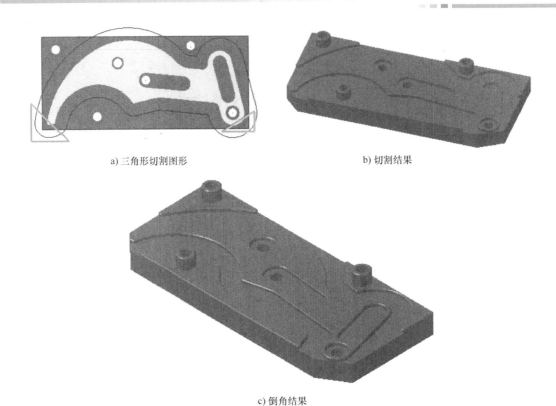

a) 三角形切割图形　　　　　　　　　b) 切割结果

c) 倒角结果

图 7-12　倒角处理

任务实施

一、夹具加工准备工作

1. 选择机床

选择【机床】/【铣床】/【默认】命令。

2. 模拟设置

调出【机器群组属性】对话框，设置【毛坯设置】X0mm、Y0mm、Z0.2mm，材料大小为 X128mm、Y60mm、Z18mm。

3. 新建刀路群组

分别建立名称为 12R0、6R0、钻孔、攻螺纹和 6C1 的刀路群组。

任务七　拨片
编程加工——
夹具加工

二、编制刀路

1. 高速曲面刀路 - 优化动态粗切

1）只打开第 4 层图（夹具）和第 20 图层（夹具毛坯矩形）。选择【刀路】/【优化动态粗切】命令，系统弹出【高速曲面刀路 - 区域粗切】对话框，在【模型图形】选项卡【加工图形】选项中单击【选择图素】按钮 ，选择夹具体，如图 7-13a 所示。单击【结束选择】按钮，系统返回【高速曲面刀路 - 区域粗切】对话框，在【加工图形】选项中设置【壁边预留量】为 0.5mm，如图 7-13b 所示。

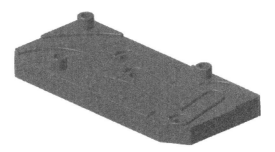

a) 选择夹具体

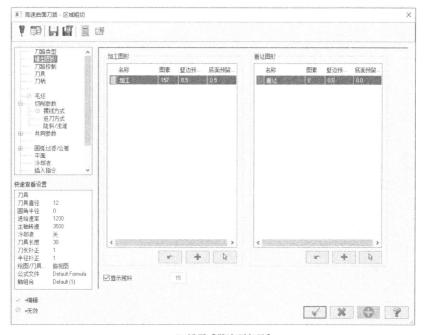

b) 设置【壁边预留量】

图 7-13　设置模型图形参数

2）系统返回【高速曲面刀路 - 优化动态粗切】对话框，打开【刀路类型】选项卡，选择【粗切】/【区域粗切】选项。

3）打开【刀路控制】选项卡，在【切削范围】选项下的【边界串连】选项单击【边界串连】按钮 ，选择矩形框为边界范围并确定，如图 7-14 所示。

系统返回【高速曲面刀路 - 区域粗切】对话框，在【策略】选项中选择【封闭】选项，其他参数如图 7-15 所示。

4）打开【刀具】选项卡，创建直径为 12mm 的平底刀，设置【进给速率】为 1200.0mm/min，【下刀速率】为 1000.0mm/min，【主轴转速】为 3500.0r/min，勾选【快速提刀】选项。

5）打开【切削参数】选项卡，设置【深度分层切削】为 1.2mm，其他参数如图 7-16 所示。

图 7-14　选择加工边界

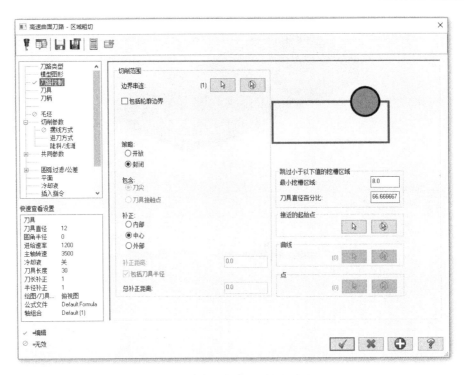

图 7-15　设置刀路控制参数

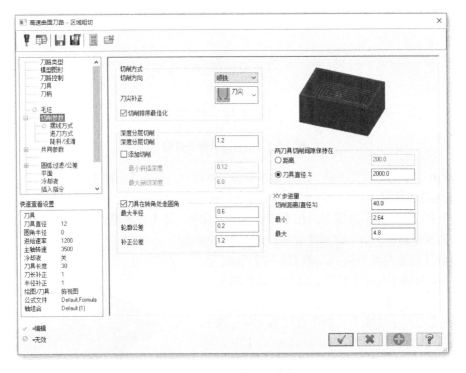

图 7-16　设置切削参数

打开【进刀方式】选项卡，选择【斜插进刀】选项，设置【Z 高度】为 2.0mm，【进刀角度】为 3.0°，【第一外形长度】为 5.0mm，如图 7-17 所示。

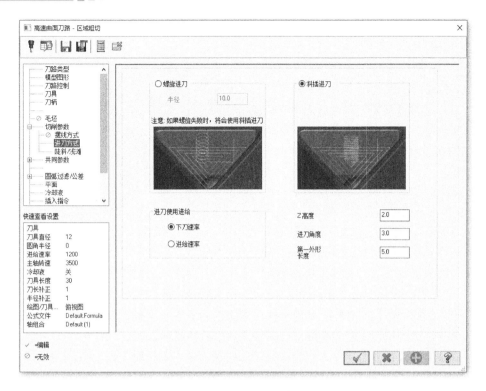

图 7-17　设置进刀方式

6）打开【共同参数】选项卡，参数设置如图 7-18 所示。

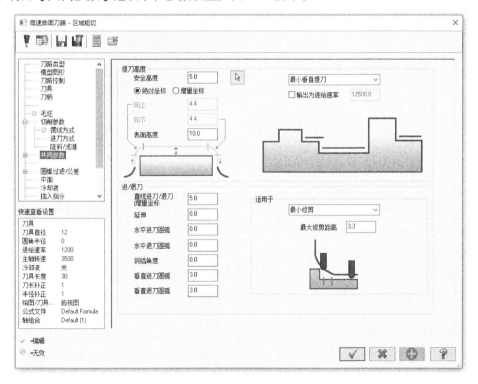

图 7-18　设置共同参数

单击按钮 ☑，生成刀路，如图 7-19 所示。

2. 外形铣削精加工

1）选择【刀路】/【外形】命令，系统弹出【实体串连】对话框，以【实体】/【实体面】的形式，选择夹具体的底面，系统自动选择其最大矩形，如图 7-20 所示。根据箭头指向判断此时刀具补偿为左补偿，单击【确定】按钮 ☑。

2）系统弹出【2D 刀路 - 外形铣削】对话框，打开【刀具】选项卡，选择直径为 12mm 的平底刀，设置【进给速率】为 800.0mm/min，【下刀速率】为 2000.0mm/min，【主轴转速】为 5000.0r/min，勾选【快速提刀】选项。

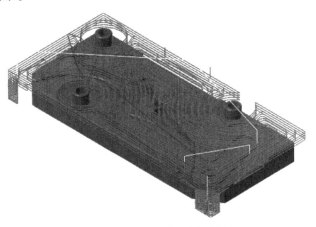

图 7-19　曲面高速粗加工刀路

3）打开【切削参数】选项卡，设置【补正方向】为【左】，【外形铣削方式】为【2D】，【壁边预留量】和【底面预留量】都为 0.0mm，其他参数按默认设置。

打开【进 / 退刀设置】选项卡，选择【相切】选项，设置【长度】为 20%，【圆弧】/【半径】为 20%，【角度】为 45°，单击按钮 ↠，即将进、退刀参数设为一致。

4）单击【共同参数】选项，设置【参考高度】为 10.0mm，【下刀位置】为 5.0mm，【工件表面】为 0.0mm，【深度】为 −18.0mm，选择所有【绝对坐标】选项。

单击 ☑ 按钮，生成刀路，如图 7-21 所示。

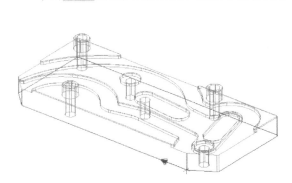

图 7-20　选择加工边界

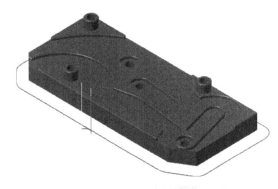

图 7-21　外形轮廓精加工刀路

单击插入箭头按钮 ▼ 下移至加工群组名为 6R0 的目录下。

3. 高速曲面刀路 - 水平区域

1）复制第 1 步【高速曲面刀路 - 区域粗切】刀路，在刚生成的第 3 步：高速曲面刀路 - 区域精切刀路的目录下单击【参数】选项，单击【精修】选项，选择【水平】加工方式，如图 7-22 所示。

打开【刀路控制】选项卡，设置【最小挖槽区域】为 6.6mm，其他参数如图 7-23 所示。

2）打开【刀具】选项卡，创建直径为 6mm 的平底刀，修改【进给速率】为 600.0mm/min，【下刀速率】为 400.0mm/min，【主轴转速】为 5000.0r/min，勾选【快速提刀】选项。

3）打开【切削参数】选项卡，参数设置如图 7-24 所示。

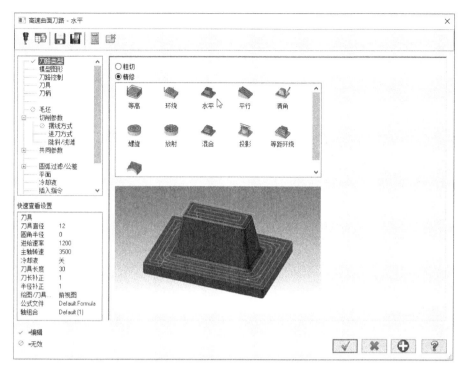

图 7-22　选择水平区域加工方式

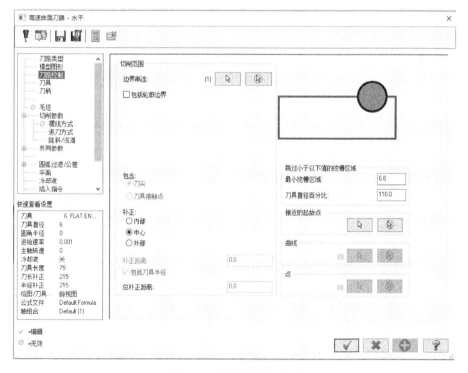

图 7-23　设置刀路控制参数

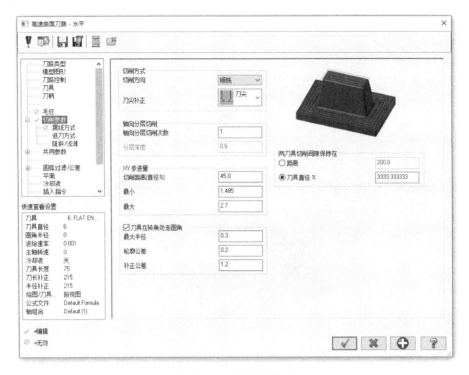

图 7-24　设置切削参数

单击【确定】按钮 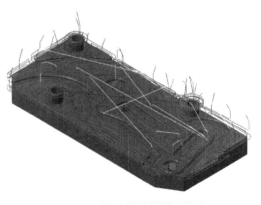，单击【重新生成所有无效操作】按钮，生成刀路，如图 7-25 所示。

4. 外形铣削精加工（φ8mm 沉头孔）

1）选择【刀路】/【外形】命令，系统弹出【串连线框】对话框，以【实体】/【实体面】的形式，分别按照如图 7-26 所示选择 2 个圆，注意箭头方向一致，此时箭头的方向对应的刀具补偿为右补偿。

2）单击【确定】按钮，系统弹出【2D 刀路 - 外形铣削】对话框，打开【刀具】选项卡，选择直径为 6mm 的平底刀，设置【进给速率】为 300.0mm/min，【下刀速率】为 200.0mm/min，【主轴转速】为 5000.0r/min，勾选【快速提刀】选项。

图 7-25　水平区域精加工刀路

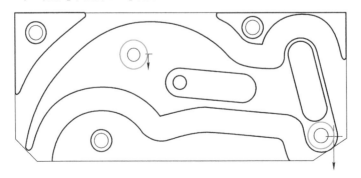

图 7-26　选择实体边界

3）打开【切削参数】选项卡，设置【补正方向】为【右】，【外形铣削方式】为【斜插】，选择【斜插方式】为【深度】，设置【斜插深度】为 0.5mm，勾选【在最终深度处补平】选项，【壁边预留量】和【底面预留量】都为 0.0mm，其他参数按默认设置。

打开【进/退刀设置】选项卡，选择【相切】选项，设置【长度】为 0%，【圆弧】/【半径】为 0.5mm，单击按钮 <u>▸▸</u>，即将进、退刀参数设为一致。

4）单击【共同参数】选项，设置【参考高度】为 10.0mm，【下刀位置】为 5.0mm，【工件表面】为 −6.0mm，【深度】为 −7.5mm，选择所有【绝对坐标】选项。

单击 <u>✔</u> 按钮，生成刀路，如图 7-27 所示。

将 ▼ 移至刀具群组名为【钻孔】目录下。

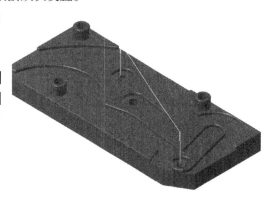

图 7-27　外形铣削精加工刀路

5. 钻孔（螺纹预钻孔 - 外侧）

1）选择【刀路】/【钻孔】命令，系统弹出【刀路孔定义】对话框，调整为俯视图，分别按如图 7-28 所示 1、2、3 的顺序选择孔的圆心位置，单击【确定】按钮 <u>✅</u>。

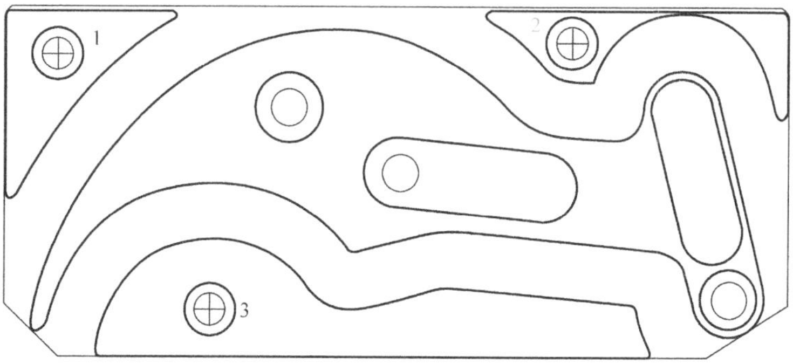

图 7-28　选择孔的圆心

2）系统弹出【2D 刀路 - 钻孔】对话框，打开【刀具】选项卡，创建直径为 4mm 的钻头，设置【进给速率】为 200.0mm/min，【下刀速率】为 100.0mm/min，【主轴转速】为 900.0r/min，勾选【快速提刀】选项。

3）打开【切削参数】选项卡，设置【循环方式】为【深孔啄钻（G83）】，【Peck】为 1.5mm。

4）打开【共同参数】选项卡，设置【参考高度】为 10.0mm，【工件表面】为 0.0mm，【深度】为 −17.0mm，选择所有【绝对坐标】选项。

单击 <u>✔</u> 按钮，生成刀路，如图 7-29 所示。

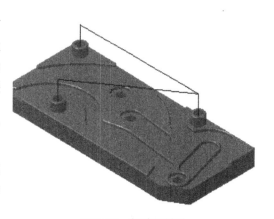

图 7-29　螺纹预钻孔

6. 钻孔（螺纹预钻孔 - 内侧）

1）复制第 5 步【深孔啄钻（G83）】刀路，在刚生成的第 6 步：深孔啄钻（G83）刀路的目录下单击【图形】选项。在系统弹出的【刀路孔定义】对话框中的【类型】栏下的【点12】单击右键，在弹出菜单选择【全部删除】选项，如图7-30所示。

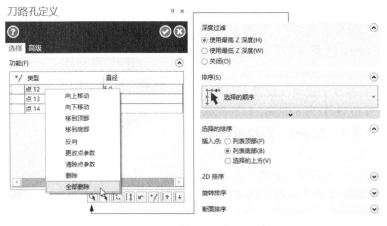

图 7-30　选择【全部删除】选项

分别按如图 7-31 所示的 4、5、6 的顺序选择孔的圆心位置，单击【确定】按钮。

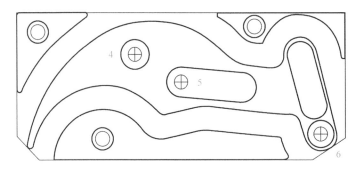

图 7-31　重新选择钻孔圆心

2）继续在第 6 步：深孔啄钻（G83）刀路的目录下单击【参数】选项。系统弹出【2D 刀路 - 钻孔】对话框，单击【共同参数】选项卡，修改【工件表面】为 -6.0mm。单击【确定】按钮，单击【重新生成所有无效操作】按钮，生成刀路，如图 7-32 所示。

将移至刀具群组名为【攻螺纹】目录下。

7. 攻螺纹（攻螺纹 - 外侧）

1）同时复制钻孔下的第 5、6 步刀路。在刚生成的第 7 步：深孔啄钻（G83）刀路的目录下单击【参数】选项。系统弹出【2D 刀路 - 钻孔】对话框，打开

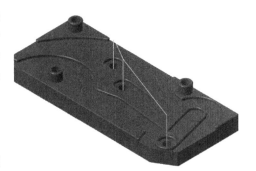

图 7-32　钻孔刀路

【刀具】选项卡，创建直径为 5mm 的右牙刀，设置【进给速率】为 200.0mm/min，【下刀速率】为 100.0mm/min，【主轴转速】为 900.0r/min，勾选【快速提刀】选项。

2）打开【切削参数】选项卡，设置【循环方式】为【攻螺纹（G84）】。

单击【确定】按钮，单击【重新生成所有无效操作】按钮，生成刀路，如图 7-33 所示。

8.攻螺纹（攻螺纹 - 外侧）

1）在刚生成的第8步：深孔啄钻（G83）刀路的目录下单击【参数】选项。系统弹出【2D 刀路 - 钻孔】对话框，打开【刀具】选项卡，选择直径为5mm的右牙刀，设置【进给速率】为200.0mm/min，【下刀速率】为100.0mm/min，【主轴转速】为900.0r/min，勾选【快速提刀】选项。

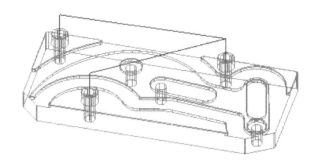

图 7-33　攻螺纹刀路

2）打开【切削参数】选项卡，设置【循环方式】为【攻螺纹（G84）】。

单击【确定】按钮，单击【重新生成所有无效操作】按钮，生成刀路，如图 7-34 所示。

将▼移至刀具群组名为6C1目录下。

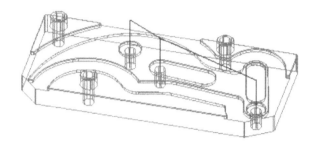

图 7-34　攻螺纹刀路

9.外形铣削粗加工（底面倒角 *C*0.3mm）

1）只打开第 30 图层（倒角 *C*0.3mm）。选择【刀路】/【外形】命令，系统弹出【串连线框】对话框，按如图 7-35 所示 7、8、9、10 的顺序选择 4 条边界，注意箭头的方向需保持所有起始点和刀具补偿方向与图示一致，此时刀具补偿为左补偿，单击【确定】按钮。

2）系统弹出【2D 刀路 - 外形铣削】对话框，打开【刀具】选项卡，创建直径为6mm的倒角刀，设置【进

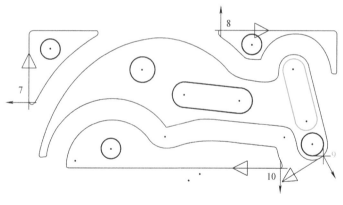

图 7-35　选择加工边界

给速率】为600.0mm/min，【下刀速率】为2000.0mm/min，【主轴转速】为3500.0r/min，勾选【快速提刀】选项。

3）打开【切削参数】选项卡，设置【补正方向】为【左】，【外形铣削方式】为【2D 倒角】，设置【宽度】为 0.3mm，【刀尖补正】为 1.0mm，设置【壁边预留量】和【底面预留量】都为 0.0mm，其他参数按默认设置。

打开【进 / 退刀设置】选项卡，选择【相切】选项，设置【长度】为00%，【圆弧】/【半径】为 0.5mm，单击按钮，即将进、退刀参数设为一致。

4）单击【共同参数】选项，设置【参考高度】为 10.0mm，【下刀位置】为 5.0mm，【工件表面】为 0.0mm，【深度】为 -6.0mm，选择所有【绝对坐标】选项。

单击　按钮，生成刀路，如图 7-36 所示。

10. 外形铣削倒角加工（定位柱与部分内孔倒角 C0.3mm）

1）复制"第 9 步：外形铣削（2D 倒角）"刀路，在刚生成的第 10 步：外形铣削（2D 倒角）刀路的目录下单击【图形】选项。系统弹出【串连管理】对话框，在对话框的空白处单击右键，选择【全部重新串连】选项，系统弹出【串连线框】对话框，分别按如图 7-37 所示 11、12、13、14、15、16 的顺序选择 5 条封闭边界，注意箭头的方向需保持所有起始点和刀具补偿方向与图示一致，使刀具补偿为左补偿，单击【确定】按钮☑️。

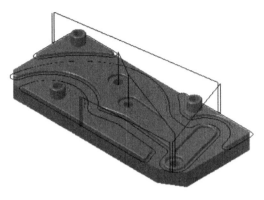

图 7-36　倒角加工刀路

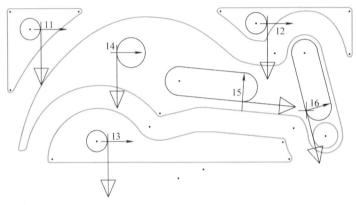

图 7-37　选择加工边界

2）在刚生成的第 10 步：外形铣削（2D 倒角）刀路的目录下单击【参数】选项。系统弹出【2D 刀路 - 外形铣削】对话框，单击【共同参数】选项，设置【参考高度】为 10.0mm，【进给下刀位置】为 5.0mm，【工件表面】为 0.0mm，【深度】为 0.0mm，并勾选【深度】为【增量坐标】选项，如图 7-38 所示。

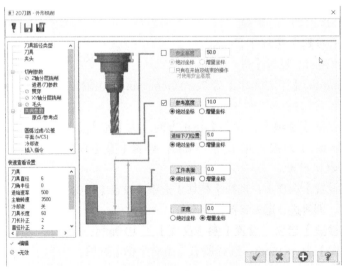

图 7-38　设置加工深度

操作提示：采用 2D 外形铣削刀路，当加工边界所处位置的深度与所加工的深度位置相同时，以【深度】为 0.0mm 和选择【增量坐标】的设置方式将能使生成的刀路所加工的深度与加工边界所处的深度相同，实现同一刀路加工不同深度的效果，从而提高编程效率。

单击【确定】按钮 ，单击【重新生成所有无效操作】按钮，生成刀路，如图 7-39 所示。

三、夹具实体模拟加工

模拟结果如图 7-40 所示。

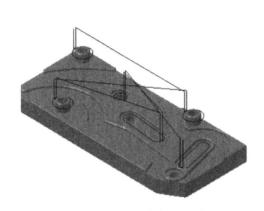

图 7-39　侧边倒角加工刀路

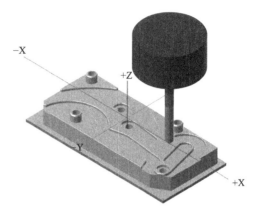

图 7-40　模拟结果

四、拨片外侧定位孔加工准备工作

1. 选择机床

选择【机床】/【铣床】/【默认】命令，将【机床群组 -1】的名称重命名为【拨片外侧定位孔加工】。

2. 模拟设置

调出【机器群组属性】对话框，设置【毛坯设置】X0mm，Y0mm、Z0.2mm，材料大小为 X118mm、Y58mm、Z6mm。

任务七　拨片编程加工——外侧定位孔加工

五、编制刀路

1. 外形铣削粗加工（ϕ7.8mm 孔）

1）选择【刀路】/【外形】命令，系统弹出【串连线框】对话框，以【实体】的形式，选择如图 7-41 所示的 3 个 ϕ7.8mm 的圆，注意箭头方向一致，此时刀具补偿方向为右补偿，单击【确定】按钮。

2）系统弹出【2D 刀路 - 外形铣削】对话框，打开【刀具】选项卡，创建直径为 6mm 的平底刀，设置【进给速率】为 300.0mm/min，【下刀速率】为 200.0mm/min，【主轴转速】为 3000.0r/min，勾选【快速提刀】选项。

3）打开【切削参数】选项卡，设置【补正方向】为【右】，【外形铣削方式】为【斜插】，选择【斜插方式】为【深度】，设置【斜插深度】为 0.5mm，勾选【在最终深度处补平】选项，【壁边预留量】和【底面预留量】为 0.35mm，其他参数按默认设置。

打开【进 / 退刀设置】选项卡，选择【相切】选项，设置【长度】为 0%，【圆弧】/【半径】为 0.5mm，单击按钮，即将进、退刀参数设为一致。

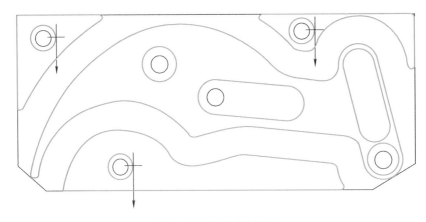

图 7-41　选择实体边界

4）单击【共同参数】选项，设置【参考高度】为 10.0mm，【下刀位置】为 5.0mm，【工件表面】为 0.0mm，【深度】为 -7.0mm，选择所有【绝对坐标】选项。

单击 ✅ 按钮，生成刀路，如图 7-42 所示。

2. 外形铣削精加工（φ8mm 孔）

1）复制"第 11 步：外形铣削（斜插）"刀路，在刚生成的第 12 步：外形铣削（斜插）刀路的目录下单击【参数】选项。

2）系统弹出【2D 刀路 - 外形铣削】对话框，修改【进给速率】为 300mm/min，【主轴转速】为 3500.0r/min，【下刀速率】为 2000mm/min，【提刀速率】为 3000mm/min，勾选【快速提刀】复选框，其他选项都不勾选，其他参数按默认设置。

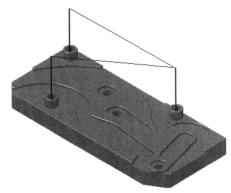

图 7-42　斜插粗加工刀路

3）打开【切削参数】选项卡，修改【外形铣削方式】为【2D】，修改【壁边预留量】和【底面预留量】为 0.0mm，其他参数按默认设置。

单击【确定】按钮 ✅，单击【重新生成所有无效操作】按钮 ↓×，生成刀路，如图 7-43 所示。

操作提示：此处在拨片的外侧加工定位孔的目的是为了方便后续加工的装夹，加工效果如图 7-44 所示，若需要将该孔进行扩大，要通过设置负预留量的形式实现，如设置为 -0.25mm 时则将所加工孔的直径扩大了 0.5mm，以方便安装。

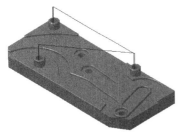

图 7-43　外形铣削精加工刀路

图 7-44　毛坯加工定位孔的效果

接下来将利用这 3 个孔与夹具配合进行螺纹夹紧，夹紧时采用了 M5mm 螺钉，螺钉下需增加一个垫片，此垫片不能太大，否则容易发生干涉。此处选择垫片尺寸为 φ10mm，垫片的厚度可为 1~3mm 即可，装夹效果如图 7-45 所示。由于夹具外形尺寸比较小，可见右上角 ϕ10mm 的垫片已紧挨着避空位，而该避空位将是刀具需走过的位置。建议读者在设计垫片与确定开孔位置时需将夹具和毛坯的尺寸与零件结构综合起来考虑，以获得更加合理的方案。

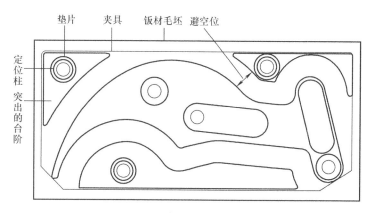

图 7-45 综合考虑设计示意

如图 7-46 所示为装夹时的效果。

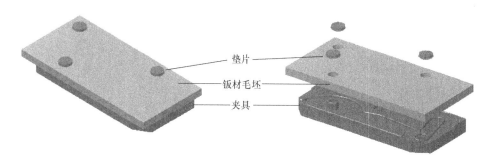

图 7-46 拨片内侧加工夹具示意图

六、拨片加工准备工作

1. 选择机床

选择【机床】/【铣床】/【默认】命令，将【机床群组 -1】的名称重命名为【拨片加工】。

2. 模拟设置

调出【机器群组属性】对话框，设置【毛坯设置】X0mm、Y0mm、Z0mm，材料大小为 X118mm、Y58mm、Z6mm。

任务七 拨片编程加工——拨片加工

七、编制刀路

先加工拨片的内侧，再加工拨片的外侧。

1. 外形铣削粗加工（内侧）

1）打开第 1 图层（拨片轮廓线）和第 2 图层（拨片主体）。选择【刀路】/【外形】命令，系统弹出【串连线框】对话框，选择如图 7-47 所示 A、B、C、D 4 个封闭轮廓，注意箭头方向一致，此时刀具补偿方向为右补偿，单击【确定】按钮 □✔ 。

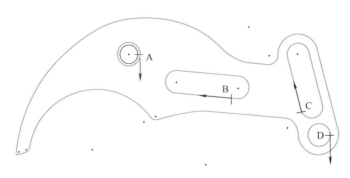

图 7-47　选择加工边界

2）系统弹出【2D 刀路 - 外形铣削】对话框，打开【刀具】选项卡，创建直径为 5mm 的平底刀，设置【进给速率】为 400.0mm/min，【下刀速率】为 200.0mm/min，【主轴转速】为 3500.0r/min，勾选【快速提刀】选项。

3）打开【切削参数】选项卡，设置【补正方向】为【右】，【外形铣削方式】为【斜插】，选择【斜插方式】为【深度】，设置【斜插深度】为 0.5mm，勾选【在最终深度处补平】选项，【壁边预留量】和【底面预留量】为 0.25mm，其他参数按默认设置。

打开【进 / 退刀设置】选项卡，选择【相切】选项，设置【长度】为 0%，【圆弧】/【半径】为 0.5mm，单击按钮 ⇥，即将进、退刀参数设为一致。

4）单击【共同参数】选项，设置【参考高度】为 10.0mm，【下刀位置】为 5.0mm，【工件表面】为 0.0mm，【深度】为 -6.5mm，选择所有【绝对坐标】选项。

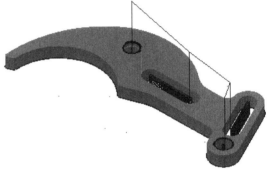

图 7-48　内侧外形铣削粗加工刀路

单击 ✓ 按钮，生成刀路，如图 7-48 所示。

2. 外形铣削精加工（内侧）

1）复制"第 13 步：外形铣削（斜插）"刀路，在刚生成的第 14 步：外形铣削（斜插）刀路的目录下单击【参数】选项。

2）系统弹出【2D 刀路 - 外形铣削】对话框，修改【进给速率】为 400mm/min，【主轴转速】为 3500.0r/min，【下刀速率】为 2000mm/min，【提刀速率】为 3000mm/min，勾选【快速提刀】复选框，其他选项都不勾选，其他参数按默认设置。

3）打开【切削参数】选项卡，修改【外形铣削方式】为【2D】，【壁边预留量】和【底面预留量】为 0.25mm，其他参数按默认设置。

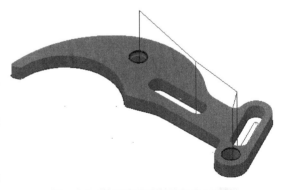

图 7-49　内侧外形铣削精加工刀路

单击【确定】按钮 ✓，单击【重新生成所有无效操作】按钮 ⮌，生成刀路，如图 7-49 所示。

3. 外形铣削粗加工（内侧 φ8mm 孔）

1）复制"第 13 步：外形铣削（斜插）"刀路，在刚生成的第 15 步：外形铣削（斜插）刀路的目录下单击【图形】选项。在弹出的【串连管理】对话框中的空白处单击右键，在弹出菜单中选择【全部重新串连】选项，选择如图 7-50 所示的 φ8mm 的圆，注意箭头方向，此时刀具补偿为右补偿。

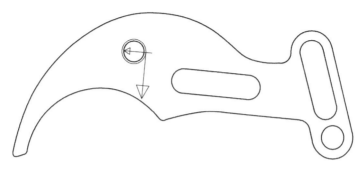

图 7-50 选择 φ8mm 的圆加工边界

2）继续在第 15 步：外形铣削（斜插）刀路的目录下单击【参数】选项。系统弹出【2D 刀路 - 外形铣削】，修改【进给速率】为 400mm/min，【主轴转速】为 3500.0r/min，【下刀速率】为 2000mm/min，【提刀速率】为 3000 mm/min，勾选【快速提刀】复选框，其他选项都不勾选，其他参数按默认设置。

3）打开【切削参数】选项卡，修改【外形铣削方式】为【2D】，【壁边预留量】和【底面预留量】为 0.0mm，其他参数按默认设置。

4）单击【共同参数】选项，设置【参考高度】为 10.0mm，【下刀位置】为 5.0mm，【工件表面】为 0.0mm，【深度】为 -2.0m，选择所有【绝对坐标】选项。

单击【确定】按钮，单击【重新生成所有无效操作】按钮，生成刀路，如图 7-51 所示。

图 7-51 内侧外形铣削精加工刀路

4. 外形铣削精加工（内侧 φ8mm 孔）

1）复制"第 15 步：外形铣削（斜插）"刀路，在刚生成的第 16 步：外形铣削（斜插）刀路的目录下单击【参数】选项。系统弹出【2D 刀路 - 外形铣削】对话框，修改【进给速率】为 400mm/min，【主轴转速】为 3500.0r/min，【下刀速率】为 2000mm/min，【提刀速率】为 3000mm/min，勾选【快速提刀】复选框，其他选项都不勾选，其他参数按默认设置。

2）打开【切削参数】选项卡，修改【外形铣削方式】为【2D】，【壁边预留量】和【底面预留量】为 0.0mm，其他参数按默认设置。

单击【确定】按钮，单击【重新生成所有无效操作】按钮，生成刀路，如图 7-52 所示。

操作提示：此时拨片的内侧加工已完成。加工拨片的外侧时，需要利用夹具另外 3 处 M5mm 螺纹孔进行装夹，垫片的大小分别为 φ16mm 和 φ10.5mm，如图 7-53a 所示，装夹效果如图 7-53b 所示。

图 7-52 内侧外形铣削精加工刀路

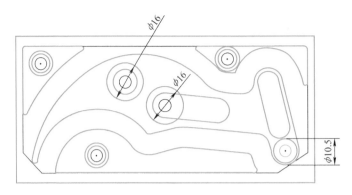

a) 装夹位置

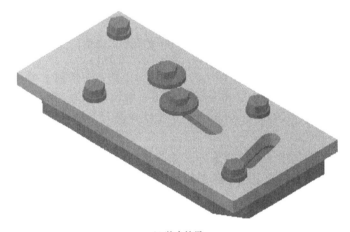

b) 装夹效果

图 7-53　加工拨片外侧的装夹

5. 外形铣削粗加工（外侧）

1）选择【刀路】/【外形】命令，系统弹出【串连线框】对话框，选择如图 7-54 所示拨片的外形轮廓线，注意箭头方向，此时刀具补偿方向为左补偿，单击【确定】按钮 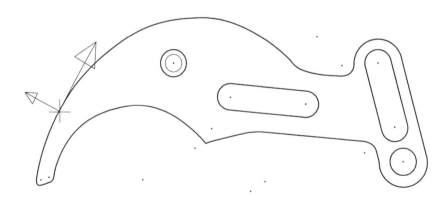。

图 7-54　选择加工边界

2）系统弹出【2D 刀路 - 外形铣削】对话框，打开【刀具】选项卡，选择直径为 5mm 的平底刀，设置【进给速率】为 800.0mm/min，【下刀速率】为 200.0mm/min，【主轴转速】为 3000.0r/min，勾选【快速提刀】选项。

3）打开【切削参数】选项卡，设置【补正方向】为【左】，【外形铣削方式】为【斜插】，选择【斜插方式】为【深度】，设置【斜插深度】为 0.5mm，勾选【在最终深度处补平】选项，【壁边预留量】和【底面预留量】为 0.35mm，其他参数按默认设置。

打开【进 / 退刀设置】选项卡，选择【相切】选项，设置【长度】和【圆弧】都为 50%，单击按钮 ，即将进、退刀参数设为一致。

4）单击【共同参数】选项，设置【参考高度】为 10.0mm，【下刀位置】为 5.0mm，【工件表面】为 0.0mm，【深度】为 −6.5m，选择所有【绝对坐标】选项。

单击 按钮，生成刀路，如图 7-55 所示。

操作提示：显然如图 7-55 所示的进退刀路都不理想，没有很好地按照原定的避空位进行加工，切到夹具了，需要进行调整。

5）在刚生成的第 17 步：外形铣削（斜插）刀路的目录下单击【图形】选项。在弹出的【串连管理】对话框中选中【串连 1】并单击右键，在弹出的快捷菜单中选择【起始点】选项，如图 7-56a 所示。系统弹出【串连线框】对话框，如图 7-56b 所示。单击【动态移动】按钮 ，将鼠标光标移动至如图 7-56c 所示最左边的位置单击，连续两次单击 按钮，即可重新确定新的起始加工位置。

多学一招：通过【串连管理】对话框除了

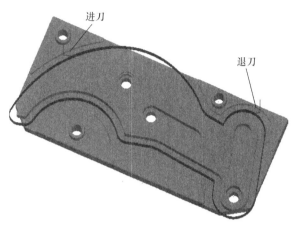

图 7-55 外侧外形铣削粗加工刀路

常用的可以增加串连和全部重新串连选择加工边界外，还可以通过选择【起始点】选项实现对起始点位置的调整，以适应具有特殊进退刀点的加工场景。

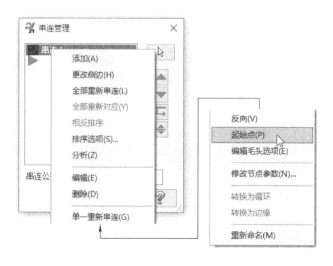

a) 选择【起始点】选项

b) 选择【动态移动】选项

图 7-56 调整新的起始位置

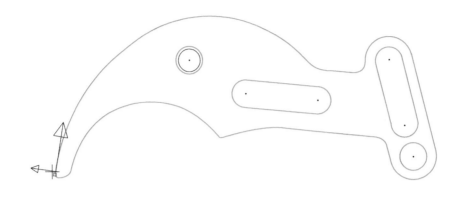

c) 移动确定新的起始位置

图 7-56　调整新的起始位置（续）

6）继续在第 17 步：外形铣削（斜插）刀路的目录下单击【参数】选项。系统弹出【2D 刀路 - 外形铣削】对话框，打开【进 / 退刀设置】选项卡，修改【进刀】选项为【相切】,【长度】为 0.0mm,【圆弧】为 5.0mm,【扫描角度】为 90°。修改【退刀】选项为【相切】,【长度】为 0.0mm,【圆弧】为 1.0mm,【扫描角度】为 30°，如图 7-57 所示。

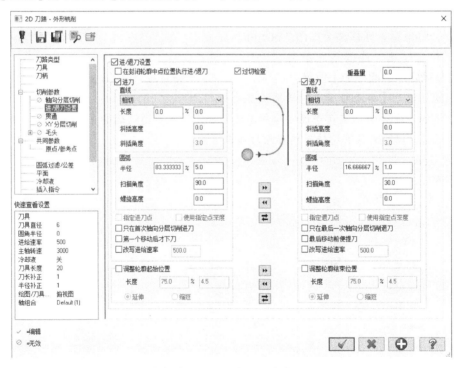

图 7-57　设置进 / 退刀参数

操作提示：此处需要特别注意设置进、退刀的参数以更好地控制刀路在夹具的避空位进、退刀。同时，进、退刀参数大小的调整还需要考虑拨片钣材的毛坯大小，如此处加工毛坯外形尺寸为 126mm×60mm，读者需要结合刀路的加工效果进行调整，使进刀点在毛坯的外侧进行，退刀点控制在避空位，从而避免发生过切，最终的调整效果如图 7-58 所示。

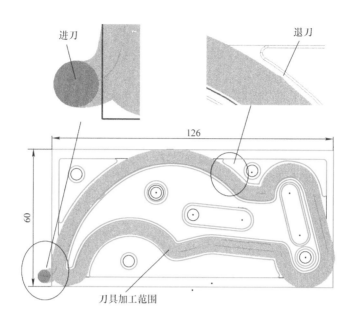

图 7-58 参数调整进退刀的效果

单击【确定】按钮 ✓ ，单击【重新生成所有无效操作】按钮 ，生成刀路，如图 7-59 所示。

6. 外形铣削精加工（外侧）

1）复制"第 17 步：外形铣削（斜插）"刀路，在刚生成的第 18 步：外形铣削（斜插）刀路的目录下单击【参数】选项。系统弹出【2D 刀路 - 外形铣削】对话框，修改【进给速率】为 400mm/min，【主轴转速】为 3500.0r/min，【下刀速率】为 2000mm/min，【提刀速率】为 3000mm/min，勾选【快速提刀】复选框，其他选项都不勾选，其他参数按默认设置。

2）打开【切削参数】选项卡，修改【外形铣削方式】为【2D】，【壁边预留量】和【底面预留量】为 0.0mm，其他参数按默认设置。

单击【确定】按钮 ✓ ，单击【重新生成所有无效操作】按钮 ，生成刀路，如图 7-60 所示。

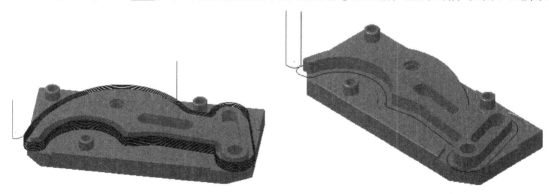

图 7-59 调整后的粗加工刀路   图 7-60 外侧外形铣削精加工刀路

八、拨片实体模拟加工

选择刀路群组名称为【拨片加工】的所有刀路，模拟结果如图 7-61 所示。

任务小结

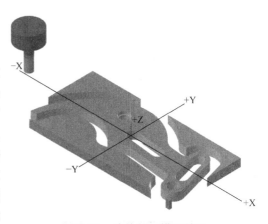

图 7-61　拨片加工模拟效果

　　本任务结合零件图形结构特点和加工要求，设置了辅助夹具，着重介绍了在设计夹具时结合夹具、毛坯、零件各自的结构特点科学地设计夹具和切削的方法。同时，还学习了高速曲面-优化动态粗切刀路粗、精加工和攻螺纹的编程方法，以及调整外形铣削刀路的起始点、退刀点，在 2D 刀路中实现同一刀路加工不同的加工轮廓和加工深度的技巧等。同时，在编程加工的过程中强调需要养成安全防护意识和便于操作的职业意识，使读者具备一定的多工序加工的工艺处理能力。

提高练习

　　打开配套资源包"练习文件 /cha05/5-2.mcam"进行编程加工，零件材料为 45 钢，如图 7-62 所示。

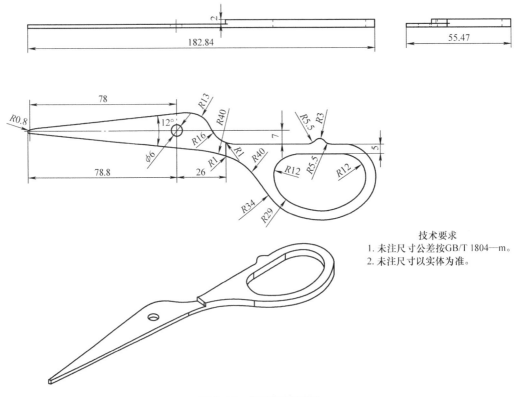

技术要求
1. 未注尺寸公差按GB/T 1804—m。
2. 未注尺寸以实体为准。

图 7-62　提高练习零件

装饰品编程加工

任务目标

> 知识目标

1）掌握曲面精加工放射状和曲面精加工投影的编程加工方法。

2）掌握刀路旋转和镜像的转换方法，实现对相同特征加工刀路的快速复制。

3）掌握在曲面上雕刻文字的编程加工方法。

> 能力目标

1）能对球类曲面特征采用曲面精加工放射状刀路进行精加工。

2）能正确运用 2D 标准挖槽刀路和曲面精加工投影刀路实现对曲面进行文字雕刻。

3）能正确运用刀路旋转和镜像的转换方法进行刀路复制。

> 素质目标

1）能结合零件的结构特点构建辅助曲面，从而改善加工工艺，满足特殊加工要求。

2）能具备将不同刀路进行组合达到另一种加工刀路效果的编程能力。

任务导入

打开配套资源包"源文件 /cha08/ 装饰品 .mcam"进行编程加工，零件材料为铝合金，零件图如图 8-1 所示。

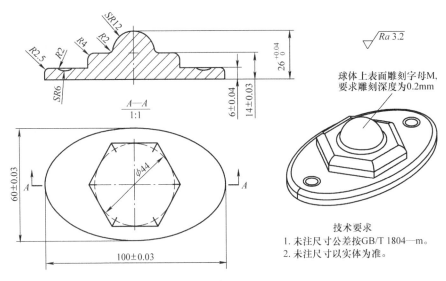

图 8-1　装饰品零件图

任务分析

1. 图形分析

通过 Mastercam 所提供的分析功能可知，该零件外形尺寸为 100mm × 60mm × 26mm，零件由比较规则的二维与三维曲面特征组成，没有复杂的曲面特征。中间为正六边形凸台，凸台上为凸半球曲面，球体半径为 12.0mm，球体表面需要雕刻字母 M，雕刻深度为 0.2mm，底座为椭圆，椭圆两侧均布了 2 个半径为 6.0mm 的凹球体曲面。

2. 工艺分析

该零件图形特征不复杂，加工难度不大。凸半球曲面部分由于球的半径较小，采用放射状精加工可获得好的加工质量。对于字母 M 的曲面刻字，常采用"标准挖槽＋投影精加工"组合刀路来实现。在处理正六边形凸台倒圆角曲面之间的尖角部位时，应正确处理刀路的过渡以保证加工质量，该尖角部位的加工是该零件的加工难点。

3. 刀路规划

步骤 1：使用 ϕ12mm 立铣刀对零件整体采用曲面挖槽粗加工，加工余量为 0.25mm。

步骤 2：使用 ϕ12mm 立铣刀对零件正六边形上表面采用曲面挖槽精加工，加工余量为 0.0mm。

步骤 3：使用 ϕ12mm 立铣刀对零件椭圆上表面采用曲面挖槽精加工，加工余量为 0.0mm。

步骤 4：使用 ϕ12mm 立铣刀对零件椭圆侧边采用外形铣削精加工，加工余量为 0.0mm。

步骤 5：使用 ϕ8mm 球头立铣刀对凸半球曲面及 R2mm 圆角曲面采用放射状精加工，加工余量为 0.0mm。

步骤 6：使用 ϕ8mm 球头立铣刀对椭圆边沿 R2.5mm 圆角曲面采用等高外形精加工，加工余量为 0.0mm。

步骤 7：使用 ϕ8mm 球头立铣刀对正六边形下方 R4mm 圆角曲面采用平行铣削精加工，加工余量为 0.0mm。

步骤 8：旋转复制步骤 7 刀路，加工正六边形其余 R4mm 圆角曲面，加工余量为 0.0mm。

步骤 9：使用 ϕ 4mm 球头立铣刀对左侧凹球曲面与倒圆角曲面采用放射状精加工，加工余量为 0.0mm。

步骤 10：镜像复制步骤 9 刀路，加工右侧凹球曲面与倒圆角曲面，加工余量为 0.0mm。

步骤 11：使用 ϕ 4mm 球头立铣刀对凸半球倒圆角 R 2mm 曲面采用外形铣削精加工，加工余量为 0.0mm。

步骤 12：使用 ϕ 0.05mm 雕刻刀对字母 M 采用标准挖槽加工，加工余量为 0.2mm。

步骤 13：使用 ϕ 0.05mm 雕刻刀对凸半球曲面雕刻字母 M 采用投影精加工，加工余量为 0.0mm。

任务实施

一、准备工作

1. 机床选择

选择【机床】/【铣床】/【默认】命令。

2. 模拟设置

任务八　装饰品编程加工

调出【机器群组属性】对话框，设置【毛坯设置】X0mm、Y0mm、Z0.2mm，材料大小为 X110mm、Y80mm、Z30mm。

3. 新建刀路群组

分别建立名称为 12R0、8R4、4R2 和 0.05R0 的刀路群组。将▶移到群组名为 12R0 的目录下。

二、刀路编制

1. 曲面挖槽粗加工

1）选择【刀路】/【3D】/【挖槽】命令，窗选所有曲面，单击【结束选择】按钮。系统弹出【刀路曲面选择】对话框，如图 8-2 所示。在【切削范围】选项卡处单击【选择】按钮，系统弹出【线框串连】对话框，在绘图区选取最大矩形边界，如图 8-3 所示。单击【线框串连】对话框中的【确定】按钮，系统弹出【刀路曲面选择】对话框，单击该对话框的【确定】按钮。

图 8-2　【刀路曲面选择】对话框

图 8-3　选择加工边界

2）系统弹出【曲面粗切挖槽】对话框，创建直径为 12mm 的立铣刀，设置【进给速率】为 1200mm/min，【主轴转速】为 2000r/min，【下刀速率】为 600mm/min，【提刀速率】为 2500mm/min，勾选【快速提刀】复选项。

3）打开【曲面参数】选项卡，勾选【参考高度】复选项并设置为 10.0mm，【下刀位置】为 5.0mm，选择所有【绝对坐标】选项，设置【加工面预留量】为 0.25mm，如图 8-4 所示。

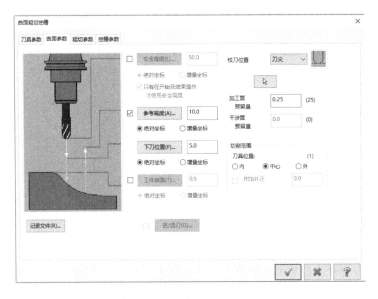

图 8-4　曲面加工参数设置

4）打开【粗切参数】选项卡，设置【整体公差】为 0.01mm，设置【Z 最大步进量】为 0.5mm，勾选【由切削范围外下刀】复选项，如图 8-5 所示。

单击【切削深度】按钮，系统弹出【切削深度设置】对话框，选择【绝对坐标】选项，设置【最高位置】为 0.0mm，【最低位置】为 −26.0mm，如图 8-6 所示，单击【确定】按钮 ✔ 。

图 8-5　粗加工参数

图 8-6　切削深度设置

单击【间隙设置】按钮，系统弹出【刀路间隙设置】对话框，勾选【切削排序最佳化】复选项，其他参数按默认设置，如图 8-7 所示，单击【确定】按钮 ✔ 。

5）打开【挖槽参数】选项卡，选择切削方式为【等距环切】，设置【切削间距（直径 %）】为 75%。勾选【精修】选项，设置【次】为 1，【间距】为 0.25mm，其余参数默认，如图 8-8 所示。

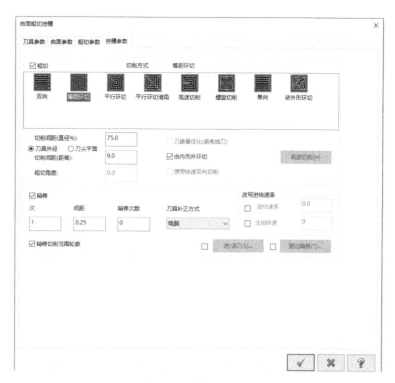

图 8-7　优化刀路

图 8-8　挖槽参数设置

单击【曲面粗切挖槽】对话框中的【确定】按钮 ✓ ，生成刀路，如图 8-9 所示。

2. 曲面挖槽精加工（正六方形上表面）

关闭第 5 图层（毛坯边界），打开第 4 图层（六边形）。

1）选择【刀路】/【3D】/【挖槽】命令，选取所有曲面，单击【结束选择】按钮 结束选择 。系统弹出【刀路曲面选择】对话框，在【切削范围】选项卡处单击 [选择] 按钮 ▶ ，系统弹出【线框串连】对话框，选取六边形边界，如图 8-10 所示。单击【线框串连】对话框中的【确定】按钮 ✓ ，系统弹出【刀路曲面选择】对话框，单击该对话框的【确定】按钮 ✓ 。

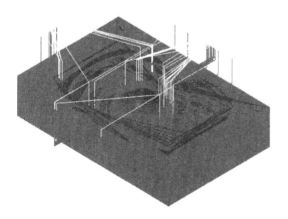

图 8-9　曲面挖槽粗加工刀路

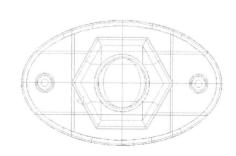

图 8-10　选择加工边界

2）系统弹出【曲面粗切挖槽】对话框，选择直径为 12mm 的立铣刀，设置【进给速率】为 400mm/min，【主轴转速】为 2500r/min，【下刀速率】为 200mm/min，【提刀速率】为 2500mm/min，勾选【快速提刀】复选项，其他选项都不勾选。

3）打开【曲面参数】选项卡，勾选【参考高度】复选项并设置为 10.0mm，【下刀位置】为 5.0mm，选择所有【绝对坐标】选项，设置【加工面预留量】为 0.0mm。

4）打开【粗切参数】选项卡，设置【整体公差】为 0.01mm，设置【Z 最大步进量】为 0.5mm，勾选【由切削范围外下刀】复选项，如图 8-11 所示。

单击【切削深度】按钮，系统弹出【切削深度设置】对话框，选择【绝对坐标】选项，设置【最高位置】为 −12.0mm，【最低位置】为 −12.0mm，单击【确定】按钮 ✓ 。

图 8-11　粗加工参数设置

5）打开【挖槽参数】选项卡，只勾选【粗切】选项，选择【切削方式】为【等距环切】，设置【切削间距（直径%）】为 50，如图 8-12 所示。

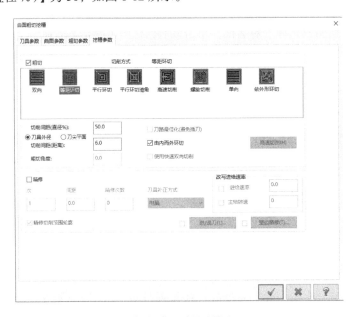

图 8-12　挖槽参数

单击【曲面粗切挖槽】对话框中的【确定】按钮 ✓，生成刀路，如图 8-13 所示。

操作提示：为了体验采用曲面挖槽粗加工刀路切换为精加工刀路的方法，使用直径为 12mm 的立铣刀直接采用曲面挖槽刀路进行精加工，只选择了【粗切】选项，当只需要加工零件的边界时，可只选择【精修】选项。如图 8-14a 所示为只选择了【粗切】选项的刀路效果，如图 8-14b 所示为只选择了【精修】选项的刀路效果，说明只选择【精修】选项时，生成的刀路只沿着边界进行加工，并不加工其他区域，可用于边界区域的加工。读者还可以采用外形铣削刀路进行加工，效率更高。

图 8-13　曲面挖槽精加工刀路

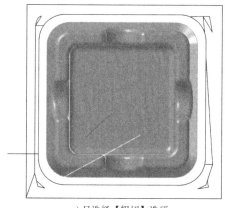

a) 只选择【粗切】选项

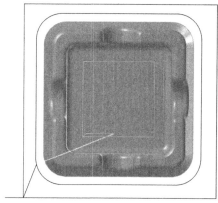

b) 只选择【精修】选项

图 8-14　刀路效果对比

3. 曲面挖槽精加工（椭圆上表面）

关闭第 4 图层（六边形），打开第 9 图层（椭圆）。

1）选择【刀路】/【3D】/【挖槽】命令，窗选所有曲面，单击【结束选择】按钮 。系统弹出【刀路曲面选择】对话框，在【切削范围】选项卡处单击【选择】按钮 ，系统弹出【线框串连】对话框，选取椭圆，如图 8-15 所示。单击【线框串连】对话框中的【确定】按钮 ✓，系统弹出【刀路曲面选择】对话框，单击该对话框的【确定】按钮 ✓。

图 8-15　选择加工边界

2）系统弹出【曲面粗切挖槽】对话框，选择直径为 12mm 的立铣刀，设置【进给速率】为 400mm/min，主轴【转速】为 2500r/min，【下刀速率】为 200mm/min，【提刀速率】为 2500mm/min，勾选【快速提刀】复选项，其他选项都不勾选。

3）打开【曲面参数】选项卡，勾选【参考高度】复选项并设置为 10.0mm，【下刀位置】为 5.0mm，选择所有【绝对坐标】选项，设置【加工面预留量】为 0.0mm。

4）打开【粗切参数】选项卡，设置【整体公差】为 0.01mm，设置【Z 最大步进量】为 0.5mm，勾选【由切削范围外下刀】复选项，如图 8-16 所示。

图 8-16　粗加工参数设置

单击【切削深度】按钮，系统弹出【切削深度设置】对话框，选择【绝对坐标】选项，设置【最高位置】为 -20.0mm，【最低位置】为 -20.0mm，如图 8-17 所示，单击【确定】按钮 ✓ 。

单击【间隙设置】按钮，系统弹出【刀路间隙设置】对话框，勾选【切削排序最佳化】复选项，其他参数按默认设置，单击【确定】按钮 ✓ 。

5）打开【挖槽参数】选项卡，选择切削方式为【等距环切】，设置【切削间距（直径 %）】为 50%。勾选【精修】选项，设置【次】为 1，【间距】为 0.1mm，其余参数默认，如图 8-18 所示。

图 8-17　切削深度设置

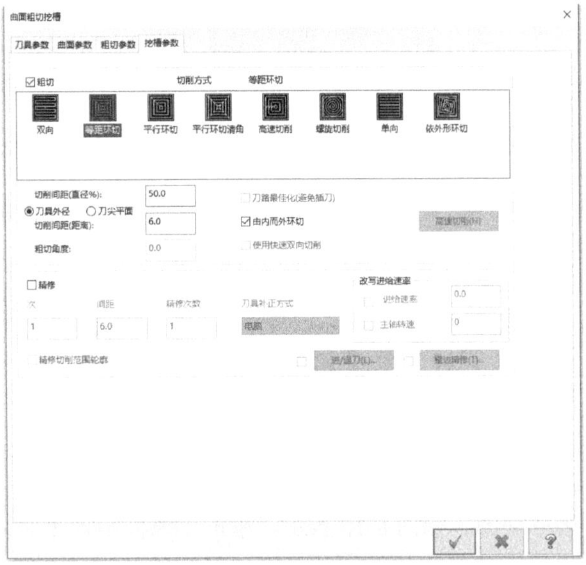

图 8-18　挖槽参数设置

单击【曲面粗切挖槽】对话框中的【确定】按钮 ✓ ，生成刀路，如图 8-19 所示。

4. 外形铣削精加工（椭圆侧边）

1）选择【刀路】/【外形】命令，系统弹出【线框串连】对话框，单击【俯视图】单选按钮，如图 8-20 所示在椭圆的右侧选择椭圆，根据箭头指向判断此时刀具补偿为左补偿，单击【确定】按钮 ✓ 。

2）系统弹出【2D 刀路 - 外形铣削】对话框，打开【刀具】选项卡，选择直径为 12mm 的立铣刀，设置【进给速率】为 400.0mm/min，【下刀速率】为 100.0mm/min，【主轴转速】为 2500.0r/min，勾选【快速提刀】选项。

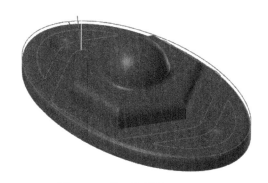

图 8-19 曲面挖槽精加工刀路

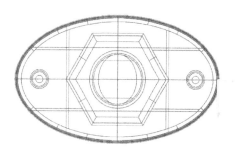

图 8-20 选择加工边界

3）打开【切削参数】选项卡，设置【补正方式】为【电脑】，【补正方向】为【左】，【外形铣削方式】为【2D】，【壁边预留量】和【底面预留量】为 0.0mm，其他参数按默认设置，如图 8-21所示。

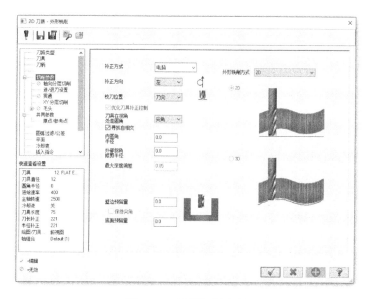

图 8-21 设置切削参数

4）打开【进 / 退刀设置】选项卡，选择【相切】选项，设置【长度】为 0%，【圆弧】/【半径】为 30%，【扫描（角度）】为 90.0°，单击按钮 ，即将进、退刀参数设为一致。

5）打开【XY 分层切削】选项卡，勾选【XY 分层切削】选项，设置【粗切】/【次】为 2，【间距】为5.0mm，【精修】/【次】为 0，勾选【不提刀】选项，其他参数按默认设置。

6）单击【共同参数】选项，设置【参考高度】为 10.0mm，【下刀位置】为 5.0mm，【工件表面】为0.2mm，【深度】为 –26.0mm，选择所有【绝对坐标】选项。

单击 按钮，生成刀路如图 8-22 所示。

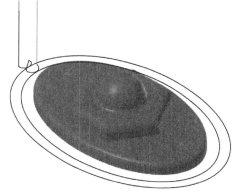

图 8-22 外形铣削精加工刀路

单击插入箭头按钮 ▼ 下移至加工群组名为 8R4 的目录下。

5. 放射状精加工（凸半球曲面与 R2mm 圆角曲面）

图 8-23　选择【精加工放射状】命令

1）在【刀路】管理器中单击右键，在弹出的快捷菜单中选择【铣床刀路】/【曲面精修】/【放射】命令，如图 8-23 所示。

选择中间凸半球与 R2mm 圆角曲面，如图 8-24 所示，单击【结束选择】按钮 ⊘结束选择。

系统弹出【刀路曲面选择】对话框，在【干涉面】选项卡中单击【选择】按钮 ▯，选择与刚才所选加工曲面相连接的正六边形曲面，如图 8-25 所示，单击【结束选择】按钮 ⊘结束选择。系统返回【刀路曲面选择】对话框，单击【确定】按钮 ✓。

图 8-24　选择加工面　　　　　　　　图 8-25　选择干涉面

2）系统弹出【曲面精修放射】对话框，创建刀具直径为 8mm 的球头立铣刀。设置【进给速率】为 300mm/min，【主轴转速】为 3000r/min，【下刀速率】为 300mm/min，【快速提刀】速度为 2500mm/min。勾选【快速提刀】复选项，其他选项都不勾选。

3）打开【曲面参数】选项卡，勾选【参考高度】并设置为 10.0mm，【下刀位置】为 5.0mm，【加工面预留量】为 0.0mm，【干涉面预留量】为 0.1mm，如图 8-26 所示。

4）打开【放射精修参数】选项卡，设置【整体公差】为 0.01mm，【最大角度增量】为 0.5°，【起始补正距离】为 0.1mm，【切削方向】为【双向】，【起始角度】为 -1°，【扫描角度】为 360°。【起始点】选项选为【由内而外】，如图 8-27 所示。

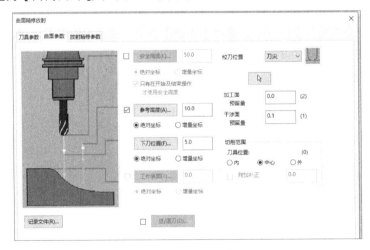

图 8-26　曲面加工参数设置

图 8-27　放射状精加工参数设置

单击【高级设置】按钮，系统弹出【高级设置】对话框，在【刀具在曲面（实体面）边缘走圆角】选项中勾选【在所有边缘】，如图 8-28 所示，单击【确定】按钮 ✓。

单击【曲面精修放射】对话框中的【确定】按钮 ✓，系统提示【选择放射中心，选择系统原点坐标】，生成刀路，如图 8-29 所示。

图 8-28　高级设置

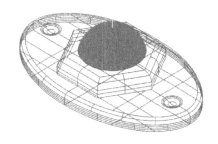

图 8-29　曲面放射状精加工刀路

6. 等高外形精加工（R2.5mm 圆角曲面）

1）在【刀路】管理器中单击右键，在弹出的快捷菜单中选择【铣床刀路】/【曲面精修】/【等高】命令，选择椭圆曲面倒圆角 R2.5mm 部分，如图 8-30 所示，单击【应用】按钮 ⬛。

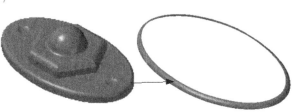

图 8-30　选择加工面

系统弹出【刀路曲面选择】对话框，在【干涉面】选项卡中单击【选择】按钮 ⬚，选择与刚才所选倒圆角椭圆曲面相连接曲面，如图 8-31 所示，单击【结束选择】按钮 ⬚结束选择。系统返回【刀路曲面选择】对话框，单击【确定】按钮 ✓。

2）系统弹出【曲面精修等高】对话框，选择刀具直径为 8mm 的球头立铣刀，设置【进给速率】为 800mm/min，

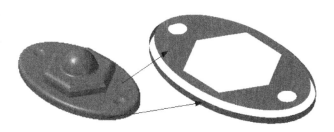

图 8-31　选择干涉面

【主轴转速】为3000r/min，【下刀速率】为200mm/min，【提刀速率】为2500mm/min。勾选【快速提刀】复选项，其他选项都不勾选。

3）打开【曲面参数】选项卡，勾选【参考高度】并设置为10.0mm，【下刀位置】为5.0mm。选择所有【绝对坐标】选项，设置【加工面预留量】为0.0mm，【干涉面预留量】为0.1mm。

4）打开【等高精修参数】选项卡，设置【整体公差】为0.01mm，【Z 最大步进量】为0.1mm，勾选【切削排序最佳化】和【浅平面加工】复选项，其他参数按默认设置，如图8-32所示。

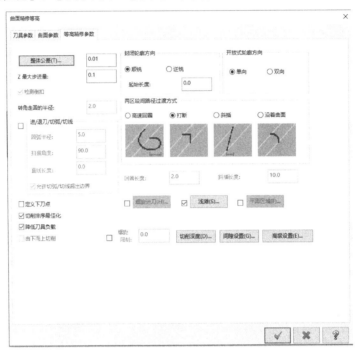

图 8-32　等高精加工参数设置

单击【浅滩】按钮，系统弹出【浅滩加工】对话框，单击【添加浅滩区域刀路】选项，设置【分层切削最小切削深度】为0.05mm，【角度限制】为45°，如图8-33所示。

单击【高级设置】按钮，系统弹出【高级设置】对话框，在【刀具在曲面（实体面）边缘走圆角】选项中勾选【在所有边缘】选项，单击【确定】按钮 ✓。

单击【曲面精修等高】对话框中的【确定】按钮 ✓，生成刀路，如图8-34所示。

图 8-33　浅平面加工设置

图 8-34　曲面等高外形精加工刀路

7. 平行铣削精加工

1）构建辅助曲面。调出【层别管理】
对话框，只打开第 3 图层（零件实体），
新建第 8 图层（曲面 - 平行），并设置第 8
图层为当前层。

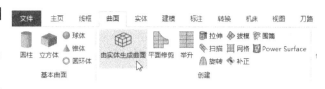

选择 /【曲面】/【由实体生成曲面】
命令，如图 8-35 所示。

图 8-35　选择【由实体生成曲面】命令

选择如图 8-36b 所指实体面，单击【结束选择】按钮 。系统弹出【由实体生成曲面】
对话框，如图 8-36a 所示，默认相关参数，单击【确定】按钮，曲面生成结果如图 8-36b
所示。

a)【由实体生成曲面】对话框

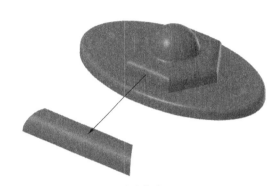

b) 生成曲面

图 8-36　复制实体曲面

打开【层别管理】对话框，关闭第 3 图层（零件实体）。

2）选择【线框】/【连续线】命令，通过右键菜单选择【俯
视图】按钮 ，以调整视图，画一条经过原点且长度能覆盖曲
面的垂直线，如图 8-37 所示。

选择【曲面】/【修剪到曲线】命令，如图 8-38 所示。

系统弹出【修剪到曲线】对话框，按照默认选项，如图
8-39 所示。

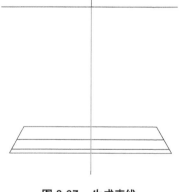

选择刚生成的曲面，单击【结束选择】按钮 ，
系统弹出【线框串连】对话框。选取刚生成的直线，单击【确
定】按钮 。系统提示【通过选择要修剪的曲面指示要保留的
区域】，选择刚生成的曲面。系统提示【将箭头滑动到修剪后要
保留的位置】，移动箭头到直线的左侧位置，如图 8-40 所示。

图 8-37　生成直线

图 8-38　选择【修整到曲线】命令

在【修剪到曲线】对话框单击【确定】按钮，最终结果如图 8-41 所示。

选择【线框】/【单一边界线】命令，系统弹出【修剪到曲线】对话框，按照默认选项，如图 8-42a 所示。选取刚修剪的曲面，移动箭头至如图 8-42b 所示位置，单击【确定】按钮 ，最终生成一圆弧曲线，如图 8-42b 所示。

3）设置绘图平面调整为【右视图】，选择【曲面】/【拉伸】命令，如图 8-43 所示。

系统同时弹出【修剪到曲线】对话框和【线框串连】对话框，选择刚生成的曲线并确定，在如图 8-44a 所示的【拉伸曲面】对话框中设置【高度】为 15.0mm，单击【双向】选项，单击【确定】按钮，生成曲面结果，如图 8-44b 所示。

图 8-39 【修剪到曲线】对话框

| 图 8-40 选择保留区域 | 图 8-41 修剪结果 |

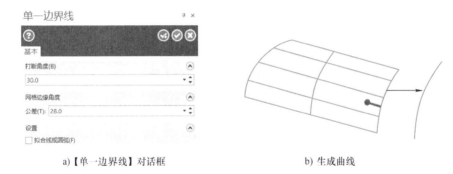

a)【单一边界线】对话框 b) 生成曲线

图 8-42 构建辅助曲线

图 8-43 选择【拉伸】命令

操作提示：如此构建辅助曲面，从工艺角度考虑是为了使生成的刀路能覆盖原来的曲面，从而使所生成的刀路从外侧进刀，有效地保证零件该部分的尖角效果，读者应认真领会构建该曲面的意义。

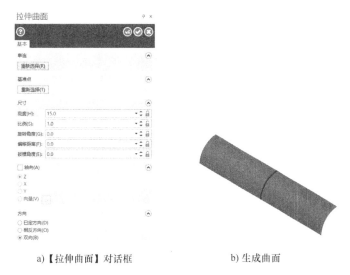

a)【拉伸曲面】对话框　　　　　　　b) 生成曲面

图 8-44　构建辅助曲面

4）设置绘图平面为【俯视图】。

多学一招：创建刀路时，当绘图平面不为【俯视图】将导致生成的刀路可能有误，如在另一个绘图平面生成错误刀路。解决方法有两种：①创建刀路前将绘图平面改为【俯视图】；②在【刀路参数】选项卡中单击【刀具面 / 绘图面】按钮，在【刀具面 / 绘图面设置】对话框中将【工作坐标系统（WCS）】【刀具平面】和【绘图平面】都设为【俯视图】，如图 8-45 所示。

在【刀路】管理器中单击右键，在弹出的快捷菜单中选择【铣床刀路】/【曲面精修】/【平行】命令，选择刚生成的曲面，单击【结束选择】按钮 结束选择 。系统弹出【刀路曲面选择】对话框，单击【确定】按钮 。

系统弹出【曲面精修平行】对话框，选择刀具直径为8mm的球头立铣刀。设置【进给速率】为800mm/min，【主轴转速】为3000r/min，【下刀速率】为300mm/min，【提刀速率】为2500mm/min，勾选【快速提刀】复选框。

单击【刀具面 / 绘图面】按钮，系统弹出【刀具面 / 绘图面设置】对话框，将【工作坐标系统（WCS）】【刀具平面】和【绘图平面】都设置为【俯视图】，如图 8-45 所示。

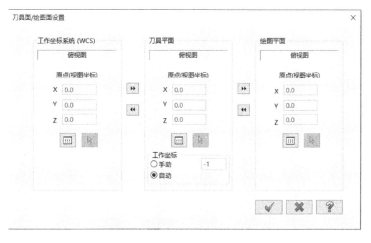

图 8-45　统一刀具面、构图面和绘图平面

　　打开【曲面参数】选项卡，勾选【参考高度】并设置为 10.0mm，【下刀位置】为 5.0mm。选择所有【绝对坐标】选项，【加工面预留量】和【干涉面预留量】都为 0.0mm。

　　打开【平行精修铣削参数】选项卡，设置【整体公差】为 0.01mm，【最大切削间距】为 0.15mm。【切削方向】为【双向】，【加工角度】为 0°。勾选【限定深度】复选项，如图 8-46 所示。

图 8-46　平行精修铣削参数设置

　　单击【限定深度】按钮，系统弹出【限定深度】对话框，设置【相对于刀具】为【刀尖】，【最高位置】为 −10.0mm，【最低位置】为 −19.1mm，如图 8-47 所示，单击【确定】按钮 ✓ 。

　　操作提示：这里设置【最低位置】以保证刀具不会加工到椭圆上表面为宜，从而防止过切，也可以通过设置干涉面限制刀路达到相同的效果。

　　单击【高级设置】按钮，系统弹出【高级设置】对话框，在【刀具在曲面（实体面）边缘走圆角】选项中勾选【自动（以图形为基础）】，如图 8-48 所示，单击【确定】按钮 ✓ 。

　　操作提示：由于这里没有选择干涉曲面，所以不能选择【在所有边缘】选项，不然将产生过切，读者可对这两个选项自行操作对比产生的效果。

　　单击【曲面精修平行】对话框中的【确定】按钮 ✓ ，生成刀路，如图 8-49 所示。

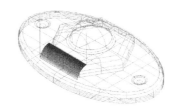

图 8-47　限定深度设置　　　**图 8-48　高级设置**　　　**图 8-49　曲面平行铣削精加工刀路**

8. 旋转复制刀路

1）选择【刀路】/【刀路转换】命令，如图 8-50 所示。

图 8-50　选择【刀路转换】命令

2）系统弹出【转换操作参数设置】对话框，在【刀路转换类型与方式】选项卡中设置【类型】为【旋转】,【方式】为【坐标】。在【原始操作】栏目下选择"第 7 步：曲面精修平行"刀路，如图 8-51 所示。

图 8-51 转换参数设置

3）打开【旋转】选项卡，设置【旋转的基准点】为【原点】，设置【次】为 5.0，【起始角度】为 60°，【旋转角度】为 60°，其他参数的设置如图 8-52 所示。

图 8-52 旋转设置

单击【转换操作参数设置】对话框中的【确定】按钮 ，生成刀路，如图 8-53 所示。

单击插入箭头按钮 下移至加工群组名为 4R2 的目录下。

9. 放射状精加工

调出【层别管理】对话框，关闭第 8 图层（曲面 - 平行），打开第 6 图层（小圆）。

1）在【刀路】管理器中单击右键，在弹出的快捷菜单中选择

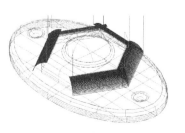

图 8-53 旋转复制后的刀路

【铣床刀路】/【曲面精修】/【放射】命令，选择图形左侧凹球曲面与倒圆角曲面部分，如图 8-54 所示，单击【结束选择】按钮 。

系统弹出【刀路曲面选择】对话框，在【干涉面】选项卡中单击【选择】按钮 ，选择与刚才所选曲面相连接的曲面，如图 8-55 所示，单击【结束选择】按钮 。

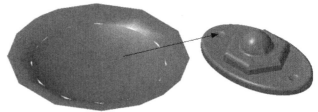

图 8-54　选择加工面

系统返回【刀路曲面选择】对话框，在【选择放射中心点】选项卡中单击【选择】按钮 ，系统提示【选择放射中心】，如图 8-56a 所示。在【选择】工具栏的【光标】按钮下单击 按钮，在弹出的菜单中选择【圆心】选项，如图 8-56b 所示，选择如图 8-56c 所示的圆作为放射中心点。系统返回【刀路曲面选择】对话框，单击【确定】按钮 。

图 8-55　选择干涉面

多学一招：通过在【选择】工具栏有针对性地设定选择对象，有助于过滤其他对象，从而提高选择的准确性与效率。

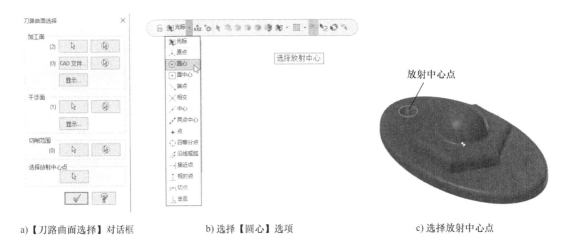

a)【刀路曲面选择】对话框　　　　b) 选择【圆心】选项　　　　c) 选择放射中心点

图 8-56　选择放射中心点

2）系统弹出【曲面精修放射】对话框，创建直径为 4mm 的球头立铣刀。设置【进给速率】为 200mm/min，【主轴转速】为 4000r/min，【下刀速率】为 100mm/min，【提刀速率】为 2500mm/min。勾选【快速提刀】复选项，其他选项都不勾选。

3）打开【曲面参数】选项卡，勾选【参考高度】并设置为 10.0mm，【下刀位置】为 5.0mm，【加工面预留量】为 0.0mm，【干涉面预留量】为 0.1mm。

4）打开【放射精修参数】选项卡，设置【整体公差】为 0.01mm，【最大角度增量】为 1°，【起始补正距离】为 0.1mm，【切削方向】为【双向】，【起始角度】为 -1°，【扫描角度】为 360°。选择【起始点】选项为【由内而外】，如图 8-57 所示。

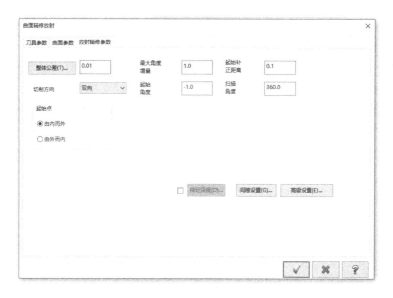

图 8-57　放射状精加工参数设置

单击【曲面精修放射】对话框中的【确定】按钮 ✓，生成刀路，如图 8-58 所示。

10. 镜像放射状精加工刀路

1）选择【刀路】/【刀路转换】命令，系统弹出【转换操作参数设置】对话框，在【刀路转换类型与方式】选项卡中设置【类型】为【镜像】，【方式】为【坐标】。在【原始操作】栏目下选择"第 9 步：曲面精修放射"刀路，如图 8-59 所示。

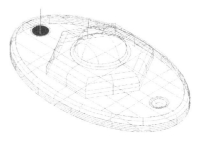

图 8-58　曲面放射状精加工刀路

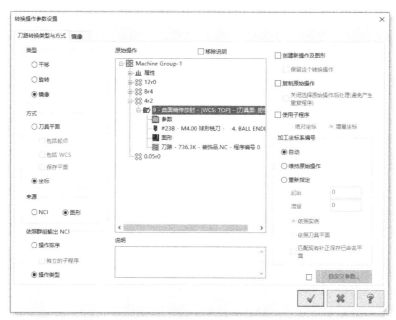

图 8-59　选择镜像方式

2）打开【镜像】选项卡，在【镜像方式】选项中选择【Y- 轴】复选项，如图 8-60 所示。

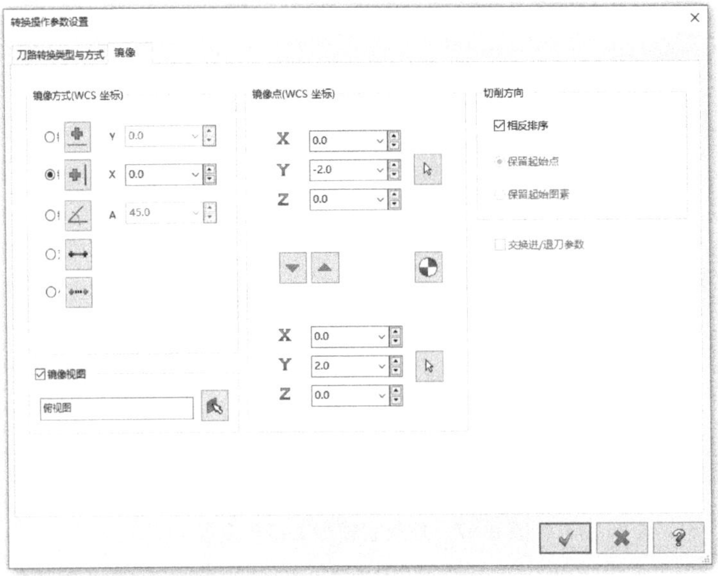

图 8-60 镜像轴设置

单击【转换操作参数设置】对话框中的【确定】按钮 ✓，生成刀路如图 8-61 所示。

11. 外形铣削精加工

调出【层别管理】对话框，打开第 7 图层（大圆），调出加工轮廓线。

1）选择【刀路】/【外形】命令，系统弹出【线框串连】对话框，将视图调整为【俯视图】，选取最大凸半球倒圆角处的圆弧，如图 8-62 所示，单击【确定】按钮 ✓。根据箭头指向判断此时刀具补偿为左补偿，单击【确定】按钮 ✓。

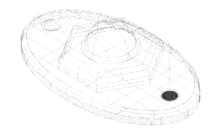

图 8-61 镜像后的刀路

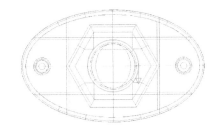

图 8-62 选择加工边界

2）系统弹出【2D 刀路 - 外形铣削】对话框，打开【刀具】选项卡，选择直径为 4mm 的球头立铣刀，设置【进给速率】为 200.0mm/min，【下刀速率】为 100.0mm/min，【主轴转速】为 4000.0r/min，勾选【快速提刀】选项。

3）打开【切削参数】选项卡，设置【补正方式】为【关】，【补正方向】为【左】，【外形铣削方式】为【2D】，【壁边预留量】和【底面预留量】为 0.0mm，其他参数按默认设置，如图 8-63 所示。

打开【进 / 退刀设置】选项卡，选择【相切】选项，设置【长度】为 0%，【圆弧】/【半径】为 30%，【扫描（角度）】为 90.0°，单击按钮 ▶▶，即将进、退刀参数设为一致。

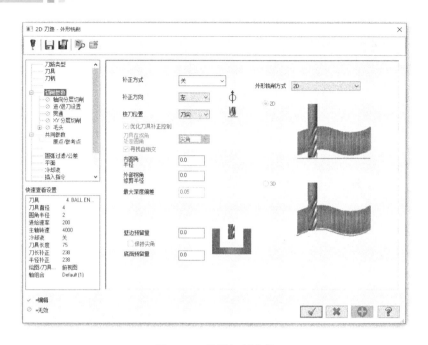

图 8-63　设置切削参数

4）单击【共同参数】选项，设置【参考高度】为 10.0mm，【下刀位置】为 5.0mm，【工件表面】为 0.2mm，【深度】为 −12.0mm，选择所有【绝对坐标】选项。

单击 ✓ 按钮，生成刀路，如图 8-64 所示。

单击插入箭头按钮 ▼ 下移至加工群组名为 0.05R0 的目录下。

12. 标准挖槽精加工

通过图层管理器，打开第 2 图层（M 字母）。

1）选择【刀路】/【挖槽】命令，系统弹出【线框串连】对话框，选取刚调出来的字母 M 封闭轮廓，如图 8-65 所示，单击【确定】按钮 ✓ 。

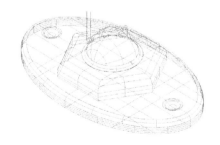

图 8-64　外形铣削精加工刀路

图 8-65　选择加工边界

2）系统弹出【2D 刀路 -2D 挖槽】对话框，打开【刀具】选项卡，创建直径为 0.05mm 的雕刻刀，设置【进给速率】为 100mm/min，【主轴转速】为 3500r/min，【下刀速率】为 50mm/min。勾选【快速提刀】复选项。

3）打开【切削参数】选项卡，在【类型】选项的下拉列表中选择【标准】选项，设置【壁边预留量】与【底面预留量】为 0.0mm，其他参数按默认设置。

4）打开【粗切】选项卡，勾选【粗切】选项，选择【切削方向】为【双向】，设置【切削间距（直径%）】为 50.0，其他参数按默认设置，如图 8-66 所示。

5）单击【共同参数】选项，勾选【参考高度】并设置为 10.0mm，【下刀位置】为 5.0mm，【工件表面】为 0.0mm，【深度】为 −0.2mm，单击所有【绝对坐标】选项。

单击按钮 ✓ ，生成刀路，如图 8-67 所示。

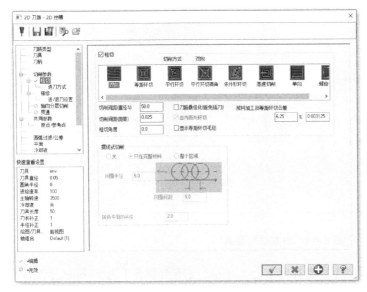

图 8-66　设置粗加工参数

图 8-67　挖槽加工刀路

13. 投影精加工

1）在【刀路】管理器中单击右键，在弹出的快捷菜单中选择【铣床刀路】/【曲面精修】/【投影】命令，选择凸半球曲面部分，如图 8-68 所示，单击【结束选择】按钮 。在系统弹出【刀路曲面选择】对话框单击【确定】按钮 ✓ 。

2）系统弹出【曲面精修投影】对话框，选择刀具直径为 0.05mm 的雕刻刀。设置【进

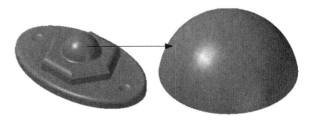

图 8-68　选择加工面

给速率】为 50mm/min，【主轴转速】为 4000r/min，【下刀速率】为 30mm/min，【提刀速率】为 500mm/min。勾选【快速提刀】复选项，其他选项都不勾选。

3）打开【曲面参数】选项卡，勾选【参考高度】并设置为 10.0mm，【下刀位置】为 5.0mm。勾选所有【绝对坐标】复选项，设置【加工面预留量】和【干涉面预留量】为 0.0mm。

4）打开【投影精修参数】选项卡，设置【整体公差】为 0.01mm，【投影方式】为【NCI】，勾选【添加深度】复选项，在【原始操作】目录下选择"第 12 步：2D 挖槽（标准）"刀路，如图 8-69 所示。

在【曲面精修投影】对话框中单击【确定】按钮 ✓ ，生成刀路，如图 8-70 所示。

在【刀具】管理器选项卡中只选择第 12 步的加工刀路，单击【切换锁定选择的操作】按钮 ，结果如图 8-71 所示。

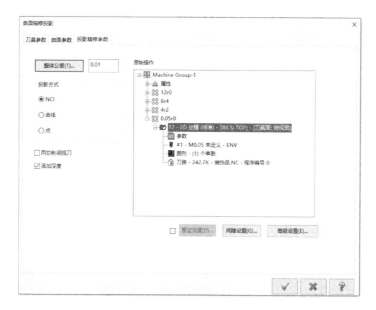

图 8-69　投影精加工参数设置

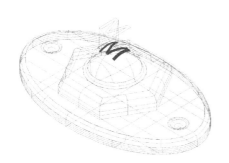

图 8-70　曲面投影精加工刀路

图 8-71　刀路锁住

三、实体模拟加工

模拟结果如图 8-72 所示。

任务小结

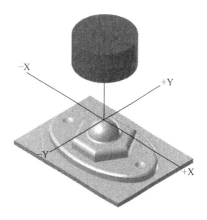

图 8-72　模拟结果

本任务结合图形特点，分别采用曲面挖槽刀路、外形铣削刀路、曲面放射状精加工刀路、曲面平行铣削精加工刀路和曲面投影精加工刀路对零件进行编程加工，对于字母 M 的雕刻加工采用了 2D 标准挖槽和投影精加工的组合刀路，对于具有相同特征的加工分别采用了旋转和镜像的方式进行刀路复制，以达到高效加工的效果。在进行零件尖角特征加工时，通过构建辅助曲面达到延长刀路的方法，从而有效地保证了尖角部分的加工，有效地提高了读者的编程能力和工艺处理能力。

提高练习

打开配套资源包"练习文件 /cha08/8-2.mcam"，零件材料为铝合金，零件图如图 8-73 所示。

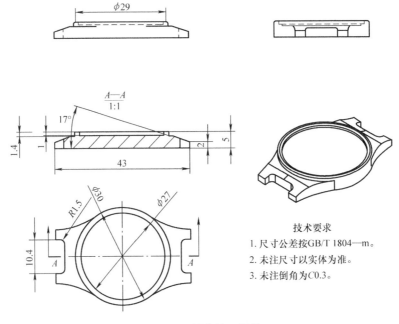

图 8-73　提高练习零件

座机盖编程加工

任务目标

> 知识目标

1）掌握曲面精加工环绕等距刀路和曲面精加工残料清角刀路的编程加工方法。

2）掌握曲面破孔的修补方法。

> 能力目标

1）能正确使用曲面精加工环绕等距刀路和曲面精加工残料清角刀路进行编程加工。

2）能对破孔曲面进行修补并实现对加工对象的保护以及生成流畅的刀路。

3）能运用曲面精加工平行铣削刀路进行粗加工，如设置加工余量实现粗、精加工的切换，设置不同加工深度实现对加工区域的控制，设置刀具在曲面的边缘走圆角的不同形式实现对加工范围的控制。

> 素质目标

1）能通过设置不同的刀路加工参数建立粗、精加工刀路切换的意识，从而提高编程的灵活性。

2）能结合不同刀路考虑残料清角的方法，培养处理问题的思维方法。

3）能结合零件的结构特点合理划分加工区域，提升编程加工的针对性和有效性的能力。

任务导入

打开配套资源包"源文件 /cha9/ 座机盖 .mcam"，图形如图 9-1 所示，零件材料为铝合金，打开第 1 图层。

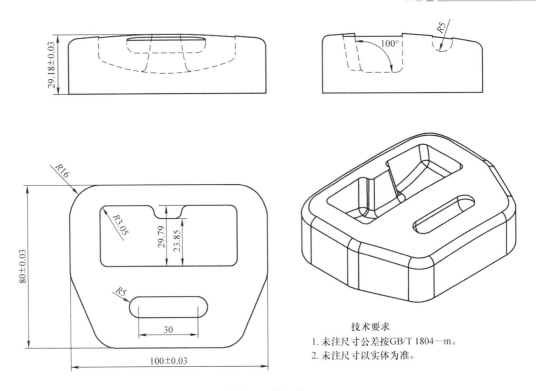

图 9-1　座机盖

技术要求
1. 未注尺寸公差按GB/T 1804—m。
2. 未注尺寸以实体为准。

任务分析

1. 图形分析

通过 Mastercam 系统所提供的分析功能得知，该零件外形尺寸为 100mm × 80mm × 29.18mm，零件上表面曲面区域较平缓，最大凹槽曲面中间凸出部分是一拔模斜度为 10° 的曲面，该拔模曲面中间变化大，底面为一圆弧曲面，且该曲面四周倒 R3mm 的凹圆角。另一处是 R5mm 的圆弧凹槽曲面，槽深为 10mm。

2. 工艺分析

该零件上表面曲面部分较平缓，最大凹槽曲面的中间部分由于变化相对较大且具有一定的拔模斜度，是该零件的加工难点，针对这种情况将其划分为单独区域加工。对于四周倒 R3mm 的凹圆角曲面，为提高加工效率先用大尺寸的刀具进行加工，最后再用小尺寸的刀具进行清角加工。

3. 刀路规划

步骤 1：使用 φ12mm 立铣刀对零件外形轮廓采用外形铣削粗加工，加工余量为 0.3mm。
步骤 2：使用 φ12mm 立铣刀对零件外形轮廓采用外形铣削精加工，加工余量为 0.0mm。
步骤 3：使用 φ12mm 立铣刀对零件上表面采用平行铣削粗加工，加工余量为 0.25mm。
步骤 4：使用 φ12mm 立铣刀对零件最大凹槽采用曲面挖槽粗加工，加工余量为 0.25mm。
步骤 5：使用 φ6R1mm 圆角铣刀对零件最小凹槽采用曲面挖槽粗加工，加工余量为 0.25mm。
步骤 6：使用 φ8mm 球头立铣刀对零件上表面采用环绕等距精加工，加工余量为 0.0mm。
步骤 7：使用 φ8mm 球头立铣刀对零件最小凹槽采用环绕等距精加工，加工余量为 0.0mm。

步骤 8：使用 ϕ8mm 球头立铣刀对零件最大凹槽拔模曲面采用等高外形精加工，加工余量为 0.0mm。

步骤 9：使用 ϕ8mm 球头立铣刀对零件最大凹槽底面采用平行铣削精加工，加工余量为 0.0mm。

步骤 10：使用 ϕ5mm 球头立铣刀对零件倒 R3mm 圆角曲面采用残料清角精加工，加工余量为 0.0mm。

任务实施

任务九 座机盖编程加工

一、准备工作

1. 机床选择

选择【机床】/【铣床】/【默认】命令。

2. 模拟设置

调出【机器群组属性】对话框，设置【素材原点视角坐标】X0mm、Y0mm、Z0.2mm，材料大小为 X100mm、Y92mm、Z30mm。

3. 新建刀路群组

分别建立名称为 12R0、6R1、8R4 和 5R2.5 的刀路群组，将 ▶ 移到群组名为 12R0 的目录下。

二、刀路编制

1. 外形铣削粗加工

1）选择【刀路】/【外形】命令，单击【确定】按钮 。系统弹出【线框串连】对话框，在绘图区正下方选取最大轮廓线，如图 9-2 所示。根据箭头指向判断此时刀具补偿为左补偿，单击【确定】按钮 。

2）系统弹出【2D 刀路 - 外形铣削】对话框，打开【刀具】选项卡，创建直径为 12mm 的立铣刀。设置【进给速率】为 1000mm/min，【主轴转速】为 1300r/min，【下刀速率】为 500mm/min。勾选【快速提刀】复选项，其他选项都不勾选，如图 9-3 所示。

3）打开【切削参数】选项卡，设置【补正方向】为【左】，【外形铣削方式】为【2D】，【壁边预留量】和【底面预留量】为 0.3mm，其他参数按默认设置，如图 9-4 所示。

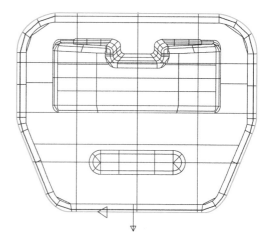

图 9-2 选择最大轮廓线

打开【轴向分层切削】选项卡，勾选【轴向分层切削】选项，设置【最大粗切步进量】为 0.5mm，勾选【不提刀】选项，如图 9-5 所示。

打开【进 / 退刀设置】选项卡，选择【相切】选项，设置【长度】为 0%，【圆弧】/【半径】为 30%，【扫描（角度）】为 90.0°，单击按钮 ，即将进、退刀参数设为一致。

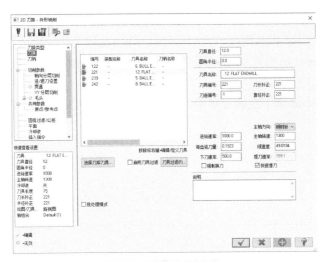

图 9-3　设置刀具参数

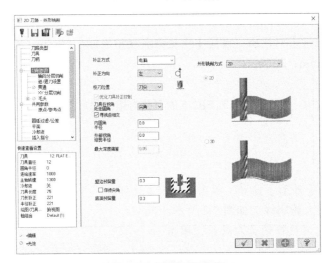

图 9-4　设置切削参数

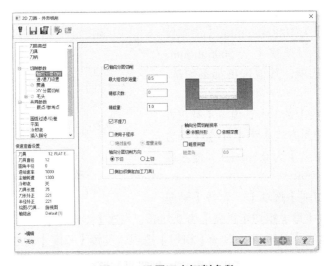

图 9-5　设置深度切削参数

打开【XY 分层切削】选项卡，勾选【XY 分层切削】选项，设置【粗切】/【次】为 2，【间距】为 5.0mm，【精修】/【次】为 0，勾选【不提刀】选项，其他参数按默认设置。

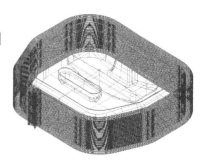

4）打开【共同参数】选项卡，设置【参考高度】为 10.0mm，【下刀位置】为 5.0mm，【工件表面】为 0.0mm，【深度】为 −29.18mm，选择所有【绝对坐标】选项。

单击【2D 刀路 - 外形铣削】对话框中的【确定】按钮，生成刀路，如图 9-6 所示。

图 9-6　外形铣削粗加工刀路

2. 外形铣削精加工

1）复制"第 1 步：外形铣削（2D）"刀路，在刚生成的第 2 步：外形铣削（2D）刀路的目录下单击【参数】选项。

2）系统弹出【2D 刀路 - 外形铣削】对话框，打开【刀具】选项卡，修改【进给速率】为 400mm/min，【主轴转速】为 2500r/min，【下刀速率】为 200mm/min。勾选【快速提刀】复选项。

3）打开【切削参数】选项卡，修改【壁边预留量】和【底面预留量】为 0.0mm，其他参数按默认设置。

打开【轴向分层切削】选项卡，不勾选【轴向分层切削】选项。

打开【XY 分层切削】选项卡，勾选【XY 分层切削】选项，设置【粗切】/【次】为 2，【间距】为 5.0mm，【精修】/【次】为 2，【间距】为 0.15mm，勾选【不提刀】选项，其他参数按默认设置，如图 9-7 所示。

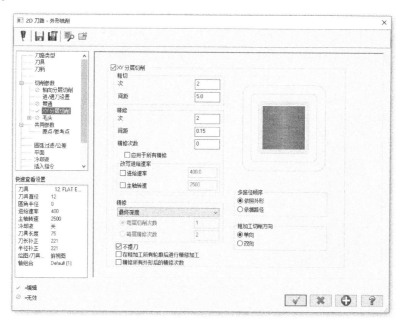

图 9-7　设置分层切削参数

操作提示：由于粗加工时刀具加工深度较大，因此将原来 0.3mm 的余量细分为两次加工，以获得好的加工质量。

单击【2D 刀路 - 外形铣削】对话框中的【确定】按钮，单击【重新生成所有无效操作】按钮，生成刀路，如图 9-8 所示。

3. 平行铣削粗加工

打开第 4 图层（零件封面），将两凹槽用曲面封起来。

操作提示： 这两个曲面可通过【曲面】/【填补内孔】命令生成，读者可自行尝试建立。

多学一招： 对存在破孔的曲面进行曲面挖槽加工或曲面等距环切加工时，为减少跳刀、生成流畅的刀路，常对一些凹槽部位进行曲面填补，以修复曲面。

1）在【刀路】管理器中单击右键，在弹出的快捷菜单中选择【铣床刀路】/【曲面精修】/【平行】命令，选择所有曲面，单击【结束选择】按钮 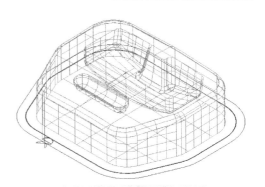 。系统弹出【刀路曲面选择】对话框，如图 9-9 所示，单击【确定】按钮 。

图 9-8　外形铣削精加工刀路

2）系统弹出【曲面精修平行】对话框，选择直径 12mm 的立铣刀。设置【进给速率】为 1000mm/min，【主轴转速】为 1400r/min，【下刀速率】为 200mm/min，【提刀速率】为 2500mm/min，勾选【快速提刀】复选项。

3）打开【曲面参数】选项卡，勾选【参考高度】并设置为 10.0mm，【下刀位置】为 5.0mm。选择所有【绝对坐标】选项，【加工面预留量】为 0.25mm，【干涉面预留量】为 0.0mm，如图 9-10 所示。

图 9-9　【刀路曲面选择】对话框

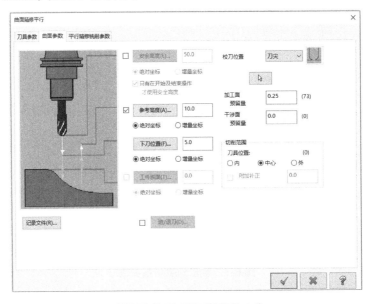

图 9-10　曲面加工参数设置

4）打开【平行精修铣削参数】选项卡，设置【整体公差】为 0.03mm，【最大切削间距】为 0.5mm，【切削方向】为【双向】，【加工角度】为 45°。勾选【限定深度】复选项，如图 9-11 所示。

图 9-11　平行精修铣削参数设置

单击【限定深度】按钮，系统弹出【限定深度】对话框，设置【最高位置】为 1.0mm，【最低位置】为 -13.0mm，如图 9-12 所示，单击【确定】按钮 ✓ 。

图 9-12　限定深度设置

多学一招：当设置的【最高位置】等于或小于所要加工的工件表面深度时，生成的刀路将会在该区域出现较多的跳刀，针对这种情况可以将最高的位置设置得比所要加工的工件表面深度大一些，以避免出现过多的跳刀。读者可将这里的【最高位置】分别设置为 0.0mm 与 1.0mm，自行对比这两种不同设置的效果。

单击【间隙设置】按钮，系统弹出【刀路间隙设置】对话框，设置【切弧半径】为 1.0mm，【切弧扫描角度】为 45.0°，【切线长度】为 1.0mm，其他参数设置如图 9-13 所示，单击【确定】按钮 ✓ 。

单击【高级设置】按钮，系统弹出【高级设置】对话框，在【刀具在曲面（实体面）边缘走圆角】选项中勾选【在所有边缘】选项，如图 9-14 所示，单击【确定】按钮 ✓ 。

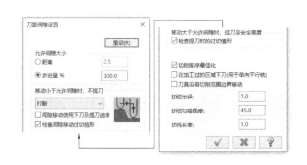

图 9-13　刀路间隙设置

图 9-14　高级设置

单击【曲面精修平行】对话框中的【确定】按钮 ✓ ，生成刀路，如图 9-15 所示。

操作提示：对于前面的粗加工还可以采用挖槽方式，可以取得一样的加工效果。

4. 曲面挖槽粗加工

打开第 6 图层（破孔边界线），关闭第 4 图层（零件封面）。

操作提示：这一曲线可通过【线框】/【单一边界】命令生成，读者可自行建立。

1）选择【刀路】/【3D】/【挖槽】命令，窗选所有曲面，单击【结束选择】按钮。系统弹出【刀路曲面选择】对话框，如图 9-16 所示。

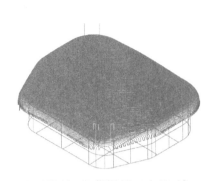

图 9-15　平行铣削粗加工刀路

图 9-16　【刀路曲面选择】对话框

在【切削范围】选项卡处单击【选择】按钮，系统弹出【线框串连】对话框，在绘图区选取刚调出的第 6 图层的曲面边界线，如图 9-17 所示。单击【线框串连】对话框中的【确定】按钮，系统弹出【刀路曲面选择】对话框，单击该对话框的【确定】按钮。

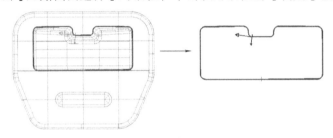

图 9-17　选择加工边界

2）系统弹出【曲面粗加工挖槽】对话框，选择直径为 12mm 的立铣刀，设置【进给速率】为 1000mm/min，【主轴转速】为 1400r/min，【下刀速率】为 200mm/min，【提刀速率】为 2500mm/min，勾选【快速提刀】复选项，其他选项都不勾选。

3）打开【曲面参数】选项卡，勾选【参考高度】复选项并设置为 10.0mm，【下刀位置】为 5.0mm，选择所有【绝对坐标】选项，设置【加工面预留量】为 0.25mm。

4）打开【粗切参数】选项卡，设置【整体公差】为 0.01mm，设置【Z 最大步进量】为 0.05mm，只勾选【螺旋进刀】复选项，如图 9-18 所示。

操作提示：由于这里是加工封闭凹槽，不能勾选【由切削范围外下刀】复选项，否则会发生过切。

单击【螺旋进刀】按钮，系统弹出【螺旋 / 斜插下刀设置】对话框。设置【最小半径】为 1.2mm，【最大半径】为 3.6mm，【Z 间距（增量）】为 0.3mm，【XY 预留间隙】为 1.0mm。勾选【沿着边界斜插下刀】和【只有在螺旋失败时使用】选项，设置【如果长度超过】为 20.0mm。在【如果所有进刀法失败时】选项中选择【垂直进刀】，在【进刀使用进给速率】选项中选择【下刀速率】，如图 9-19 所示，单击【确定】按钮。

图 9-18　粗切参数设置

图 9-19　螺旋式下刀设置

单击【切削深度】按钮，系统弹出【切削深度设置】对话框，单击【绝对坐标】选项，设置【最高位置】为 0mm，【最低位置】为 -20.0mm，如图 9-20 所示，单击【确定】按钮 ✓。

单击【间隙设定】按钮，系统弹出【刀路间隙设置】对话框，勾选【切削排序最佳化】复选项，其他参数按默认设置，如图 9-21 所示，单击【确定】按钮 ✓。

图 9-20　切削深度设定

图 9-21　优化刀路

5）打开【挖槽参数】选项卡，切削方式为【等距环切】，设置【切削间距（直径%）】为60%。勾选【精修】复选项，设置【次】为1，【间距】为 0.25mm，如图 9-22 所示。

单击【曲面粗加工挖槽】对话框中的【确定】按钮 ✓，生成刀路，如图 9-23 所示。

单击插入箭头按钮 ▼ 下移至加工群组名为 6R1 的目录下。

5. 曲面挖槽粗加工

1）选择【刀路】/【3D】/【挖槽】命令，窗选所有曲面，单击【结束选择】按钮。系统弹出【刀路曲面选择】对话框，在【切削范围】选项卡处单击【选择】按钮，系统弹出【线框串连】对话框，在绘图区选取零件正下方的 U 形跑道边界线，如图 9-24 所示。单击【线框串连】对话框中的【确定】按钮 ✓，系统弹出【刀路曲面选择】对话框，单击该对话框的【确定】按钮 ✓。

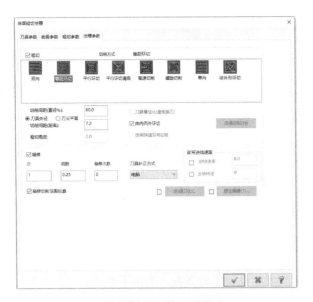

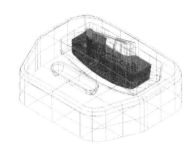

图 9-22　挖槽参数设置　　　　　　图 9-23　挖槽粗加工刀路

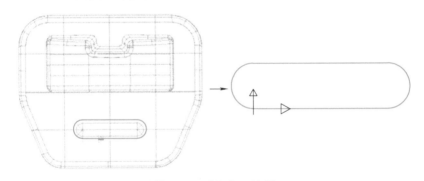

图 9-24　选择加工边界

2）系统弹出【曲面粗切挖槽】对话框，创建直径为 6mm 的圆角铣刀。设置【进给速率】为 300mm/min，【主轴转速】为 1800r/min，【下刀速率】为 100mm/min，【提刀速率】为 2500mm/min，勾选【快速提刀】复选项。

3）打开【曲面参数】选项卡，勾选【参考高度】复选项并设置为 10.0mm，【下刀位置】为 5.0mm，选择所有【绝对坐标】选项，设置【加工面预留量】为 0.25mm，如图 9-25 所示。

4）打开【粗切参数】选项卡，设置【整体公差】为 0.01mm，设置【Z 最大步进量】为 0.5mm，只勾选【斜插进刀】复选项，如图 9-26 所示。

单击【斜插进刀】按钮，系统弹出【螺旋 / 斜插下刀设置】对话框。打开【斜插进刀】选项卡，设置【最小长度】为 1.2mm，【最大长度】为 3.0mm，【Z 间距（增量）】为 0.3mm，【XY 预留间隙】为 1.0mm。在【如果斜插进刀失败时】选项中选择【垂直进刀】，在【进刀使用进给速率】选项中选择【下刀速率】，如图 9-27 所示，单击【确定】按钮 ✓ 。

单击【切削深度】按钮，系统弹出【切削深度设置】对话框，选择【绝对坐标】选项，设置【最高位置】为 -2.0mm，【最低位置】为 -10.0mm，单击【确定】按钮 ✓ 。

5）打开【挖槽参数】选项卡，选择进给方式为【等距环切】，设置【切削间距（直径 %）】为 60%。勾选【精修】选项，设置【次】为 1，【间距】为 0.25mm，如图 9-28 所示。

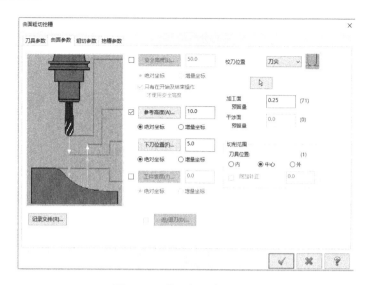

图 9-25　曲面加工参数设置

图 9-26　粗切参数设置　　　　　　　　　　　　图 9-27　斜插下刀设置

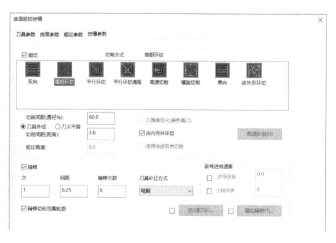

图 9-28　挖槽参数设置

单击【曲面粗加工挖槽】对话框中的【确定】按钮 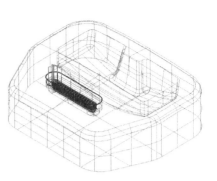，生成刀路，如图 9-29 所示。

单击插入箭头按钮▼下移至加工群组名为 8R4 的目录下。

6. 环绕等距精加工

打开第 4 图层（零件封面）。

1）在【刀路】管理器中单击右键，在弹出的快捷菜单中选择【铣床刀路】/【曲面精修】/【环绕】命令，如图 9-30 所示。

选择所有曲面，单击【结束选择】按钮（结束选择）。系统弹出【刀路曲面选择】对话框，如图 9-31 所示，在【指定下刀点】选项卡中单击【选择】按钮 ，将光标移至如图 9-32

图 9-29　挖槽粗加工刀路

所示系统坐标系原点位置，当出现 ＊ 号时单击即可确定下刀点的位置，在【刀路曲面选择】对话框单击【确定】按钮 。

图 9-30　选择【环绕等距加工】命令

图 9-31　【刀路曲面选择】对话框

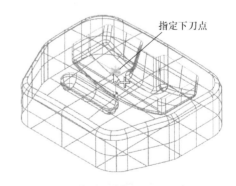

图 9-32　指定下刀点

2）系统弹出【曲面精修环绕等距】对话框，创建直径为 8mm 的球头立铣刀，设置【进给速率】为 800mm/min，【主轴转速】为 3000r/min，【下刀速率】为 100mm/min，【提刀速率】为 2500mm/min，勾选【快速提刀】复选项，其他选项都不勾选。

3）打开【曲面参数】选项卡，勾选【参考高度】复选项并设置为 10.0mm，【下刀位置】为 5.0mm，选择所有【绝对坐标】选项，设置【加工面预留量】和【干涉面预留量】都为 0.0mm，如图 9-33 所示。

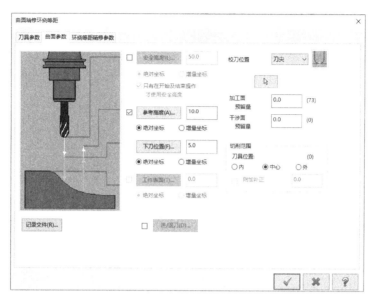

图 9-33　曲面参数设置

操作提示：读者可在【曲面参数】选项卡单击【选择】按钮 ，即可打开【刀路曲面选择】对话框，进行加工曲面、干涉曲面、切削范围和指定下刀点的设置。

4）打开【环绕等距精修参数】选项卡，设置【整体公差】为 0.01mm，设置【最大切削间距】为 0.2mm，【斜线角度】为 0°，勾选【定义下刀点】和【由内而外环切】复选项，勾选【限定深度】复选项，如图 9-34 所示。

图 9-34　环绕等距精加工参数设置

操作提示：在判断要不要勾选【由内而外环切】复选项时，应根据刀具在由内或由外加工时刀具所加工的余量与走刀的过渡情况而定，以防止断刀，读者可对比环绕等距精修参数的设定方法。

单击【限定深度】按钮，系统弹出【限定深度】对话框，选择【绝对坐标】选项，设置【最高位置】为1.0mm，【最低位置】为 –10.0mm，单击【确定】按钮 ✓。

单击【间隙设定】按钮，系统弹出【刀路间隙设置】对话框，勾选【切削顺序最佳化】复选项，其他参数按默认设置，单击【确定】按钮 ✓。

单击【高级设置】按钮，系统弹出【高级设置】对话框，在【刀具在曲面（实体面）边缘走圆角】选项中勾选【在所有边缘】选项，如图 9-35 所示，单击【确定】按钮 ✓。

单击【曲面精修环绕等距】对话框中的【确定】按钮 ✓，系统提示选择一下刀点，选择系统坐标原点，生成刀路，如图 9-36 所示。

图 9-35　高级设置

图 9-36　曲面环绕等距精加工刀路

实战经验：环绕等距刀路适用于加工比较平缓的曲面，在曲面上生成相对均匀的刀路，可取得较好的表面质量。不足之处是在圆角部位其残留的余量会明显增大，而且各个刀路环与环之间的扩大过渡中容易形成一些明显刀痕，这一点在模拟仿真时已经反映出来。但对比平行铣削刀路，如加工本任务中相对平缓的曲面，环绕等距刀路仍具有一定的优势。

7. 环绕等距精加工

关闭第 4 图层（零件封面）。

1）在【刀路】管理器中单击右键，在弹出的快捷菜单中选择【铣床刀路】/【曲面精修】/【环绕】命令，选择所有曲面，单击【结束选择】按钮 结束选择。系统弹出【刀路曲面选择】对话框，在【切削范围】选项卡处单击【选择】按钮 ▲，系统弹出【线框串连】对话框，在绘图区选取零件正下方的 U 形跑道边界线，如图 9-37 所示。单击【线框串连】对话框中的【确定】按钮 ✓，系统弹出【刀路曲面选择】对话框，再单击该对话框的【确定】按钮 ✓。

2）系统弹出【曲面精修环绕等距】对话框，选择直径为 8mm 的球头立铣刀，设置【进给速率】为 800mm/min，【主轴转速】为 3000r/min，【下刀速率】为 100mm/min，【提刀速率】为 2500 mm/min，勾选【快速提刀】复选项，其他选项都不勾选。

3）打开【曲面参数】选项卡，勾选【参考高度】复选项并设置为 10.0mm，【下刀位置】为 5.0mm，选择所有【绝对坐标】选项，设置【加工面预留量】和【干涉面预留量】都为 0.0mm。

4）打开【环绕等距精修参数】选项卡，设置【整体公差】为 0.01mm，【最大切削间距】为 0.2mm，【斜线角度】为 0°，不勾选【由内而外环切】复选项，勾选【限定深度】复选项，如图 9-38 所示。

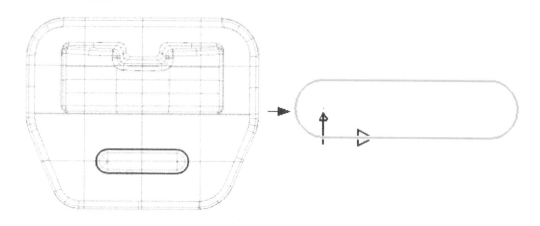

图 9-37　选择加工边界

图 9-38　环绕等距精加工参数设置

单击【限定深度】按钮，系统弹出【限定深度】对话框，设置【最高位置】为 1.0mm，【最低位置】为 -10.0mm，如图 9-39 所示，单击【确定】按钮 ✓ 。

单击【间隙设定】按钮，系统弹出【刀路间隙设置】对话框，勾选【切削排序最佳化】复选项，其他参数按默认设置，如图 9-40 所示，单击【确定】按钮 ✓ 。

单击【高级设置】按钮，系统弹出【高级设置】对话框，在【刀具在曲面（实体面）边缘走圆角】选项中勾选【在所有边缘】选项，单击【确定】按钮 ✓ 。

单击【曲面精修环绕等距】对话框中的【确定】按钮 ✓ ，生成刀路，如图 9-41 所示。

8. 等高外形精加工

1）选择【刀路】/【精切】/【传统

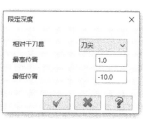

图 9-39　限定深度设置

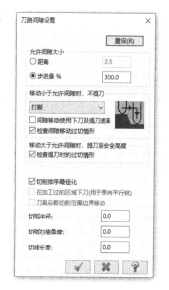

图 9-40　优化刀路

等高】命令，选取凹槽拔模曲面与圆角曲面部位，如图 9-42 所示，单击【结束选择】按钮 ⊘结束选择 。系统弹出【刀路曲面选择】对话框，单击【确定】按钮 ✓ 。

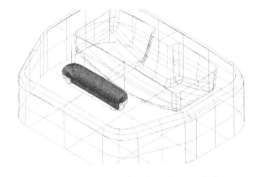

图 9-41　曲面环绕等距精加工刀路

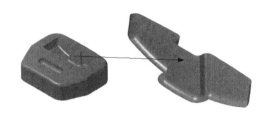

图 9-42　选择加工面

系统弹出【刀路曲面选择】对话框，如图 9-43 所示，单击【确定】按钮 ✓ 。在【干涉面】选项卡中单击【选择】按钮 ⊟ ，选择与刚才所选加工曲面相连接的所有曲面，如图 9-44 所示，单击【结束选择】按钮 ⊘结束选择 。系统返回【刀路曲面选择】对话框，单击【确定】按钮 ✓ 。

图 9-43　【刀路曲面选择】对话框

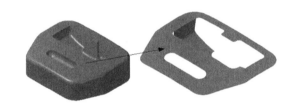

图 9-44　选择干涉面

2）系统弹出【曲面精修等高】对话框，选择直径为 8mm 的球头立铣刀，设置【进给速率】为 800mm/min，【主轴转速】为 3000r/min，【下刀速率】为 200mm/min，【提刀速率】为 2500mm/min。勾选【快速提刀】复选项，其他选项都不勾选。

3）打开【曲面参数】选项卡，勾选【参考高度】并设置为 10.0mm，【下刀位置】为 5.0mm。选择所有【绝对坐标】选项，设置【加工面预留量】为 0.0mm，【干涉面预留量】为 0.1mm，如图 9-45 所示。

4）打开【等高精修参数】选项卡，设置【整体公差】为 0.01mm，【Z 最大步进量】为 0.2mm。选择【开放式轮廓方向】为【双向】，勾选【进 / 退刀 / 切弧 / 切线】复选项，设置【圆弧半径】为 3.0mm，【扫描角度】为 30°，【直线长度】为 0.0mm，勾选【允许切弧 / 切线超出边界】复选项。勾选【切削排序最佳化】复选项，如图 9-46 所示。

多学一招：在等高外形精加工中，为避免过多的跳刀有以下几种设置方法：①切削方式设为双向铣；②必要时将进 / 退刀的圆弧半径设得大一些；③在高级设置中选择【刀具在曲面（实体面）边缘走圆角】选项；④对某一区域再次进行细分区域加工。

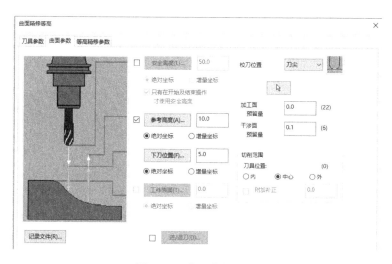

图 9-45　曲面参数设置

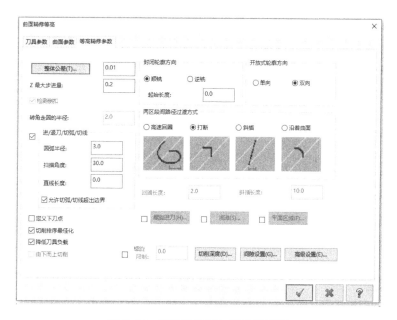

图 9-46　等高外形精加工参数设置

单击【切削深度】按钮,系统弹出【切削深度设置】对话框,选择【绝对坐标】选项,设置【最高位置】为 -1.0mm,【最低位置】为 -20.0mm,如图 9-47 所示,单击【确定】按钮 ✓。

单击【高级设置】按钮,系统弹出【高级设置】对话框,在【刀具在曲面(实体面)边缘走圆角】选项中勾选【在所有边缘】选项,如图 9-48 所示,单击【确定】按钮 ✓。

单击【曲面精修等高】对话框中的【确定】按钮 ✓,生成刀路,如图 9-49 所示。

图 9-47　切削深度设置

图 9-48　高级设置

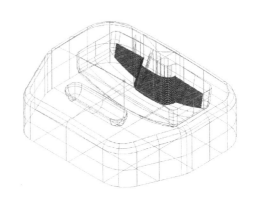

图 9-49　等高外形精加工刀路

9. 平行铣削精加工

1）在【刀路】管理器中单击右键，在弹出的快捷菜单中选择【铣床刀路】/【曲面精修】/【平行】命令，选择零件最大凹槽底面与圆角曲面，如图 9-50 所示，单击【结束选择】按钮 结束选择。

系统弹出【刀路曲面选择】对话框，如图 9-51 所示。在【干涉面】选项卡中单击【选择】按钮 ，选择与刚才所选加工曲面相连接的所有曲面，如图 9-52 所示，单击【结束选择】按钮 结束选择。系统返回【刀路曲面选择】对话框，单击【确定】按钮 。

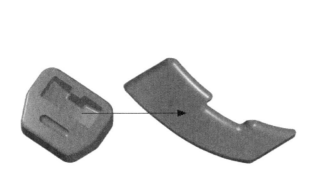

图 9-50　选择加工面

图 9-51　【刀路曲面选择】对话框

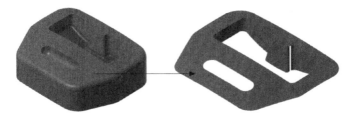

图 9-52　选择干涉面

2）系统弹出【曲面精修平行】对话框，选择直径为 8mm 的球头立铣刀，设置【进给速率】为 800mm/min，【主轴转速】为 3000r/min，【下刀速率】为 200mm/min，【提刀速率】为 2500mm/min，勾选【快速提刀】复选项。

3）打开【曲面参数】选项卡，勾选【参考高度】并设置为10.0mm，【下刀位置】为5.0mm。选择所有【绝对坐标】选项，设置【加工面预留量】为0.0mm，【干涉面预留量】为0.1mm，如图9-53所示。

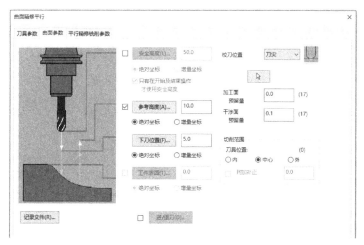

图9-53　曲面加工参数设置

4）打开【平行精修铣削参数】选项卡，设置【整体公差】为0.01mm，【最大切削间距】为0.2mm，【切削方向】为【双向】，【加工角度】为0°，勾选【限定深度】复选项，如图9-54所示。

图9-54　精加工平行铣削参数设置

单击【限定深度】按钮，系统弹出【限定深度】对话框，设置【最高位置】为－10.0mm，【最低位置】为－20.0mm，如图9-55所示，单击【确定】按钮。

单击【间隙设定】按钮，系统弹出【刀路间隙设置】对话框，勾选【切削排序最佳化】复选框，其他参数按默认设置，如图9-56所示，单击【确定】按钮。

单击【高级设置】按钮，系统弹出【高级设置】对话框，在【刀具在曲面（实体面）边缘走圆角】选项中勾选【在所有边缘】选项，如图9-57所示，单击【确定】按钮。

图9-55　限定深度设置

图9-56　优化刀路

单击【曲面精修平行】对话框中的【确定】按钮，生成刀路，如图 9-58 所示。

图 9-57　高级设置

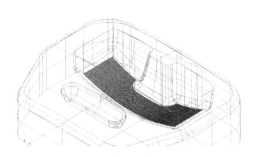

图 9-58　曲面平行铣削精加工刀路

单击插入箭头按钮下移至加工群组名为 5R2.5 的目录下。

10. 残料清角精加工

1）选择【铣床刀路】/【曲面精修】/【残料】命令，如图 9-59 所示。

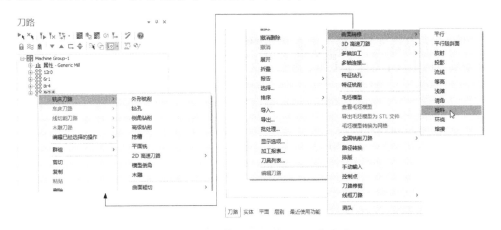

图 9-59　选择【精加工残料加工】命令

选择所有曲面，单击【结束选择】按钮。系统弹出【刀路曲面选择】对话框，如图 9-60 所示。在【切削范围】选项卡处单击【选择】按钮，系统弹出【线框串连】对话框，在绘图区选取第 6 图层的曲面边界线，如图 9-61 所示。单击【线框串连】对话框中的【确定】按钮，系统弹出【刀路曲面选择】对话框，再单击该对话框的【确定】按钮。

2）系统弹出【曲面精修残料清角】对话框，创建直径为5mm的球头立铣刀，设置【进给速率】为 300mm/min，【主轴转速】为 3500r/min，【下刀速率】为 50mm/min，【提刀速率】为 1000mm/min，勾选【快速提刀】复选项。

3）打开【曲面参数】选项卡，勾选【参考高度】并设置为 10.0mm，【下刀位置】为 5.0mm。选择所有【绝对坐标】选项，设置【加工面预留量】为 0.0mm，如图 9-62 所示。

4）打开【残料清角精修参数】选项卡，设置【整体公差】为 0.01mm，【最大切削间距】为 0.15mm。【切削方向】为【双向】，勾选【混合路径（在中断角度上方用等高切削，下方则用环绕切削）】选项，设置【中断角度】为 90°，【延伸长度】为 0.0mm，如图 9-63 所示。

图 9-60　【刀路曲面选择】对话框

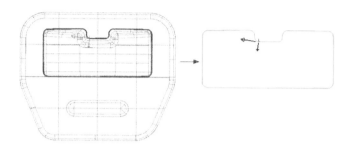

图 9-61　选择加工边界

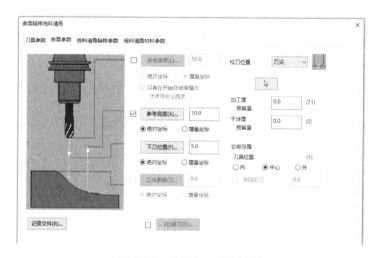

图 9-62　曲面加工参数设置

图 9-63　残料清角精修参数设置

单击【间隙设置】按钮，系统弹出【刀路间隙设置】对话框，勾选【切削排序最佳化】复选框，其他参数按默认设置，如图 9-64 所示，单击【确定】按钮 ☑。

单击【高级设置】按钮，系统弹出【高级设置】对话框，在【刀具在曲面（实体面）边缘走圆角】选项中勾选【在所有边缘】选项，如图 9-65 所示，单击【确定】按钮  。

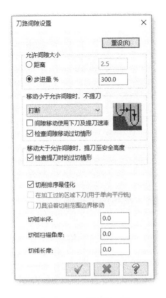

图 9-64　优化刀路

图 9-65　高级设置

5）打开【残料清角材料参数】选项卡，设置【粗切刀具直径】为 9.0mm，【粗切转角半径】为 5.0mm，【重叠距离】为 0.0mm，如图 9-66 所示。

图 9-66　残料清角材料参数的设置

操作提示：先前用了 ϕ8mm 球头立铣刀精加工，在清角时，应把【粗切转角半径】设得大一些，这样生成的清角走刀路线会覆盖前面的刀路，如这里 ϕ5mm 的球头立铣刀走刀路径将会覆盖 ϕ8mm 刀具已加工的部分，不会产生断线。

单击【曲面精修残料清角】对话框中的【确定】按钮  ，生成刀路，如图 9-67 所示。

实战经验：采用残料清角刀路加工时需注意过切现象的检查。

三、实体模拟加工

模拟结果如图 9-68 所示。

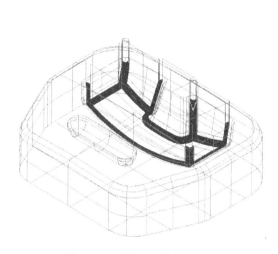

图 9-67　残料清角精加工刀路

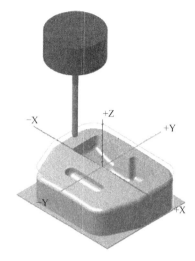

图 9-68　模拟结果

任务小结

本任务结合零件图形特点灵活地进行了加工区域的划分，并结合零件存在破孔的问题进行了修补，分别采用外形铣削、曲面环绕等距精加工、曲面残料清角精加工和曲面等高外形精加工的方法进行加工，从而提高读者的编程能力和工艺设计能力。

提高练习

打开配套资源包"练习文件 /cha9/9-2.mcam"进行编程加工，零件材料为铝合金，零件工程图如图 6-69 所示。

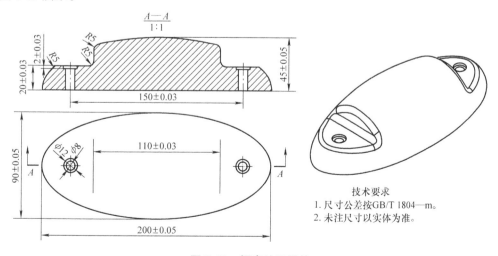

图 9-69　提高练习零件

凸凹模配合件编程加工

任务目标

> 知识目标

1）掌握凸凹模配合件加工余量的确定方法。

2）掌握凸凹模外形铣削的负余量确定的用法。

> 能力目标

1）能对凸凹模配合件采用外形铣削加工刀路的负余量参数来控制加工公差以保证配合。

2）能对凸凹模配合件的加工正确设计加工工艺。

3）能运用已有的刀路通过复制、修改参数的方法实现快速编程加工的目的。

> 素质目标

1）能对凸凹模配合件的加工方法有一定的认知并能合理设计加工工艺。

2）能对同一文件中多个不同零件的加工工序刀路群组进行设计和管理。

任务导入

打开配套资源包"源文件 /cha10/ 凸凹模 .mcam"，凸凹模配合件零件图如图 10-1 所示，零件材料为铝合金，打开第 1 图层。

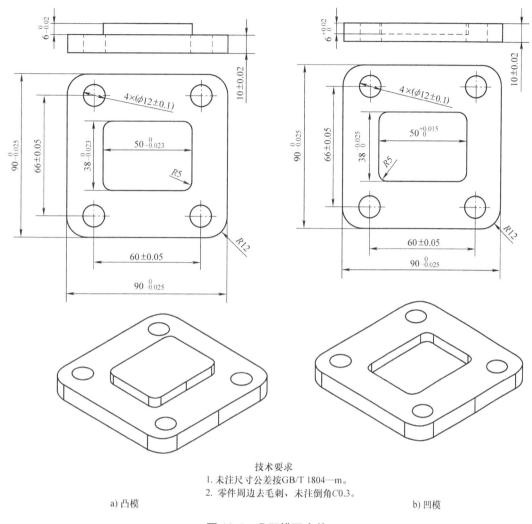

技术要求
1. 未注尺寸公差按GB/T 1804—m。
2. 零件周边去毛刺、未注倒角C0.3。

a) 凸模　　　　　　　　　　　　　　　　　　b) 凹模

图 10-1　凸凹模配合件

任务分析

1. 图形分析

根据图 10-1 可知，凸凹模配合件的外形尺寸为 90mm×90mm，凸模厚度为 16mm，凹模厚度为 10mm，通过长方形体进行配合，凸模和凹模的尺寸为 50mm×38mm×6mm，为主要配合部分。4 个 ϕ12mm 通孔起到连接和固定作用。

2. 工艺分析

该配合件外形结构简单，属于间隙配合，加工时可采用轮廓铣削刀路或 2D 标准挖槽刀路，通过设计不同的加工余量以保证配合尺寸。为保证加工质量，应取零件的中间尺寸作为最终的加工尺寸。根据图 10-1 可知，凸模长方形尺寸为 50mm×38mm，最大公差为 0mm，最小公差为 −0.023mm，则公差的中间值为 [（0−0.023）/2]= −0.0115mm，高度 6mm 的最大公差为 0mm，最小公差为 −0.02mm，则公差的中间值为 [（0−0.02）/2]= −0.01mm，即 XY 方向的单边加工余量为 −0.0115mm，Z 方向加工余量为 −0.01mm。凹模长方形中凹槽 50mm×38mm 的 XY 方向单

边加工余量为 −0.0075mm，Z 方向加工余量为 −0.01mm。凸凹模最大外形 XY 方向加工余量为 −0.0125mm，Z 方向加工余量为 0mm。加工时先加工凸模正面，再加工凸模背面；接着加工凹模正面，再加工凹模背面。

3. 刀路规划

凸模正面加工：

步骤 1：使用 ϕ12mm 立铣刀对零件上表面采用平面铣削精加工，加工余量为 −0.01mm。

步骤 2：使用 ϕ12mm 立铣刀对零件外形轮廓采用外形铣削粗加工，加工余量为 0.25mm。

步骤 3：使用 ϕ12mm 立铣刀对零件外形轮廓采用外形铣削精加工，XY 方向加工余量为 −0.0125mm，Z 方向加工余量为 0mm。

步骤 4：使用 ϕ12mm 立铣刀对长方形凸台采用外形铣削粗加工，加工余量为 0.25mm。

步骤 5：使用 ϕ12mm 立铣刀对长方形凸台采用外形铣削精加工，XY 方向加工余量为 −0.0115mm，Z 方向加工余量为 −0.01mm。

步骤 6：使用 ϕ12mm 钻头加工通孔。

步骤 7：使用 ϕ8mm 倒角刀对零件的表面采用外形铣削倒角加工，加工余量为 −0.0125mm。

凸模背面加工：

步骤 8：使用 ϕ12mm 立铣刀对零件上表面采用平面铣削精加工，加工余量为 0mm。

步骤 9：使用 ϕ8mm 倒角刀对零件的表面采用外形铣削倒角加工，加工余量为 −0.0125mm。

凹模正面加工：

步骤 10：使用 ϕ12mm 立铣刀对零件上表面采用平面铣削精加工，加工余量为 −0.01mm。

步骤 11：使用 ϕ12mm 立铣刀对零件外形轮廓采用外形铣削粗加工，加工余量为 0.25mm。

步骤 12：使用 ϕ12mm 立铣刀对零件外形轮廓采用外形铣削精加工，XY 方向加工余量为 −0.0125mm，Z 方向加工余量为 0mm。

步骤 13：使用 ϕ12mm 立铣刀对长方形凹槽采用标准挖槽粗加工，加工余量为 0.25mm。

步骤 14：使用 ϕ8mm 立铣刀对长方形凹槽采用标准挖槽精加工，XY 方向加工余量为 −0.0075mm，Z 方向加工余量为 −0.01mm。

步骤 15：使用 ϕ12mm 钻头加工通孔。

步骤 16：使用 ϕ8mm 倒角刀对零件的表面采用外形铣削倒角加工，加工余量为 −0.0125mm。

凹模背面加工：

步骤 17：使用 ϕ12mm 立铣刀对零件上表面采用平面铣削精加工，加工余量为 −0.01mm。

步骤 18：使用 ϕ8mm 倒角刀对零件的表面采用外形铣削倒角加工，加工余量为 −0.0125mm。

任务实施

一、凸模正面加工

1. 选择机床

选择【机床】/【铣床】/【默认】命令，并将"机床群组 -1"名称修改为"凸模正面加工"。

2. 模拟设置

调出【机器群组属性】对话框，设置【毛坯设置】为 X0mm、Y0mm、Z0.2mm，材料大小为

任务十　凸凹
模配合件编程
加工——凸模
加工

X91mm、Y91mm、Z20mm。

3.新建刀路群组

分别建立名称为 1-12R0、1-DRILL12R0、1-8C0.3 的刀路群组。将 ▶ 移到群组名为 "1-12R0" 的目录下。

二、编制刀路

1.平面加工（凸模上表面）

1）通过【层别】管理器，打开第 1 图层（凸模轮廓），关闭第 2 图层（凸模实体），从而调出凸模轮廓线。

选择【刀路】/【面铣】命令，系统弹出【线框串连】对话框，选择正方形轮廓线，如图 10-2 所示，单击【确定】按钮 ✓ 。

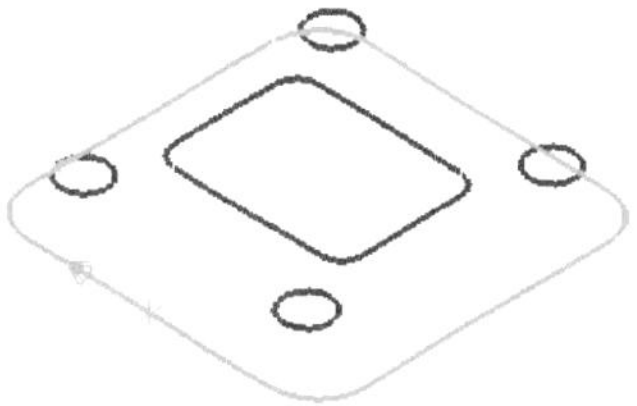

图 10-2　选择正方形轮廓线

2）系统弹出【2D 刀路 - 平面铣削】对话框，打开【刀具】选项卡，创建直径为 12mm 的立铣刀，设置【进给速率】为 400.0mm/min，【下刀速率】为 300.0mm/min，【主轴转速】为 2500.0r/min，勾选【快速提刀】选项，如图 10-3 所示。

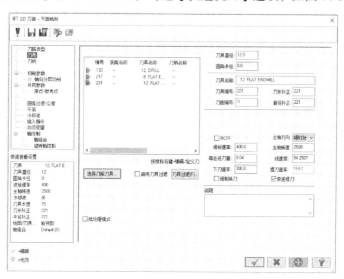

图 10-3　设置刀具参数

3）打开【切削参数】选项卡，在【类型】选项的下拉列表中选择【双向】选项，设置【底面预留量】为 -0.1mm，设置【截断方向超出量】为 6.0mm，【引导方向超出量】为 13.2mm，【进刀引线长度】为 6.0mm，【退刀引线长度】为 6.0mm，【最大步进量】为 9.0mm，铣削方式为【顺铣】，【粗切角度】为 0.0mm，在【两切削间移动方式】选项的下拉列表中选择【高速回圈】选项，如图 10-4 所示。

4）单击【共同参数】选项，勾选【参考高度】并设置为 10.0mm，【下刀位置】为 5.0mm，【工件表面】和【深度】都为 0.0mm，单击所有【绝对坐标】选项，如图 10-5 所示。

单击按钮 ✓ ，生成刀路，如图 10-6 所示。

2.外形铣削粗加工（凸模最大轮廓）

1）选择【刀路】/【外形】命令，系统弹出【线框串连】对话框，在绘图区如图 10-7 所示的位置选择正方形轮廓线。根据箭头指向判断此时刀具补偿为左补偿，单击【确定】按钮 ✓ 。

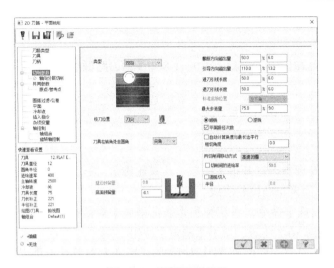

图 10-4　设置切削参数

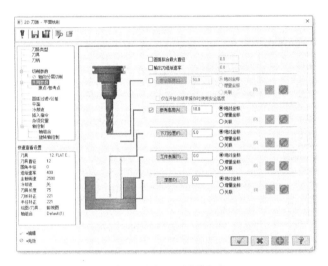

图 10-5　设置共同参数

图 10-6　平面铣削刀路

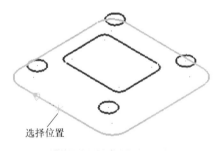

图 10-7　选择加工边界

2）系统弹出【2D 刀路 - 外形铣削】对话框，打开【刀具】选项卡，选择直径为 12mm 的立铣刀，设置【进给速率】为 1000.0mm/min，【下刀速率】为 800.0mm/min，【主轴转速】为 1800.0r/min，勾选【快速提刀】选项。

3）打开【切削参数】选项卡，设置【补正方向】为【左】，【外形铣削方式】为【2D】，【壁边预留量】和【底面预留量】都为 0.25mm，其他参数按默认设置，如图 10-8 所示。

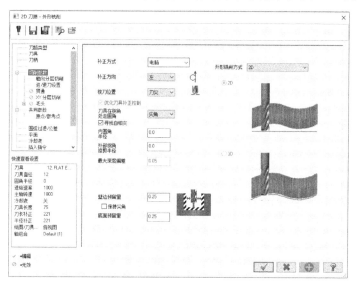

图 10-8　设置切削参数

打开【轴向分层切削】选项卡，勾选【轴向分层切削】选项，设置【最大粗切步进量】为 0.5mm，勾选【不提刀】选项，其他参数按默认设置，如图 10-9 所示。

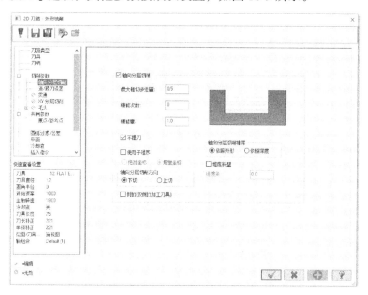

图 10-9　设置深度切削参数

打开【进 / 退刀设置】选项卡，选择【相切】选项，设置【长度】为 30%，【圆弧】/【半径】为 30%，【扫描角度】为 45.0°，单击按钮 ，即将进、退刀参数设为一致，如图 10-10 所示。

4）单击【共同参数】选项，设置【参考高度】为 10.0mm，【下刀位置】为 5.0mm，【工件表面】为 0.0mm，【深度】为 −17.0mm，选择所有【绝对坐标】选项。

单击 按钮，生成刀路，如图 10-11 所示。

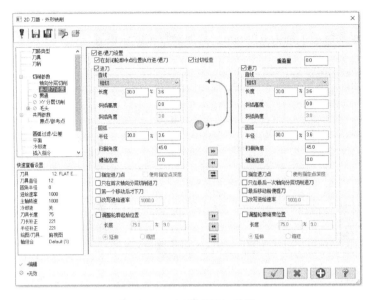

图 10-10　设置进退刀参数

3. 外形铣削精加工（凸模最大轮廓）

1）复制"第 2 步：外形铣削（2D）"刀路，在刚生成的
第 3 步：外形铣削（2D）刀路的目录下单击【参数】选项。

2）系统弹出【外形铣削（2D）】对话框，打开【刀具】
选项卡，修改【进给速率】为 400mm/min，【主轴转速】为
2500r/min，其他参数按默认设置。

3）打开【切削参数】选项卡，修改【壁边预留量】为
-0.0125mm，【底面预留量】为 0.0mm，其他参数按默认设
置，如图 10-12 所示。

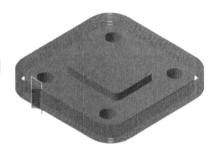

图 10-11　轮廓铣削精加工刀路

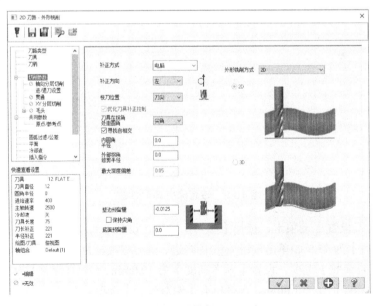

图 10-12　设置切削参数

打开【轴向分层切削】选项卡，不勾选【轴向分层切削】选项。

单击【2D 刀路 - 外形铣削】对话框中的【确定】按钮 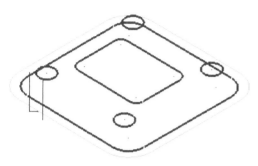，单击【重新生成所有无效操作】按钮，生成刀路，如图 10-13 所示。

4. 外形铣削粗加工（凸模长方形轮廓）

1）选择【刀路】/【外形】命令，系统弹出【线框串连】对话框，在绘图区如图 10-14 所示的位置选择长方形轮廓线。根据箭头指向判断此时刀具补偿为左补偿，单击【确定】按钮 。

图 10-13　外形铣削精加工刀路

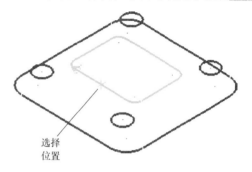

选择
位置

图 10-14　选择加工边界

2）系统弹出【2D 刀路 - 外形铣削】对话框，打开【刀具】选项卡，选择直径为 12mm 的立铣刀，设置【进给速率】为 1000.0mm/min，【下刀速率】为 800.0mm/min，【主轴转速】为 1800.0r/min，勾选【快速提刀】选项。

3）打开【切削参数】选项卡，设置【补正方向】为【左】，【外形铣削方式】为【2D】，【壁边预留量】和【底面预留量】都为 0.25mm，其他参数按默认设置，如图 10-15 所示。

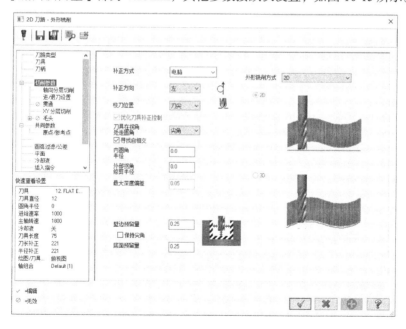

图 10-15　设置切削参数

打开【轴向分层切削】选项卡，勾选【轴向分层切削】选项，设置【最大粗切步进量】为 0.5mm，勾选【不提刀】选项，其他参数按默认设置，如图 10-16 所示。

打开【进 / 退刀设置】选项卡，选择【相切】选项，设置【长度】为 30%，【圆弧】/【半径】为 30%，【扫描（角度）】为 45.0°，单击按钮 ▶▶ ，即将进、退刀参数设为一致。

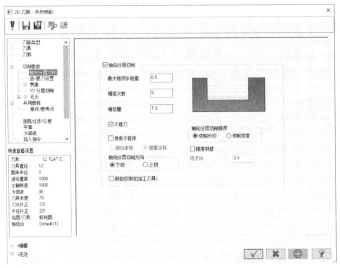

图 10-16　设置深度切削参数

打开【XY 分层切削】选项卡，勾选【XY 分层切削】选项，设置【粗切】/【次】为 4，【间距】为 6.0mm，【精修】/【次】为 1，【间距】为 0.25mm，勾选【不提刀】选项，其他参数按默认设置，如图 10-17 所示。

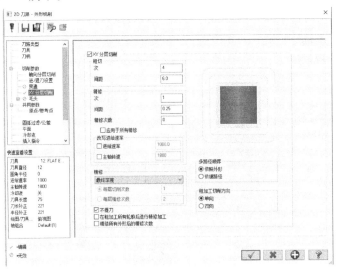

图 10-17　设置分层切削参数

4）单击【共同参数】选项，设置【参考高度】为 10.0mm，【下刀位置】为 5.0mm，【工件表面】为 0.0mm，【深度】为 -6.0mm，选择所有【绝对坐标】选项。

单击 ✓ 按钮，生成刀路，如图 10-18 所示。

5. 外形铣削精加工（凸模长方形轮廓）

1）复制"第 4 步：外形铣削（2D）"刀路，在刚生成的第

图 10-18　轮廓铣削精加工刀路

5 步：外形铣削（2D）刀路的目录下单击【参数】选项。

2）系统弹出【2D 刀路 - 外形铣削】对话框，打开【刀具】选项卡，修改【进给速率】为 400mm/min，【主轴转速】为 2500r/min，其他参数按默认设置。

3）打开【切削参数】选项卡，修改【壁边预留量】为 −0.0125mm，【底面预留量】为 0.0mm，其他参数按默认设置，如图 10-19 所示。

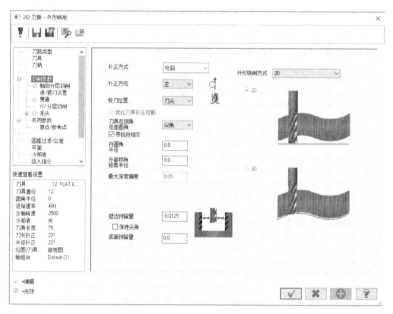

图 10-19　设置切削参数

打开【轴向分层切削】选项卡，不勾选【轴向分层切削】选项。

单击【2D 刀路 - 外形铣削】对话框中的【确定】按钮，单击【重新生成所有无效操作】按钮，生成刀路，如图 10-20 所示。

将 ▶ 移到群组名为 "1-DRILL12R0" 的目录下。

6. 钻通孔（凸模通孔）

1）选择【刀路】/【钻孔】命令，系统弹出【刀路孔定义】对话框，在绘图区通过右键选择【俯视图】单选按钮，选择 4 个通孔圆心，如图 10-21 所示，单击【确定】按钮。

图 10-20　外形铣削精加工刀路

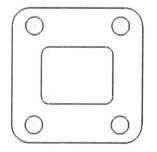

图 10-21　选中 4 个通孔圆心

2）系统弹出【2D 刀路 - 钻孔 / 全圆铣削 深孔啄钻】对话框，打开【刀具】选项卡，选取直径为 12mm 的钻头，设置【进给速率】为 100.0mm/min，【主轴转速】为 900.0r/min，其他参数按默认设置。

3）在【2D 刀路 - 钻孔 / 全圆铣削 深孔啄钻】对话框上单击【切削参数】选项，在【循环】选项的下拉列表中选择【深孔啄钻（G83）】选项，设置【Peck】为 3.0mm。

4）打开【共同参数】选项卡，设置【参考高度】为 10.0mm，【工件表面】为 -6.0mm，【深度】为 -20.0mm，选择所有【绝对坐标】选项，如图 10-22 所示。

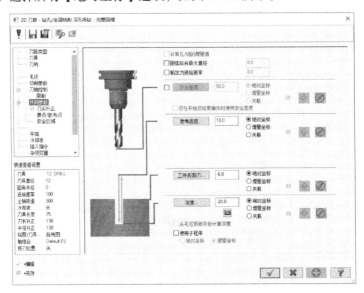

图 10-22　深孔啄钻 - 完整回缩参数设置

单击【确定】按钮 ，生成刀路，如图 10-23 所示。

将 ▶ 移到群组名为 "1-8C0.3" 的目录下。

7. 倒角加工（凸模）

1）选择【刀路】/【外形】命令，系统弹出【线框串连】对话框，以【实体】/【串连】的形式分别选择如图 10-24 所示的两条外形轮廓线。根据箭头指向判断此时刀具补偿为左补偿，单击【确定】按钮 。

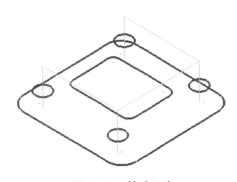

图 10-23　钻孔刀路

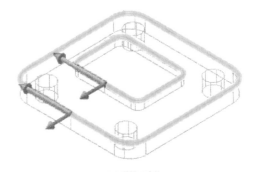

图 10-24　选择加工边界

2）系统弹出【2D 刀路 - 外形铣削】对话框，打开【刀具】选项卡，创建直径为 8mm 的倒角刀，设置【进给速率】为 600.0mm/min，【下刀速率】为 2000.0mm/min，【主轴转速】为 5000.0r/min，勾选【快速提刀】选项。

3）打开【切削参数】选项卡，设置【补正方向】为【左】，【外形铣削方式】为【2 D 倒角】，设置【倒角宽度】为 0.3mm，【底部偏移】为 1.0mm，设置【壁边预留量】为 −0.0125mm，【底面预留量】为 0.0mm，其他参数按默认设置，如图 10-25 所示。

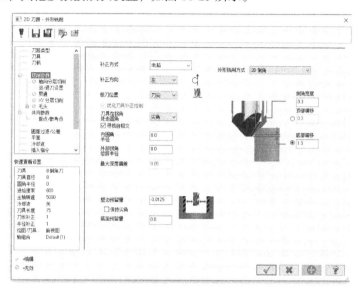

图 10-25　设置切削参数

打开【进 / 退刀设置】选项卡，选择【相切】选项，设置【长度】为30%，【圆弧】/【半径】为 30%，【扫描角度】为 90.0°，单击按钮 ，即将进、退刀参数设为一致，如图 10-26 所示。

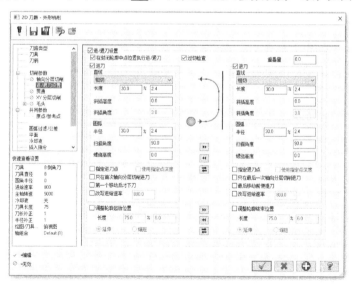

图 10-26　设置进退刀参数

打开【XY 分层切削】选项卡，不勾选【XY 分层切削】选项。

4）单击【共同参数】选项，设置【参考高度】为 10.0mm，【下刀位置】为 5.0mm，以【增量坐标】的形式设置【工件表面】和【深度】都为 0.0mm。

单击 按钮，生成刀路，如图 10-27 所示。

三、凸模正面实体模拟加工

将凸模正面加工所用的刀路都选上进行验证模拟加工，结果如图 10-28 所示。

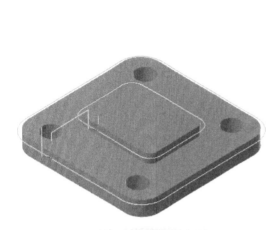

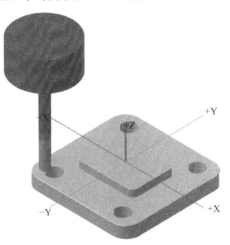

图 10-27 外形轮廓倒角加工刀路　　　　图 10-28 凸模正面实体模拟加工结果

四、凸模背面加工准备工作

1. 选择机床

选择【机床】/【铣床】/【默认】命令，并将"机床群组 -1"名称修改为"凸模背面加工"。

2. 模拟设置

调出【机器群组属性】对话框，设置【素材原点视角坐标】为 X0mm、Y0mm、Z4mm，材料大小为 X91mm、Y91mm、Z20mm。

任务十　凸凹模配合件编程加工——凹模加工

3. 新建刀路群组

分别建立名称为 2-12R0、2-8C0.3 的刀路群组。将 ▶ 移到群组名为"2-12R0"的目录下。

五、编制刀路

由于凸模背面只进行平面加工，因此这里直接采用原来的系统坐标系，不再新建坐标系。

1. 平面加工（凸模背面）

1）选择【刀路】/【面铣】命令，系统弹出【线框串连】对话框，以【实体】/【串连】的形式选择如图 10-29 所示的外形轮廓线，单击【确定】按钮 。

2）系统弹出【2D 刀路 - 平面铣削】对话框，打开【刀具】选项卡，创建直径为 12mm 的立铣刀，设置【进给速率】为 400.0mm/min，【下刀速率】为 300.0mm/min，【主轴转速】为 2500.0r/min，勾选【快速提刀】选项。

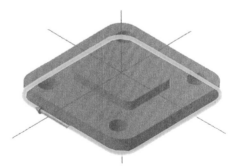

图 10-29 选择正方形轮廓线

3）打开【切削参数】选项卡，在【类型】选项的下拉列表中选择【双向】选项，设置【底面预留量】为 0.0 mm，设置【截断方向超出量】为 6.0mm，【引导方向超出量】为 13.2mm，【进刀引线长度】为 6.0mm，【退刀引线长度】为 6.0mm，【最大步进量】为 9.0mm，铣削方式为【顺铣】，【粗切角度】为 0.0°，在【两切削间移动方式】选项的下拉列表中选择【高速回圈】选项，如图 10-30 所示。

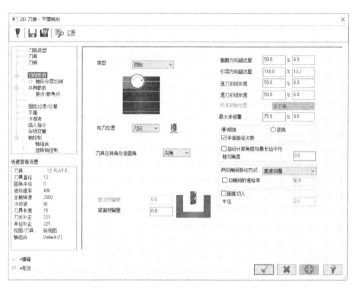

图 10-30　设置切削参数

4）单击【共同参数】选项，勾选【参考高度】并设置为 10.0mm，【下刀位置】为 5.0mm，【工件表面】为 2.0mm，【深度】为 0.0mm，单击所有【绝对坐标】选项，如图 10-31 所示。

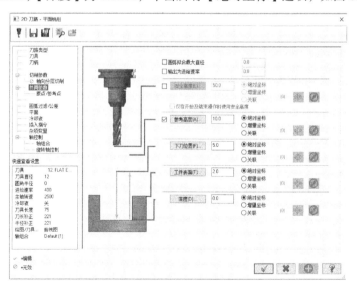

图 10-31　设置共同参数

单击按钮 ✓ ，生成刀路，如图 10-32 所示。

操作提示：考虑到篇幅问题，这里直接精加工，读者可将粗加工和精加工分开，以获得更好的表面质量。

将 ▶ 移到群组名为 "2-8C0.3" 的目录下。

2. 倒角加工（凸模背面）

1）选择【刀路】/【外形】命令，系统弹出【线框串连】对话框，以【实体】/【串连】的形式分别选择如图 10-33 所示的两条外形轮廓线。根据箭头指向判断此时刀具补偿为左补偿，单击【确定】按钮 ✓。

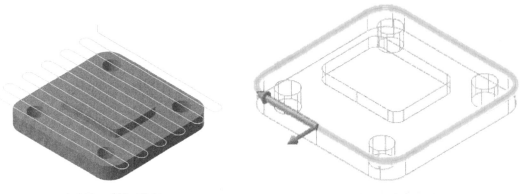

图 10-32 平面铣刀路　　　　　　　图 10-33 选择加工边界

2）系统弹出【2D 刀路-外形铣削】对话框，打开【刀具】选项卡，创建直径为 8mm 的倒角刀，设置【进给速率】为 800.0mm/min，【下刀速率】为 2000.0mm/min，【主轴转速】为 5000.0r/min，勾选【快速提刀】选项。

3）打开【切削参数】选项卡，设置【补正方向】为【右】，【外形铣削方式】为【2 D 倒角】，设置【倒角宽度】为 0.3mm，【底部偏移】为 1.0mm，设置【壁边预留量】为 −0.0125mm，【底面预留量】为 0.0mm，其他参数按默认设置。

打开【进/退刀设置】选项卡，选择【相切】选项，设置【长度】为 30%，【圆弧】/【半径】为 30%，【扫描（角度）】为 90.0°，单击按钮 ▶▶，即将进、退刀参数设为一致。

4）单击【共同参数】选项，设置【参考高度】为 10.0mm，【下刀位置】为 5.0mm，以【绝对坐标】的形式设置【工件表面】和【深度】都为 0.0mm，其他参数设置如图 10-34 所示。

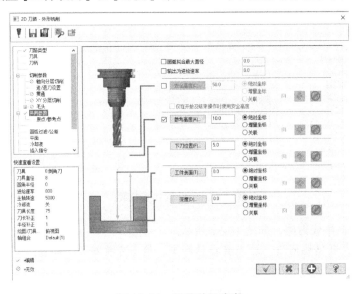

图 10-34 设置共同参数

单击  按钮，生成刀路，如图 10-35 所示。

六、凹模正面加工

1. 选择机床

选择【机床】/【铣床】/【默认】命令，并将"机床群组 -1"名称修改为"凹模正面加工"。

2. 模拟设置

调出【机器群组属性】对话框，设置【素材原点视角坐标】为 X0mm、Y0mm、Z0.2mm，材料大小为 X91mm、Y91mm、Z16mm。

图 10-35　外形轮廓倒角加工刀路

3. 新建刀路群组

分别建立名称为：3-12R0、2-DRILL12R0、3-8C0.3 的刀路群组。将 ▶ 移到群组名为"3-12R0"的目录下。

七、编制刀路

1. 平面加工（凹模上表面）

调出【层别管理】对话框，只显示第 3 图层（凹模轮廓），调出凹模轮廓线。

将 ▶ 移到群组名为"2-12R0"的目录下。

复制"凸模正面加工"机床群组"1-12R0"目录下的"第 1 步：平面加工"刀路至"凹模正面加工"机床群组"2-12R0"目录下。系统弹出【刀具管理】对话框，如图 10-36 所示，单击【否】按钮，将创建新的刀具。

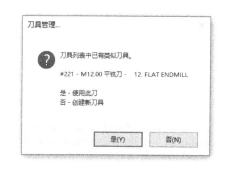

图 10-36　【刀具管理】对话框

2. 外形铣削粗加工（凹模最大轮廓）

1）复制"凸模正面加工"机床群组"2-8C0.3"目录下的"第 2 步：外形铣削（2D 倒角）"刀路至"凸模背面加工"机床群组"2-8C0.3"目录下。系统弹出【刀具管理】对话框，单击【否】按钮，以创建新的刀具。在刚生成的第 9 步：外形铣削（2D 倒角）刀路目录下单击【参数】选项。

2）系统弹出【2D 刀路 - 外形铣削】对话框，打开【共同参数】选项卡，修改【深度】为 −11.0mm，其他参数按默认设置。

操作提示：凸模零件高度为 10.0mm，这里加工至 11.0mm，目的是为了直接加工到位，从而避免出现接刀痕。

单击【2D 刀路 - 外形铣削】对话框中的【确定】按钮 ✓ ，单击【重新生成所有无效操作】按钮 ↑× ，生成刀路，如图 10-37 所示。

3. 外形铣精粗加工（凹模最大轮廓）

1）复制"凸模正面加工"机床群组"1-12R0"目录下的"第 3 步：外形铣削（2D）"刀路至"凹模正面加工"机床群组"2-12R0"目录下。系统弹出【刀具管理】对话框，单击【否】按钮，以创建新的刀具。在刚生成的第 10 步：外形铣削（2D）刀路目录下单击【参数】选项。

2）系统弹出【2D 刀路 - 外形铣削】对话框，打开【共同参数】选项卡，修改【深度】为 −11.0mm，其他参数按默认设置。

单击【2D 刀路 - 外形铣削】对话框中的【确定】按钮 ✓，单击【重新生成所有无效操作】按钮 ▮×，生成刀路，如图 10-38 所示。

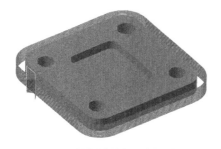

图 10-37　凹模最大轮廓粗加工刀路

图 10-38　凹模最大轮廓精加工刀路

4. 标准挖槽粗加工（凹模最大轮廓）

1）选择【刀路】/【2D】/【挖槽】命令，在绘图区选取长方形如图 10-39 所示，作为加工范围边界线，并执行确定操作。

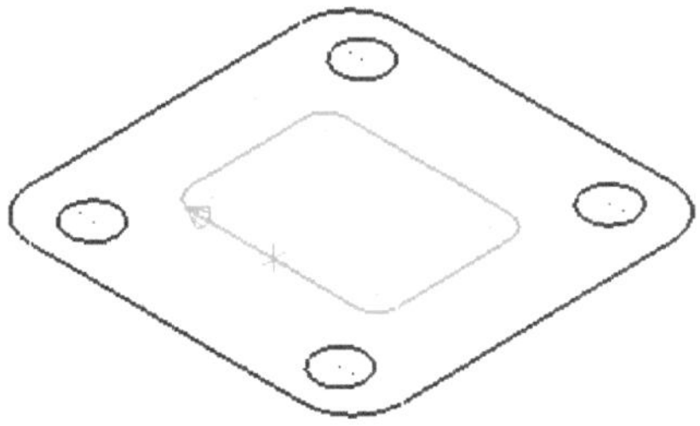

2）系统弹出【2D 刀路 -2D 挖槽】对话框，打开【刀具】选项卡，选择直径为 12mm 的立铣刀，设置【进给速率】为 318.2mm/min，【主轴转速】为 1591r/min，【下刀速率】为 1800mm/min。勾选【快速提刀】复选项。

3）打开【切削参数】选项卡，在【挖槽加工方式】选项的下拉列表中选择【标准】选项，设置【壁边预留量】与【底面预留量】为 0.25mm，其他参数按默认设置，如图 10-40 所示。

图 10-39　选择加工边界

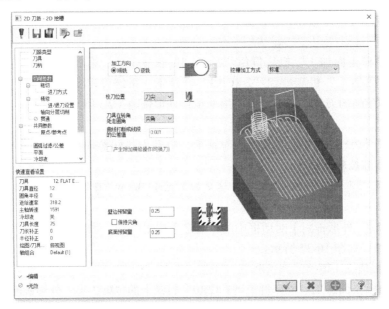

图 10-40　切削参数选项卡

打开【粗切】选项卡，勾选【粗切】选项，选择【切削方式】为【等距环切】，设置【切削间距（直径%）】为 60.0，其他参数按默认设置，如图 10-41 所示。

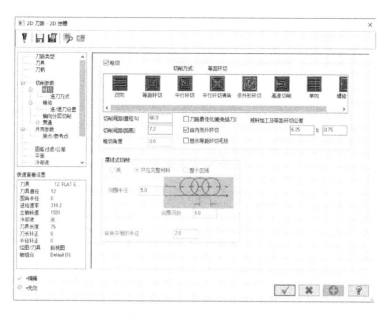

图 10-41 粗加工选项卡

打开【进刀方式】选项卡，单击【螺旋】选项，接受默认参数设置，如图 10-42 所示。

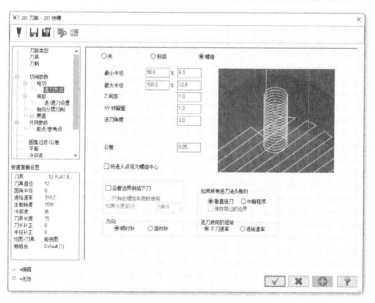

图 10-42 设置进刀方式

打开【精修】选项卡，勾选【精修】选项，设置【次】为 1，【间距】为 0.25mm，【精修次数】为 0，其他参数按默认设置，如图 10-43 所示。

打开【轴向分层切削】选项卡，勾选【轴向分层切削】选项，相关参数设置如图 10-44 所示。

4）单击【共同参数】选项，勾选【参考高度】并设置为 10.0mm，【下刀位置】为 5.0mm，【深度】为 -6.0mm，单击所有【绝对坐标】选项，其他参数按默认设置。

单击按钮 ，生成刀路，如图 10-45 所示。

将 ▶ 移到群组名为 "2-8R0" 的目录下。

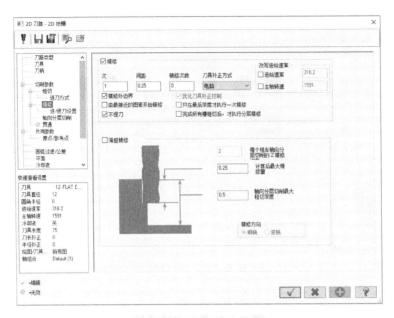

图 10-43　设置精加工参数

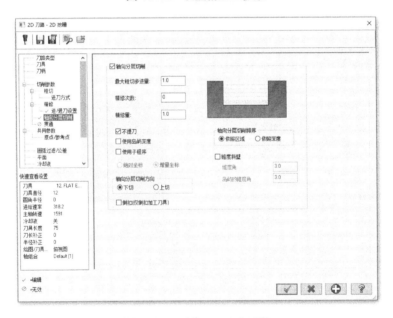

图 10-44　设置深度切削参数

5. 标准挖槽精加工（凹模最大轮廓）

1）复制"第 12 步：2D 挖槽（标准）"刀路，将刚生成的第 13 步：2D 挖槽（标准）刀路拖动至群组名为"2-8R0"的目录下，接着单击该刀路目录下的【参数】选项。

2）系统弹出【2D 刀路 -2D 挖槽】对话框，打开【刀具】选项卡，创建直径为 8mm 的立铣刀，设置【进给速率】为 477.4mm/min，【主轴转速】为 2387r/min，【下刀速率】为 300mm/min，其他参数按默认设置。

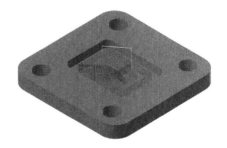

图 10-45　挖槽粗加工刀路

3）打开【切削参数】选项卡，设置【壁边预留量】为 −0.0075mm，【底面预留量】为 −0.01mm，其他参数按默认设置，如图 10-46 所示。

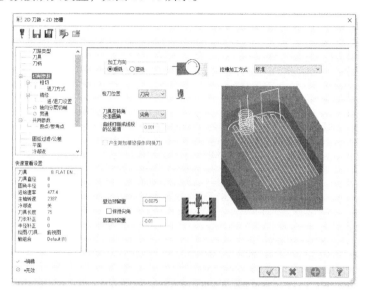

图 10-46　切削参数选项卡

打开【进刀方式】选项卡，单击【关】选项，接受默认参数设置。

打开【轴向分层切削】选项卡，不勾选【轴向分层切削】选项。

在【2D 刀路 -2D 挖槽】对话框单击按钮 ，单击【重新生成所有无效操作】按钮 ，生成刀路，如图 10-47 所示。

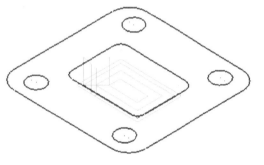

图 10-47　挖槽精加工刀路

6.钻通孔（凹模通孔）

复制"凸模正面加工"机床群组"1-DRILL12R6"目录下的"第 6 步：深孔啄钻（G83）"刀路，至"凹模正面加工"机床群组"2-12R0"目录下。系统弹出【刀具管理】对话框，单击【否】按钮，以创建新的刀具，即可完成钻孔加工。

7.倒角加工（凸模）

复制"凸模正面加工"机床群组"1-8C0.3"目录下的"第 7 步：外形铣削（2D 倒角）"刀路，至"凹模正面加工"机床群组"1-8C0.3"目录下。系统弹出【刀具管理】对话框，单击【否】按钮，以创建新的刀具。

在刚生成的第 16 步：外形铣削（2D 倒角）刀路目录下单击【参数】选项，系统弹出【2D 刀路 - 外形铣削】对话框，打开【刀路类型】选项卡，在【串连图形】选项下单击【移除串连】 ，单击【选择串连】按钮 ，如图 10-48 所示。

系统弹出【实体串连】对话框，以【实体】/【串连】的形式分别选择如图 10-49 所示的两条外形轮廓线。根据箭头指向判断此时刀具补偿为左补偿，单击【确定】按钮 。

在【2D 刀路 - 外形铣削】对话框单击【确定】按钮 ，单击【重新生成所有无效操作】按钮 ，生成刀路，如图 10-50 所示。

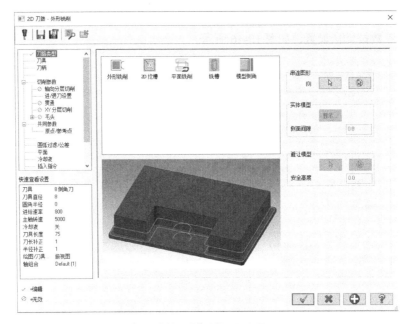

图 10-48 【刀路类型】选项卡

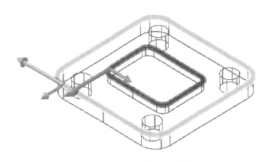

图 10-49 选择加工边界

图 10-50 外形轮廓倒角加工刀路

八、凹模正面实体模拟加工

将凹模正面加工所用的刀路都选上进行验证模拟加工，结果如图 10-51 所示。

九、凹模背面加工准备工作

1. 选择机床

选择【机床】/【铣床】/【默认】命令，并将"机床群组 -1"名称修改为"凹模背面加工"。

2. 模拟设置

调出【机器群组属性】对话框，设置【毛坯设置】为X0mm、Y0mm、Z4mm，材料大小为 X91mm、Y91mm、Z20mm。

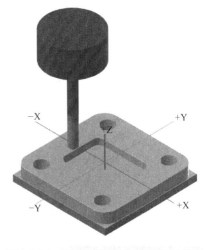

图 10-51 凹模正面实体模拟加工结果

3. 新建刀路群组

分别建立名称为 4-12R0、4-8C0.3 的刀路群组。将 ▶ 移到群组名为"4-12R0"的目录下。

十、编制刀路

由于凹模背面只进行平面加工，因此这里直接采用原来的系统坐标系，不再新建坐标系。

1. 平面加工（凹模背面）：

1）选择【刀路】/【面铣】命令，系统弹出【实体串连】对话框，选择最大正方形轮廓线，如图 10-52 所示，单击【确定】按钮 。

图 10-52　选择正方形轮廓线

2）系统弹出【2D 刀路 - 平面铣削】对话框，打开【刀具】选项卡，创建直径为 12mm 的立铣刀，设置【进给速率】为 400.0mm/min，【下刀速率】为 300.0mm/min，【主轴转速】为 2500.0r/min，勾选【快速提刀】选项。

3）打开【切削参数】选项卡，在【类型】选项的下拉列表中选择【双向】选项，设置【底面预留量】为 -0.1mm，设置【截断方向超出量】为 6.0mm，【引导方向超出量】为 13.2mm，【进刀引线长度】为 6.0mm，【退刀引线长度】为 6.0mm，【最大步进量】为 9.0mm，铣削方式为【顺铣】，【粗切角度】为 0.0°，在【两切削间移动方式】选项的下拉列表中选择【高速回圈】，如图 10-53 所示。

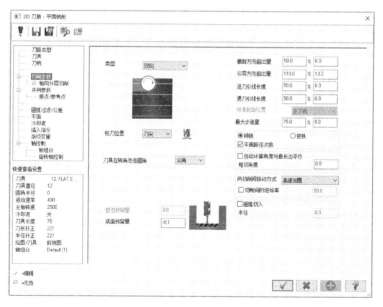

图 10-53　设置切削参数

打开【轴向分层切削】选项卡，勾选【轴向分层切削】选项卡，设置【最大粗切步进量】为 1.5mm，【精修次数】为 1，【精修量】为 0.25mm，勾选【不提刀】选项，其他参数按默认设置，如图 10-54 所示。

4）单击【共同参数】选项，勾选【参考高度】并设置为 10.0mm，【下刀位置】为 5.0mm，【工件表面】为 4.0mm，【深度】为 0.0mm，单击所有【绝对坐标】选项。

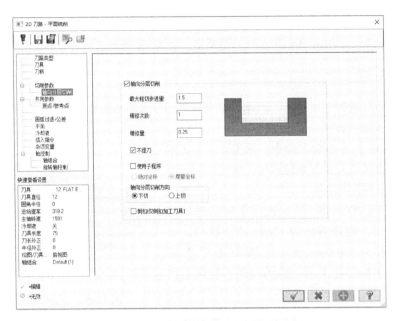

图 10-54　设置【轴向分层切削】选项

单击按钮 ，生成刀路，如图 10-55 所示。

将 ▶ 移到群组名为 "4-8C0.3" 的目录下。

2. 倒角加工（凹模）

在【刀路】管理器的 "凸模背面加工" 机床群组 "2-8C0.3" 目录下的 "第 9 步：外形铣削（2D 倒角）" 刀路单击右键，在弹出的快捷菜单中选择【复制】选项，如图 10-56 所示。

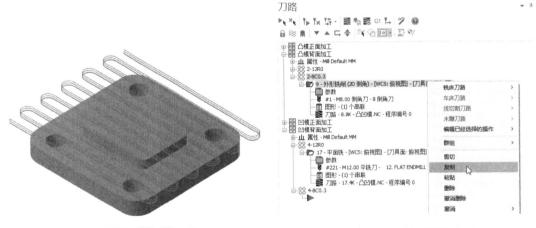

图 10-55　平面铣刀路　　　　　　　　　图 10-56　复制倒角刀路

接着在 "凹模背面加工" 机床群组 "4-8C0.3" 目录下单击右键，在弹出的快捷菜单中选择【粘贴】选项，即可完成倒角刀路的创建。

十一、凹模背面实体模拟加工

将凹模背面加工所用的刀路都选上进行验证模拟加工，结果如图 10-57 所示。

操作提示：由于此处没有创建凹模背面的加工坐标系，使用与凹模正面同一个坐标系，所以模拟仿真独立加工时仍留有余量，在真正加工时只要做好坐标系的设置即可，并不影响实际加工效果。

任务小结

本任务结合凸凹模配合件图样技术要求，介绍了根据零件加工要求计算加工公差，以及在编程时设置加工负余量以保证配合要求的方法。还学习了通过在同一个文件中同时加工不同零件的刀路群组的设计与管理方法，培养学生对配合件的加工具备较强的编程能力。当学生具备较强的造型与编程能力时，直接利用二维线框加工复杂的零件可免去造型设计环节，从而提高编程效率。

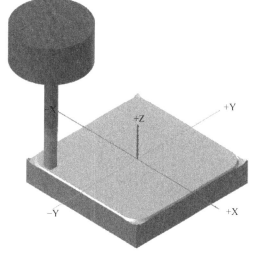

图 10-57　凹模背面实体模拟加工结果

提高练习

打开配套资源包"练习文件 /cha10/10-2.mcam"，零件图如图 10-58 所示。

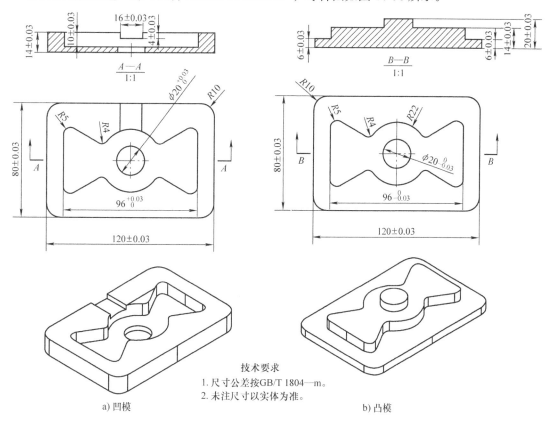

技术要求
1. 尺寸公差按GB/T 1804—m。
2. 未注尺寸以实体为准。

a) 凹模　　　　　　　　　　　　　　　b) 凸模

图 10-58　提高练习零件

任务十一

多工序复杂零件编程加工

任务目标

> 知识目标

1）掌握复杂六面体的的编程与装夹方法。

2）掌握多个编程坐标系的设置方法。

3）掌握对具有几何公差要求的特征的编程加工方法。

4）掌握对具有对称特点的不同加工工序的快速编程方法。

> 能力目标

1）能根据零件特点和加工难点正确安排加工工艺。

2）能对几何尺寸具有高要求的孔加工进行正确编程加工。

3）能运用不同坐标系对具有对称特征的零件进行快速编程加工。

> 素质目标

1）能对复杂图形的编程在设置编程环境时培养全局思维，包括对图层的编号和名称的设计、机床群组名称的设计、加工工序和加工余量的设计等。

2）能根据零件加工要求安排不同的加工工艺，具备多工序加工工艺设计的能力。

3）能对多工序复杂加工零件在加工的过程中建立基准先行的工艺设计思维。

任务导入

打开配套资源包"源文件 /cha11/ 多工序复杂零件 .mcx-5"，零件图如图 11-1a 所示，打开第 1 图层，立体图如图 11-1b 所示，零件材料为铝合金，毛坯尺寸为 66mm×60mm×54mm。

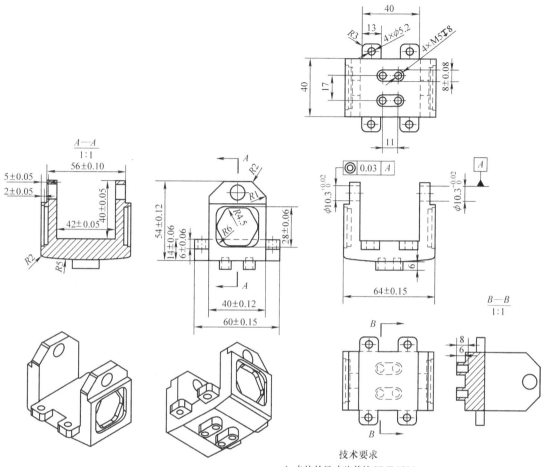

技术要求
1. 未注的尺寸公差按GB/T 1804—m。
2. 零件的表面不能有划伤等表面缺陷。
3. 未注尺寸以实体为准。

a) 多工序复杂零件图

b) 立体图

图 11-1　多工序复杂零件

任务分析

1. 图形分析

该多工序复杂零件整体外形呈 U 形，U 形底部有两个高为 6.0mm 的凸台，凸台中各有两个孔深为 9.0mm 的 M5mm 螺纹孔，U 形底部为平整面，两侧边对称有两个带 ϕ5.2mm 通孔的耳朵凸块。U 形左右两侧为相同的封闭凹槽，其上端有台阶，台阶中有一个 ϕ10.3mm 通孔，U 形左右两侧倒角。

2. 工艺分析

该多工序复杂零件根据图形分析可知，6 个面都需要加工，需综合考虑不同加工工序顺序对加工效果的影响，而加工基准对保证尺寸加工精度具有重要的意义。U 形底部除了有两个凸台外，由于还存在斜面和圆弧曲面，为了获得好的表面质量，可考虑利用刀具的侧刃进行加工，以有效提高加工效率。两个耳朵凸块的加工需要考虑避免不同加工工序产生的接刀问题，其倒圆角特征的加工同样采用刀具的侧刃进行加工。U 形左右两侧为相同的封闭凹槽，采用挖槽加工的方法进行编程加工即可。对于两个 ϕ10.3mm 通孔，由于其尺寸公差小，而且两个通孔的同轴度误差为 0.03mm，是整个零件的加工难点。对于此类具有几何公差要求的特征需要尽可能一次性加工完成，以保证加工要求。对于侧边的倒角斜面采用刀具的侧刃进行加工即可，遵循曲面和斜面的加工使用平底刀加工，尽量避免使用球头立铣刀加工的原则。

在考虑加工工序的顺序时可考虑根据零件的结构特点，利用其中的空位进行装夹。整个零件的加工可分为 6 步，具体如下：

第 1 步是先加工零件右面，如图 11-1b 所示。先加工零件整体的 U 形外，以及两个耳朵凸块。由于 U 形外形的厚度为 40.0mm，需要注意保证刀具的刃长。对于 U 形内部的轮廓暂不加工，要为装夹和两个 ϕ10.3mm 通孔的加工创造条件。对于耳朵凸块的倒圆角部位也暂不加工，待下一工序再加工。

第 2 步是加工零件的左面，由于其加工特征与零件的右面相同，因此可通过复制零件右面的加工刀路进行快速编程。

第 3 步是加工零件的下面，将两个凸台和孔的部位进行加工。

第 4 步是加工零件的后面，加工零件的封闭凹槽、台阶、端部倒角斜面和 ϕ10.3mm 通孔。端部倒角斜面需要将对应的前面部分相同特征一次性加工到位，ϕ10.3mm 通孔的加工是难点，需要一次性将两个通孔作为同一个孔进行加工，加工顺序为先钻孔、扩孔再铰孔。

第 5 步是加工零件的前面，由于加工特征与零件后面的加工工序相同，因此可通过复制零件的封闭凹槽和台阶刀路进行快速编程。

第 6 步是加工零件的上面，由于零件的上面为平整面，采用 2D 标准挖槽的形式进行加工即可。

3. 刀路规划

右面加工：

步骤 1：使用 ϕ8mm 平底刀对零件最大外形采用斜插的外形铣削刀路进行粗加工，加工余量为 0.35mm。

步骤 2：使用 ϕ8mm 平底刀对零件最大外形采用外形铣削刀路进行精加工，加工余量为 0.0mm。

步骤 3：使用 ϕ8mm 平底刀对零件右面两个耳朵凸块采用 2D 高速刀路（2D 区域）进行粗加工，加工余量为 0.35mm。

步骤 4：使用 ϕ8mm 平底刀对零件右面两个耳朵凸块采用 2D 高速刀路（2D 区域）进行精加工，加工余量为 0.0mm。

左面加工：

步骤 5：使用 ϕ8mm 平底刀对零件最大外形采用外形铣削刀路进行精加工，加工余量为 0.0mm。

步骤 6：使用 ϕ8mm 平底刀对零件左面两个耳朵凸块采用 2D 高速刀路（2D 区域）进行粗加工，加工余量为 0.35mm。

步骤 7：使用 ϕ8mm 平底刀对零件左面两个耳朵凸块采用 2D 高速刀路（2D 区域）进行精加工，加工余量为 0.0mm。

下面加工：

步骤 8：使用 ϕ8mm 平底刀对零件下面的两凸台平底面采用外形铣削刀路进行精加工，加工余量为 0.0mm。

步骤 9：使用 ϕ8mm 平底刀对零件下面的两凸台侧面采用外形铣削刀路进行精加工，加工余量为 0.0mm。

步骤 10：使用 ϕ8mm 平底刀对零件左右两侧的 4 个耳朵凸块的侧面采用外形铣削刀路进行精加工，加工余量为 0.0mm。

步骤 11：使用 ϕ4.2mm 钻头对零件两凸台的 M5 螺纹采用钻孔刀路进行预钻孔。

步骤 12：使用 ϕ5mm 右牙刀对零件两凸台的 M5 螺纹采用钻孔刀路进行攻螺纹。

步骤 13：使用 ϕ4.2mm 钻头对零件左右两侧 4 个耳朵凸块的通孔采用钻孔刀路进行钻中心孔。

步骤 14：使用 ϕ5mm 平底刀对零件左右两侧 4 个耳朵凸块的通孔采用钻孔刀路扩孔。

步骤 15：使用 ϕ5.2mm 铰刀对零件左右两侧 4 个耳朵凸块的通孔采用钻孔刀路进行铰孔。

后面加工：

步骤 16：使用 ϕ8mm 平底刀对零件后面的封闭正六边形凹槽采用标准挖槽刀路进行粗加工，加工余量为 0.35mm。

步骤 17：使用 ϕ8mm 平底刀对零件后面的封闭正六边形凹槽采用标准挖槽刀路进行精加工，加工余量为 0.0mm。

步骤 18：使用 ϕ8mm 平底刀对零件后面的矩形台阶采用外形铣削（斜插）刀路进行粗加工，加工余量为 0.35mm。

步骤 19：使用 ϕ8mm 平底刀对零件后面的矩形台阶采用外形铣削（2D）刀路进行精加工，加工余量为 0.0mm。

步骤 20：使用 ϕ8mm 平底刀对零件后面的台阶采用外形铣削（斜插）刀路进行粗加工，加工余量为 0.35mm。

步骤 21：使用 ϕ8mm 平底刀对零件后面的台阶采用外形铣削（2D）刀路进行精加工，加工余量为 0.0mm。

步骤 22：使用 ϕ8mm 平底刀对零件后面的倒角面采用外形铣削（斜插）刀路进行粗加工，加工余量为 0.35mm。

步骤 23：使用 ϕ8mm 平底刀对零件后面的倒角面采用外形铣削（2D）刀路进行精加工，加工余量为 0.0mm。

步骤 24：使用 ϕ9mm 钻头对零件 ϕ10.3mm 通孔采用钻孔刀路进行预钻孔。

步骤 25：使用 ϕ10mm 平底刀对零件 ϕ10.3mm 通孔采用钻孔刀路进行扩孔。

步骤 26：使用 ϕ10.3mm 铰刀对零件 ϕ10.3mm 通孔采用钻孔刀路进行铰孔。

前面加工：

步骤 27：使用 ϕ8mm 平底刀对零件前面的封闭正六边形凹槽采用标准挖槽刀路进行粗加工，加工余量为 0.35mm。

步骤 28：使用 ϕ8mm 平底刀对零件前面的封闭正六边形凹槽采用标准挖槽刀路进行精加工，加工余量为 0.0mm。

步骤 29：使用 ϕ8mm 平底刀对零件前面的矩形台阶采用外形铣削（斜插）刀路进行粗加工，加工余量为 0.35mm。

步骤 30：使用 ϕ8mm 平底刀对零件前面的矩形台阶采用外形铣削（2D）刀路进行精加工，加工余量为 0.0mm。

步骤 31：使用 ϕ8mm 平底刀对零件前面的台阶采用外形铣削（斜插）刀路进行粗加工，加工余量为 0.35mm。

步骤 32：使用 ϕ8mm 平底刀对零件前面的台阶采用外形铣削（2D）刀路进行精加工，加工余量为 0.0mm。

上面加工：

步骤 33：使用 ϕ10mm 平底刀对零件上面的平面采用标准挖槽刀路进行粗加工，加工余量为 0.35mm。

步骤 34：使用 ϕ10mm 平底刀对零件上面的平面采用标准挖槽刀路进行精加工，加工余量为 0.0mm。

任务实施

一、零件右面加工准备工作

1. 机床选择

选择【机床】/【铣床】/【默认】命令，并将"机床群组 1"名称修改为"右面加工"。

2. 模拟设置

调出【机器群组属性】对话框，设置【毛坯设置】X0mm、Y0mm、Z0.2mm，材料大小为 X60mm、Y64mm、Z61mm。

任务十一　多
工序复杂零件
编程加工——
右面加工

二、刀路编制

1. 外形铣削粗加工（U 形轮廓最大外形）

新建第 10 层图（右面加工）。

操作提示：由于零件加工工序多，针对每一个加工工序需要用到的辅助图素可能会相应增多，因此对每个加工工序留有一定数量的管理图层以方便后续的操作，各个加工工序之间主图层间隔的层数应该比较大，如此处每个工序的主图层的图层间隔为 10。同时图层的名称需要准确，以方便编辑管理。

调整绘图平面为【俯视图】，设置 Z 深度为 0.0mm，选择【线框】/【边界轮廓】命令，如图 11-2 所示。

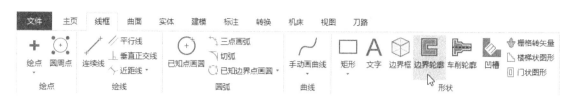

图 11-2　选择【边界轮廓】命令

选择实体零件，单击【结束选择】按钮（结束选择），在系统弹出的【轮廓边界】对话框上单击按钮，如图 11-3a 所示。生成轮廓边界线如图 11-3b 所示。

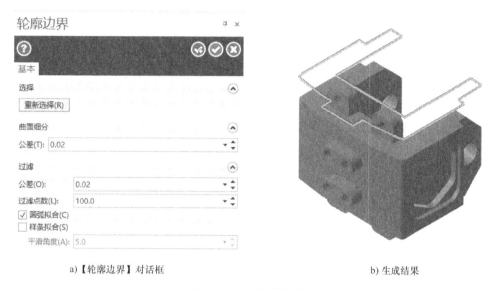

a)【轮廓边界】对话框　　　　　　　　　b) 生成结果

图 11-3　生成轮廓边界

操作提示：考虑到篇幅这里不介绍如何将零件进行平移和旋转定位，而是直接将零件以加工右面的形式进行放置。

将视图调整为俯视图，对如图 11-4a 所示多余的线段进行删除和修剪，结果如图 11-4b 所示。

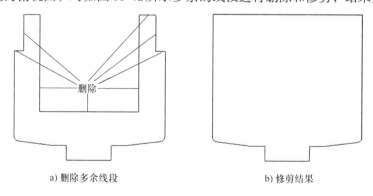

a) 删除多余线段　　　　　　　　　b) 修剪结果

图 11-4　修剪轮廓边界

操作提示：此处提取的外形为零件的最大外形，将作为加工边界直接加工到位，以方便后续对刀基准的确定。对于如图 11-4a 所示的上端直线，读者还可以尝试将其再向上偏移 0.5mm，如图 11-5a 所示，以留出 0.5mm 的加工余量作为后续在加工零件后面倒角面的加工工序时再进行加工，以获得更好的加工质量。必须注意的是，当此面预留了 0.5mm 时，在确定下一步加工工序的加工坐标系时需计算好加工坐标系的位置，如此时在"左面加工"工序采用分中对刀时，需要将刀具在 Y 轴的原点上偏移 0.25mm。

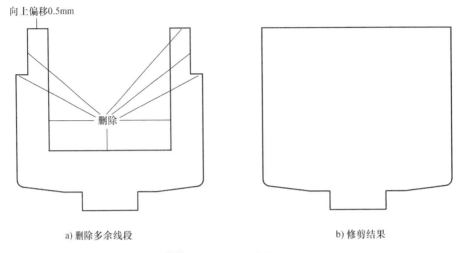

a) 删除多余线段　　　　　　　　　　b) 修剪结果

图 11-5　修剪轮廓边界

在菜单栏选择【线框】/【单一边界】命令，依次选择两个耳朵凸块的三边线，选择零件并确定，结果如图 11-6a 所示。通过修剪延伸命令将 U 形线的首尾向外延长 0.5mm，并利用直线进行首尾相接，结果如图 11-6b 所示。

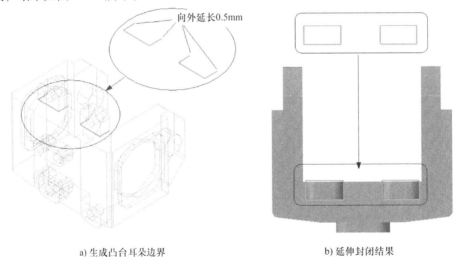

a) 生成凸台耳朵边界　　　　　　　　b) 延伸封闭结果

图 11-6　构建耳朵凸块边界

操作提示：此处在提取了耳朵凸块边界后延长 0.5mm 的目的与上一步相同，将延长出来的加工余量留到"零件上面加工"工序再加工，以获得好的加工质量。

1）选择【刀路】/【外形】命令，系统弹出【线框串连】对话框，按照如图 11-4b 所示的最大轮廓线，此时刀具补偿方向为左补偿，如图 11-7 所示，单击【确定】按钮 ✓。

2）系统弹出【2D 刀路 - 外形铣削】对话框，打开【刀具】选项卡，创建直径为 8mm 平底刀，设置【进给速率】为 800.0mm/min，【下刀速率】为 1000.0mm/min，【主轴转速】为 4000.0r/min，勾选【快速提刀】选项。

3）打开【切削参数】选项卡，设置【补正方向】为【左】,【外形铣削方式】为【斜插】,选择【斜插方式】为【深度】,设置【斜插深度】为0.5mm，勾选【在最终深度处补平】选项,【壁边预留量】和【底面预留量】为0.35mm，其他参数按默认设置。

打开【进/退刀设置】选项卡，选择【相切】选项，设置【长度】和【圆弧】/【半径】为50%,【扫描（角度）】为45°,单击按钮 ，即将进、退刀参数设为一致。

打开【XY分层切削】选项卡，勾选【XY分层切削】选项卡，设置【粗切】/【次】为2,【间距】为2.5mm，勾选【不提刀】选项。

4）单击【共同参数】选项，设置【参考高度】为10.0mm，【下刀位置】为5.0mm，【工件表面】为0.0mm，【深度】为-53mm，选择所有【绝对坐标】选项。

单击 按钮，生成刀路，如图11-8所示。

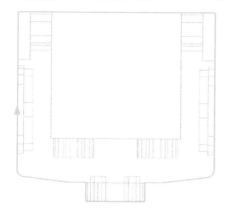

图11-7　选择加工边界

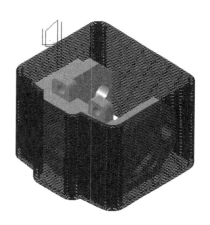

图11-8　外形铣削粗加工刀路

操作提示：此处选用φ8mm平底刀需要注意切削刃的长度，在装夹时将利用零件上左右对称两耳朵凸块6.0mm的厚度进行装夹。

2. 外形铣削精加工（U形轮廓最大外形）

1）复制"第1步：外形铣削（斜插）"刀路，在刚生成的第2步：外形铣削（斜插）刀路的目录下单击【参数】选项。

2）系统弹出【2D刀路-外形铣削】对话框，修改【进给速率】为400mm/min，【主轴转速】为3500.0r/min，【下刀速率】为2000mm/min，【提刀速率】为3000mm/min，勾选【快速提刀】复选框，其他选项都不勾选，其他参数按默认设置。

3）打开【切削参数】选项卡，修改【外形铣削方式】为【2D】,【壁边预留量】和【底面预留量】为0.0mm，其他参数按默认设置。

打开【XY分层切削】选项卡，不勾选【XY分层切削】。

单击【确定】按钮 ，单击【重新生成所有无效操作】按钮 ，生成刀路，如图11-9所示。

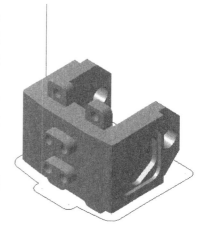

图11-9　外形铣削精加工刀路

3. 2D高速刀路粗加工（两耳朵凸块）

1）选择【刀路】/【动态铣削】命令，系统弹出【串连选项】对话框，在【加工区域策略】选项中单击【开放】选项，如图 11-10a 所示。在【加工范围】选项卡单击选择加工串连按钮，选择如图 11-10b 所示的最大外形，并在【线框串连】对话框单击【确定】按钮。在【避让范围】选项卡单击加工串连按钮，选择如图 11-10c 所示两个小矩形，并在【线框串连】对话框单击【确定】按钮，在【串连选项】对话框再单击【确定】按钮。

2）系统弹出【2D 高速刀路-区域】对话框，打开【刀具】选项卡，选择直径为 8mm 的平底刀，设置【进给速率】为 1200.0mm/min，【下刀速率】为 1000.0mm/min，【主轴转速】为 3500.0r/min，勾选【快速提刀】选项。

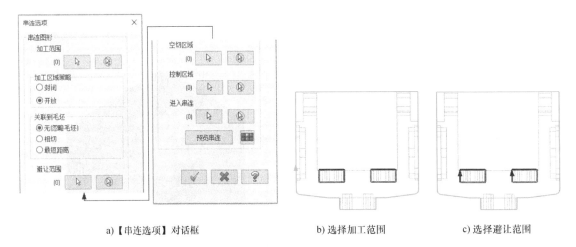

a)【串连选项】对话框　　　　b) 选择加工范围　　　　c) 选择避让范围

图 11-10　选择加工边界

3）打开【切削参数】选项卡，设置切削参数如图 11-11 所示。

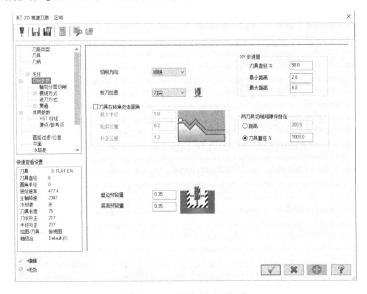

图 11-11　设置切削参数

打开【轴向分层切削】选项卡，设置【最大粗切步进量】为 0.5mm，勾选【不提刀】选项，其他参数按默认设置。

打开【进刀方式】选项卡，选择【螺旋进刀】选项，设置【半径】为4.0mm，其他参数如图11-12所示。

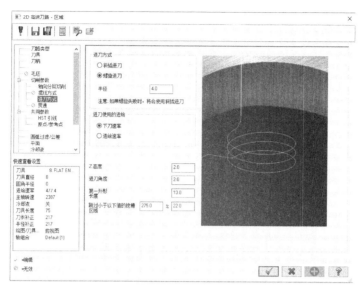

图11-12　设置进刀方式

4）打开【共同参数】选项卡，设置【参考高度】为10.0mm，【下刀位置】为5.0mm，【工件表面】为0.0mm，【深度】为-11.0mm，选择所有【绝对坐标】选项。

单击 按钮，生成刀路，如图11-13所示。

4. 2D 高速刀路精加工（两耳朵凸块）

1）复制"第3步：2D高速加工（2D区域）刀路"，在刚生成的第4步：2D高速加工（2D区域）刀路的目录下单击【参数】选项，系统弹出【2D高速刀路-区域】对话框，打开【刀具】选项卡，修改【进给速率】为600.0mm/min，【下刀速率】为400.0mm/min，【主轴转速】为5000.0r/min，勾选【快速提刀】选项。

2）打开【切削参数】选项卡，修改【壁边预留量】和【底面预留量】都为0.0mm，其他参数按默认设置。

3）单击【共同参数】选项，修改【工件表面】为-10.5mm，【深度】为-11.0m，勾选所有【绝对坐标】选项。

单击【确定】按钮 ，单击【重新生成所有无效操作】按钮 ，生成刀路，如图11-14所示。

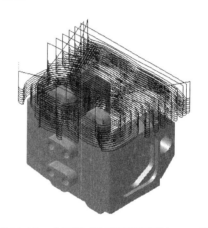

图 11-13　右面的 2D 高速区域粗加工刀路

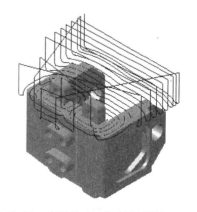

图 11-14　右面的 2D 高速区域精加工刀路

三、零件右面模拟加工

模拟结果如图 11-15 所示。

四、零件左面加工准备工作

选择机床：选择【机床】/【铣床】/【默认】命令，并将"机床群组 1"名称修改为"左面加工"。

五、编制刀路

1. 创建编程坐标系

打开第 2 图层（边界盒），关闭第 10 图层，新建第 20 层图（左面加工）。

在屏幕左下角单击【平面】选项，打开【平面】管理器，单击按钮，选择【动态】选项，如图 11-16a 所示。将动态坐标系移至右面的正中心（即右面边界盒的两对角线交点）并单击确定，如图 11-16b 所示。

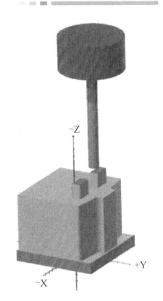

任务十一　多工序复杂零件编程加工——左面加工

图 11-15　模拟结果

a) 选择【动态】选项

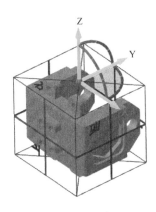

b) 选择右面的中心

图 11-16　使用动态定面

在系统弹出的【新建平面】对话框中【Z：】选项空白处单击右键，在弹出的快捷菜单中选择【Z= 点的 Z 坐标】选项，如图 11-17 所示。

选择右面的相对面，即左面边界盒的其中一条对角线的中点，如图 11-18a 所示。将光标指定到如图 11-18b 所示的位置出现刻度圆盘时单击，将光标绕着 X 轴逆时针方向旋转 180°，单击右键确定，结果如图 11-18c 所示。

在【新建平面】对话框中将【名称】修改为左面，分别勾选【设置当前 WCS】【刀具平面】和【绘图平面】，如图 11-19 所示，单击【确定】按钮。

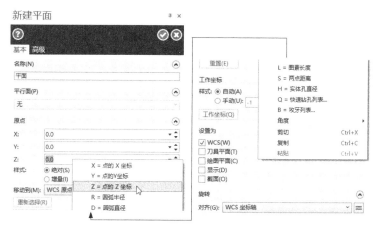

图 11-17　选择【Z= 点的 Z 坐标】选项

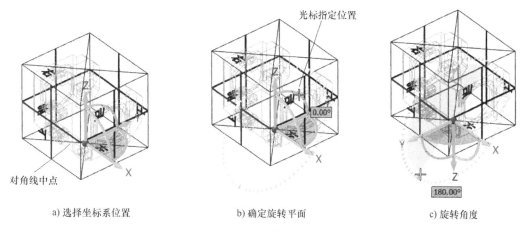

a) 选择坐标系位置　　　　　b) 确定旋转平面　　　　　c) 旋转角度

图 11-18　旋转坐标系

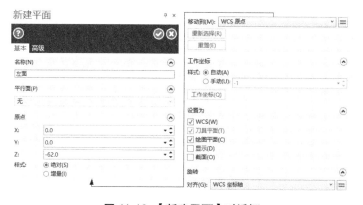

图 11-19　【新建平面】对话框

按下 <F9> 键，关闭第 2 图层。新构建的左面编程坐标系如图 11-20a 所示，需要特别注意的是，图 11-20b 所示为该工序的装夹方向，与"右面加工"工序不同。

操作提示：对于新创建的坐标系若需要编辑修改时，可在【平面】管理器中选择所需要编辑的坐标系名称后单击右键，在弹出的快捷菜单中选择【编辑】选项即可。

将 ▶ 移至"左面加工"机床群组下的"刀具群组 2"目录下。

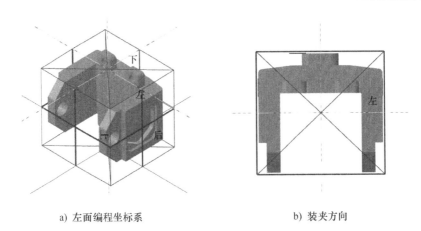

a）左面编程坐标系   b）装夹方向

图 11-20   创建左面编程坐标系

同时选择"右面加工"机床群组下的"第 2 步：外形铣削（2D）"刀路、"第 3 步：2D 高速加工（2D 区域）"刀路和"第 4 步：2D 高速加工（2D 区域）"刀路，并单击右键，在弹出的快捷菜单中选择【复制】选项。在 ▶ 处单击右键，在弹出的快捷菜单中选择【粘贴】选项，接受默认的 NC 名称，系统弹出【刀具管理】对话框，单击【否】按钮，如图 11-21 所示，以选择创建新的刀具。

图 11-21   创建新的刀具

2. 外形铣削精加工（U 形轮廓最大外形）

1）在刚生成的第 5 步：外形铣削（2D）刀路的目录下单击【参数】选项，系统弹出【2D 刀路 - 外形铣削】对话框。

2）打开【切削参数】选项卡，修改【补正方向】为【右】，其他参数按默认设置。

打开【XY 分层切削】选项卡，勾选【XY 分层切削】选项卡，设置【粗切】/【次】为 2,【间距】为 2.5mm，勾选【不提刀】选项。

3）单击【共同参数】选项，设置【参考高度】为 10.0mm,【下刀位置】为 5.0mm,【工件表面】为 0.0mm,【深度】为 −11.0m，选择所有【绝对坐标】选项。

4）打开【平面】选项卡，在【工作坐标系】中单击【选择 WCS 平面】按钮▦，系统弹出【视角选择】对话框，如图 11-22 所示，选择刚刚新建的【左面】并确定。

图 11-22   选择左面作为 WCS 平面

单击两次【复制】按钮 ▸，分别将【刀具平面】和【绘图层】的坐标系进行统一更改，勾选【显示相对于 WCS】选项，结果如图 11-23 所示。

单击【确定】按钮 ✓，单击【重新生成所有无效操作】按钮 ▨，生成刀路，如图 11-24 所示。

操作提示："左面加工"工序的加工特征与"右面加工"工序的加工特征相同，此处直接通过复制刀路后修改加工坐标系的方式进行编程，极大提高了编程的效率。

由于"右面加工"工序的加工坐标系 Y 轴与"左面加工"工序的加工坐标系 Y 轴刚好相反，因此刀具补正方向由原来的【左】更改为【右】，才能保证刀具补偿的正确性。读者可通过模拟路径的方式进行编程。

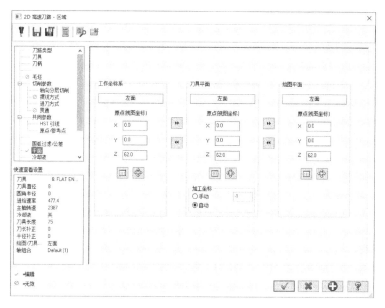

图 11-23　设置工作坐标系

3. 2D 高速刀路粗加工（两耳朵凸块）

在刚生成的第 6 步：2D 高速加工（2D 区域）刀路的目录下单击【参数】选项，系统弹出【2D 高速刀路 -2D 区域】对话框，打开【平面】选项卡，在【工作坐标系】中单击【选择 WCS 平面】按钮，系统弹出【视角选择】对话框，如图 11-25 所示，选择刚刚新建的【左面】，并确定。

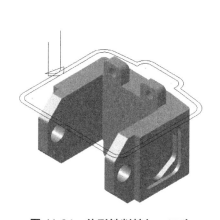

图 11-24　外形铣削精加工刀路

图 11-25　选择左面

分别单击【复制】按钮，分别将【刀具平面】和【绘图层】的坐标系进行统一更改，勾选【显示相对于 WCS】选项，结果如图 11-26 所示。

单击【确定】按钮，单击【重新生成所有无效操作】按钮，生成刀路，如图 11-27 所示。

4. 2D 高速刀路精加工（两耳朵凸块）

参照上一步的操作方法将刚生成的第 7 步：2D 高速加工（2D 区域）刀路的编程坐标系

同样修改为以【左面】为参照，单击【确定】按钮 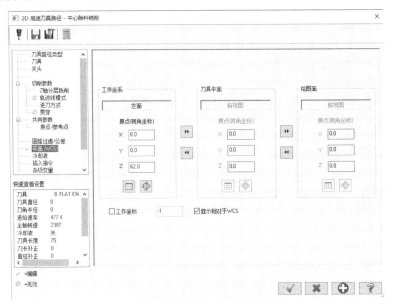，单击【重新生成所有无效操作】按钮 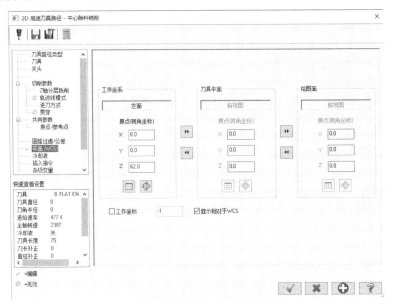，生成刀路，如图 11-28 所示。

图 11-26　设置工作坐标系

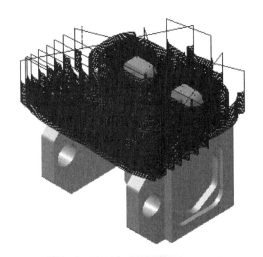

图 11-27　左面中心除料粗加工刀路

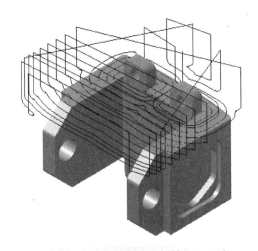

图 11-28　左面中心除料精加工刀路

六、零件左、右面实体模拟加工

在【刀路】管理器单击"右面加工"刀具群组，单击【插入】按钮 🖵，结果如图 11-29a 所示，模拟结果如图 11-29b 所示。

操作提示：当采用多个加工坐标系进行仿真加工时，为了统一毛坯参照，需激活第一个毛坯参数。

对于复杂的编程，特别是多工序编程加工的零件，在编程的过程中需要多运用模拟仿真来调试验证程序编制的正确与否，以提高编程的正确率。

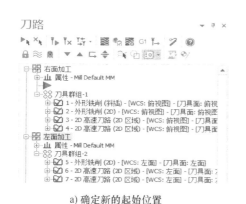

a) 确定新的起始位置

b) 模拟结果

图 11-29　模拟仿真加工

七、零件下面加工准备工作

选择机床：选择【机床】/【铣床】/【默认】命令，并将"机床群组 1"名称修改为"下面加工"。

任务十一　多
工序复杂零件
编程加工——
下面加工

八、编制刀路

1. 创建编程坐标系

打开第 2 图层（边界盒）和第 3 图层（方位文字），关闭第 20 图层，新建第 30 层图（下面加工）。

在屏幕左下角单击【平面】选项，打开【平面】管理器，单击 ![]按钮，选择【按图形定面】选项，将零件调整至下面朝上，分别选择中心的水平线和垂直线，系统弹出【选择平面】对话框，通过单击【下一视角】按钮 ![▶]，将坐标系调整至如图 11-30a 所示位置，单击【确定】按钮 ![✓]。在【新建平面】对话框中将【名称】修改为【下面】，并勾选【设置为 WCS】选项，如图 11-30b 所示。单击【确定】按钮 ![]。

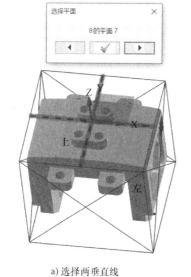

a) 选择两垂直线

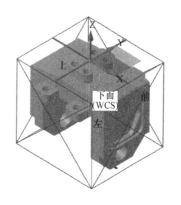

b) 命名下面坐标系

图 11-30　按图形创建零件下面的编程坐标系

按下 <F9> 键，关闭第 2 图层和第 3 图层。新构建的零件下面编程坐标系如图 11-31a 所示，图 11-31b 所示为该工序的装夹方向。

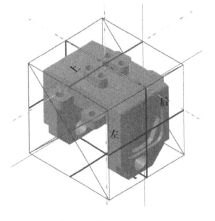

a) 零件下面编程坐标系

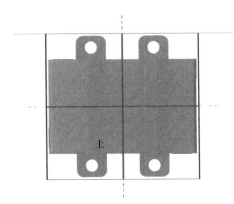

b) 装夹方向

图 11-31　创建零件下面编程坐标系

在菜单栏选择【线框】/【单一边界】命令，依次选择两个高度为 6.0mm 的凸台所有边界线，并确定，结果如图 11-32 所示。

采用相同的方法继续提取生成凸台的平底面和两耳朵凸块的边界线，结果如图 11-33 所示。

将如图 11-33 所示 4 条竖直线以延长 −2.0mm 的形式进行缩短，结果如图 11-34a 所示。采用直线进行首尾相连和在绘制直线命令中指定水平线长度为 6.0mm 的形式绘制其他的直线，结果如图 11-34b 所示。

2. 外形铣削精加工（两凸台平底面）

1）选择【刀路】/【外形】命令，系统弹出【线框串连】对话框，选择如图 11-35 所示最大矩形，箭头起始位置即为选择的位置，此时刀具补偿方向为左补偿，单击【确定】按钮 ✓ 。

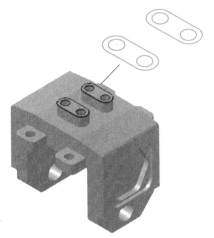

图 11-32　提取凸台的所有边界线

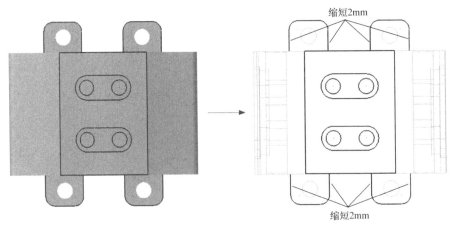

图 11-33　继续提取生成其他边界线

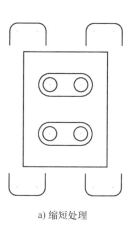

a）缩短处理

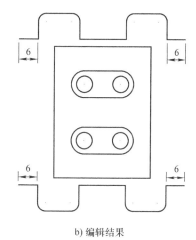

b）编辑结果

图 11-34　编辑两耳朵凸块的边界线

2）系统弹出【2D 刀路 - 外形铣削】对话框，打开
【刀具】选项卡，创建直径为 8mm 的平底刀，设置【进
给速率】400.0mm/min，【下刀速率】为 200.0mm/min，
【主轴转速】为 3000.0r/min，勾选【快速提刀】选项。

3）打开【切削参数】选项卡，设置【补正方向】
为【关】，【壁边预留量】和【底面预留量】为 0.0mm，
其他参数按默认设置。

打开【进 / 退刀设置】选项卡，选择【相切】选
项，设置【长度】和【圆弧】/【半径】为 4.0mm，【扫
描角度】为 90.0°，单击按钮 ⏵⏵，即将进、退刀参数设
为一致。

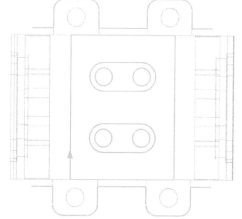

图 11-35　选择加工边界

4）单击【共同参数】选项，设置【参考高度】
为 10.0mm，【下刀位置】为 5.0mm，【工件表面】为
0.0mm，【深度】为 -7.0mm，选择所有【绝对坐标】选项。

单击 ✓ 按钮，生成刀路，如图 11-36 所示。

3. 外形铣削精加工（两凸台侧面）

1）选择【刀路】/【外形】命令，系统弹出【线框串连】
对话框，选择如图 11-37 所示凸台边界线，箭头起始位置即
为选择的位置，此时刀具补偿方向为左补偿，单击【确定】
按钮 ✓ 。

2）系统弹出【2D 刀路 - 外形铣削】对话框，打开【刀
具】选项卡，选择直径为 8mm 的平底刀，设置【进给速率】
400.0mm/min，【下刀速率】为 200.0mm/min，【主轴转速】为
3000.0r/min，勾选【快速提刀】选项。

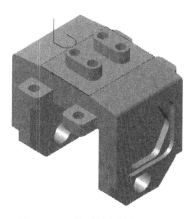

图 11-36　外形铣削精加工刀路

3）打开【切削参数】选项卡，设置【补正方向】为
【左】，【壁边预留量】和【底面预留量】为 0.0mm，其他参数按默认设置。

打开【XY 分层切削】选项卡，勾选【XY 分层切削】选项，设置【粗切】/【次】为 1，

【间距】为 4.0mm，【精修】/【次】为 1，【间距】为 0.3mm。

打开【进/退刀设置】选项卡，设置【调整轮廓的起始位置】和【调整轮廓的终止位置】都为 15.0mm。

操作提示：由于两凸台的距离很近，因此需要特别注意进、退刀，避免过切。

4）单击【共同参数】选项，设置【参考高度】为 10.0mm，【下刀位置】为 5.0mm，【工件表面】为 0.0mm，【深度】为 −7.0mm，勾选所有【绝对坐标】选项。

单击 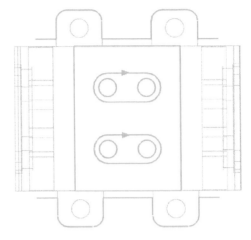 按钮，生成刀路，如图 11-38 所示。

图 11-37　选择加工边界

4. 外形铣削精加工（4 个耳朵凸块侧面）

1）选择【刀路】/【外形】命令，系统弹出【线框串连】对话框，选择如图 11-39 所示耳朵凸块轮廓线段，箭头起始位置即为选择的位置，此时刀具补偿方向为左补偿，单击【确定】按钮 ✔。

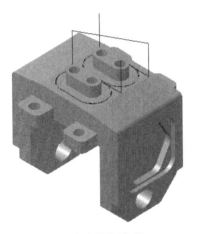

图 11-38　外形铣削精加工刀路

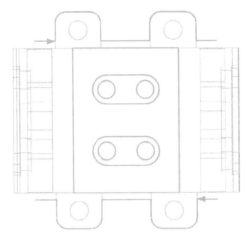

图 11-39　选择加工边界

操作提示：此处通过外形铣削刀路采用刀具的侧刃加工 4 个耳朵的圆角部位，有利于获得好的表面质量。通过提取轮廓线和构建辅助线有利于优化刀路。

2）系统弹出【2D 刀路 - 外形铣削】对话框，打开【刀具】选项卡，选择直径为 8mm 的平底刀，设置【进给速率】400.0mm/min，【下刀速率】为 200.0mm/min，【主轴转速】为 3000.0r/min，勾选【快速提刀】选项。

3）打开【切削参数】选项卡，设置【补正方向】为【左】，【壁边预留量】和【底面预留量】为 0.0mm，其他参数按默认设置。

打开【XY 分层切削】选项卡，勾选【XY 分层切削】选项，设置【粗切】/【次】为 1，【间距】为 4.0mm，【精修】/【次】为 1，【间距】为 0.3mm。

打开【进/退刀设置】选项卡，不勾选【进/退刀设置】选项。

4）单击【共同参数】选项，设置【参考高度】为 10.0mm，【下刀位置】为 5.0mm，【工件表面】为 0.0mm，【深度】为 −23.0mm，选择所有【绝对坐标】选项。

单击 ✓ 按钮，生成刀路，如图 11-40 所示。

5. 钻孔（两凸台 4 个螺纹孔的底孔）

1）选择【刀路】/【钻孔】命令，系统弹出【选取钻孔的点】对话框，选择如图 11-41 所示 4 个孔的圆心位置，单击【确定】按钮 ✓。

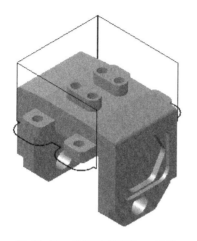

图 11-40　外形铣削精加工刀路

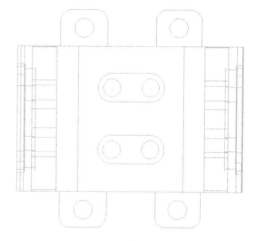

图 11-41　选择孔的圆心

2）系统弹出【2D 刀路 - 钻孔】对话框，打开【刀具】选项卡，创建直径为 4.2mm 的钻头，设置【进给速率】为 200.0mm/min，【下刀速率】为 100.0mm/min，【主轴转速】为 900.0r/min，勾选【快速提刀】选项。

3）打开【切削参数】选项卡，选择【循环方式】为【深孔啄钻（G83）】，设置【Peck】为 1.0mm。

4）单击【共同参数】选项卡，设置【参考高度】为 10.0mm，【下刀位置】为 5.0mm，【工件表面】为 0.0mm，【深度】为 -11.0mm，选择所有【绝对坐标】选项。

单击 ✓ 按钮，生成刀路，如图 11-42 所示。

6. 攻螺纹（两凸台 4 个螺纹孔）

1）复制钻孔下的第 8 步刀路，在刚生成的第 9 步：深孔啄钻（G83）刀路的目录下单击【参数】选项。系统弹出【2D 刀路 - 钻孔】对话框，打开【刀具】选项卡，创建直径为 5mm 的右牙刀，设置【进给速率】为 200.0mm/min，【下刀速率】为 100.0mm/min，【主轴转速】为 900.0r/min，勾选【快速提刀】选项。

图 11-42　螺纹预钻孔

2）打开【切削参数】选项卡，设置【循环方式】为【攻螺纹（G84）】。

单击【确定】按钮 ✓，单击【重新生成所有无效操作】按钮 🖳，生成刀路，如图 11-43 所示。

7. 钻孔（4 个耳朵凸块钻中心孔）

1）选择【刀路】/【钻孔】命令，系统弹出【选取钻孔的点】对话框，选择如图 11-44 所示耳朵凸块的 4 个通孔圆心，单击【确定】按钮 ✓。

图 11-43　攻螺纹刀路

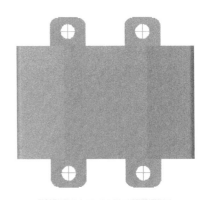

图 11-44　选择孔的圆心

2）系统弹出【2D 刀路 - 钻孔】对话框，打开【刀具】选项卡，创建直径为 4.2mm 的钻头，设置【进给速率】为 200.0mm/min，【下刀速率】为 100.0mm/min，【主轴转速】为 900.0r/min，勾选【快速提刀】选项。

3）打开【切削参数】选项卡，选择【循环方式】为【深孔啄钻（G83）】，设置【Peck】为 1.0mm。

4）单击【共同参数】选项卡，设置【参考高度】为 10.0mm，【下刀位置】为 −15.0mm，【工件表面】为 0.0mm，【深度】为 −23.0mm，选择所有【绝对坐标】选项。

单击 ✅ 按钮，生成刀路，如图 11-45 所示。

8. 钻孔（4 个耳朵凸块钻孔、扩孔）

复制第 13 步刀路。在刚生成的第 14 步：深孔啄钻（G83）刀路的目录下单击【参数】选项，系统弹出【2D 刀路 - 钻孔】对话框，打开【刀具】选项卡，创建直径为 5mm 的平底刀，设置【进给速率】为 300.0mm/min，【下刀速率】为 100.0mm/min，【主轴转速】为 900.0r/min，勾选【快速提刀】选项。

单击【确定】按钮 ✅，单击【重新生成所有无效操作】按钮 🗙，生成刀路，如图 11-46 所示。

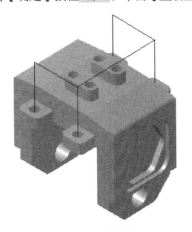

图 11-45　钻中心孔

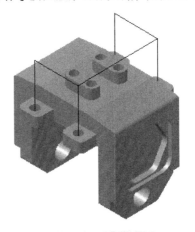

图 11-46　扩孔刀路

9. 钻孔（4 个耳朵凸块铰孔）

复制第 14 步刀路。在刚生成的第 14 步：深孔啄钻（G83）刀路的目录下单击【参数】选项，系统弹出【2D 刀路 - 钻孔】对话框，打开【刀具】选项卡，创建直径为 5.2mm 的铰刀，设置【进给速率】为 300.0mm/min，【下刀速率】为 100.0mm/min，【主轴转速】为 900.0r/min，勾选【快速提刀】选项。

单击【确定】按钮 ✓ ，单击【重新生成所有无效操作】按钮 ，生成刀路，如图 11-47 所示。

九、零件左、右、下面实体模拟加工

在【刀路】管理器单击"右面加工"刀具群组，单击【插入】按钮 ，选择所有刀路进行模拟，结果如图 11-48 所示。

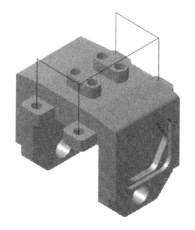

图 11-47　铰孔刀路

图 11-48　模拟仿真加工

十、零件后面加工准备工作

选择机床：

选择【机床】/【铣床】/【默认】命令，并将"机床群组 1"名称修改为"后面加工"。

任务十一　多工序复杂零件编程加工——后面加工

十一、编制刀路

1. 创建编程坐标系

打开第 2 图层（边界盒）和第 3 图层（方位文字），关闭第 30 图层，新建第 40 层图（后面加工）。

在屏幕左下角单击【平面】选项，打开【平面】管理器，单击 按钮，选择【按图形定面】选项，将图中零件调整至下面朝上，分别选择中心的水平线和垂直线，系统弹出【选择平面】对话框，通过单击【下一视角】按钮 ，将坐标系调整至如图 11-49a 所示，单击【确定】按钮 ✓ 。在【新建平面】对话框将【名称】修改为后面，分别勾选【设置当前 WCS】【刀具平面】和【绘图平面】，如图 11-49b 所示。单击【确定】按钮 。

按下 <F9> 键，关闭第 2 图层和第 3 图层。新构建的后面编程坐标系如图 11-50a 所示，图 11-50b 所示为该工序的装夹方向。

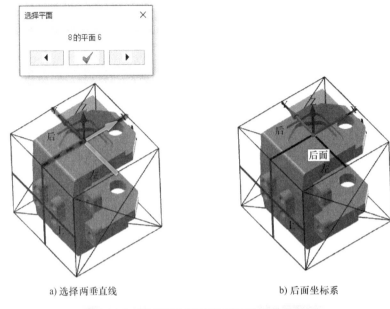

a) 选择两垂直线　　　　　　　　　　　b) 后面坐标系

图 11-49　按图形创建零件后面的编程坐标系

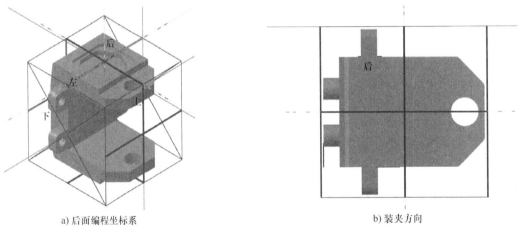

a) 后面编程坐标系　　　　　　　　　　b) 装夹方向

图 11-50　创建零件后面编程坐标系

2. 标准挖槽粗加工（正六边形凹槽）

1）选择【刀路】/【标准挖槽】命令，系统弹出【线框串连】对话框，以【实体】的形式，选择如图 11-51 所示正六边形表面，单击【确定】按钮 ✓ 。

2）系统弹出【2D 刀路 -2D 挖槽】对话框，打开【刀具】选项卡，创建直径为 8mm 的平底刀，设置【进给速率】为 1000.0mm/min，【下刀速率】为 200.0mm/min，【主轴转速】为 3000.0r/min，勾选【快速提刀】选项。

3）打开【切削参数】选项卡，设置【壁边预留量】和【底面预留量】为 0.35mm，其他参数按默认设置。

打开【粗切】选项卡，选择【等距环切】选项，设置【切削间距（距离）】为 4.0mm，其他参数按默认设置。

打开【进刀方式】选项卡，选择【螺旋】选项，设置【最小半径】为 2.0mm，【最大半径】为

4.0mm，其他参数按默认设置。

打开【精修】选项卡，设置【次】为1，【切削间距（距离）】为0.25mm，其他参数按默认设置。

打开【轴向分层切削】选项卡，设置【最大粗切步进量】为1.0mm，其他参数按默认设置。

4）单击【共同参数】选项，设置【参考高度】为10.0mm，【下刀位置】为5.0mm，【工件表面】为0.0mm，【深度】为−6.0m，选择所有【绝对坐标】选项。

单击 按钮，生成刀路，如图11-52所示。

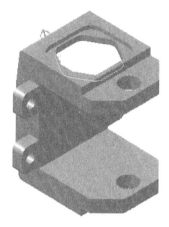

图11-51 选择正六边形表面作为加工边界

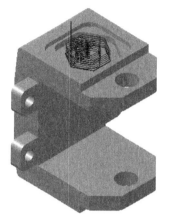

图11-52 挖槽铣削粗加工刀路

3. 标准挖槽精加工（正六边形凹槽）

1）复制第16步刀路。在刚生成的第17步：2D挖槽（标准）刀路的目录下单击【参数】选项，系统弹出【2D刀路−钻孔】对话框，打开【刀具】选项卡，修改【进给速率】为400.0mm/min，【主轴转速】为4000.0r/min。

2）打开【切削参数】选项卡，修改【壁边预留量】和【底面预留量】为0.0mm，其他参数按默认设置。

打开【粗切】选项卡，选择【等距环切】选项，设置【切削间距（距离）】为4.0mm，其他参数按默认设置。

打开【精修】选项卡，不勾选【精修】选项。

打开【轴向分层切削】选项卡，不勾选【深度切削】选项。

3）单击【共同参数】选项，修改【工件表面】为−5.5mm。

单击【确定】按钮 ，单击【重新生成所有无效操作】按钮 ，生成刀路，如图11-53所示。

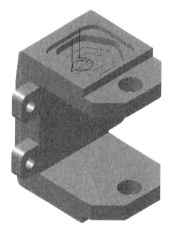

图11-53 挖槽铣削精加工刀路

4. 外形铣削粗加工（矩形台阶）

1）选择【刀路】/【外形】命令，系统弹出【线框串连】对话框，以【实体】的形式选择如图11-54所示外形轮廓线，注意箭头方向，此时刀具补偿方向为右补偿，单击【确定】按钮 。

2）系统弹出【2D刀路−外形铣削】对话框，打开【刀具】选项卡，选择直径为8mm的平底刀，设置【进给速率】为800.0mm/min，【下刀速率】为200.0mm/min，【主轴转速】为

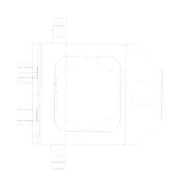

图11-54 选择加工边界

3000.0r/min，勾选【快速提刀】选项。

3）打开【切削参数】选项卡，设置【补正方向】为【右】，【外形铣削方式】为【斜插】，选择【斜插方式】为【深度】，设置【斜插深度】为 0.5mm，勾选【在最终深度处补平】选项，【壁边预留量】和【底面预留量】为 0.35mm，其他参数按默认设置。

打开【进 / 退刀设置】选项卡，选择【相切】选项，设置【长度】和【圆弧】都为 50%，单击按钮 ▸▸，即将进、退刀参数设为一致。

4）单击【共同参数】选项，设置【参考高度】为 10.0mm，【下刀位置】为 5.0mm，【工件表面】为 0.0mm，【深度】为 −6.5m，选择所有【绝对坐标】选项。

单击 ✓ 按钮，生成刀路，如图 11-55 所示。

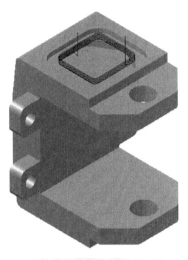

图 11-55　外形铣削粗加工刀路

5. 外形铣削精加工（矩形台阶）

1）复制"第 17 步：外形铣削（斜插）"刀路，在刚生成的第 18 步：外形铣削（斜插）刀路的目录下单击【参数】选项。

2）系统弹出【2D 刀路 - 外形铣削】对话框，修改【进给速率】为 400mm/min，【主轴转速】为 3500.0r/min，【下刀速率】为 2000mm/min，【提刀速率】为 3000mm/min，勾选【快速提刀】复选框，其他选项都不勾选，其他参数按默认设置。

3）打开【切削参数】选项卡，修改【外形铣削方式】为【2D】，【壁边预留量】和【底面预留量】为 0.0mm，其他参数按默认设置。

单击【确定】按钮 ✓，单击【重新生成所有无效操作】按钮 ▮，生成刀路，如图 11-56 所示。

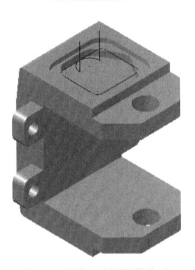

图 11-56　外形铣削精加工刀路

6. 外形铣削粗加工（台阶）

1）选择【刀路】/【外形】命令，系统弹出【线框串连】对话框，以【实体】的形式选择如图 11-57 所示台阶的外形轮廓线，注意箭头方向，此时刀具补偿方向为右补偿，单击【确定】按钮 ✓。

2）系统弹出【2D 刀路 - 外形铣削】对话框，打开【刀具】选项卡，选择直径为 8mm 的平底刀，设置【进给速率】为 800.0mm/min，【下刀速率】为 500.0mm/min，【主轴转速】为 3000.0r/min，勾选【快速提刀】选项。

3）打开【切削参数】选项卡，设置【补正方向】为【右】，【外形铣削方式】为【斜插】，选择【斜插方式】为

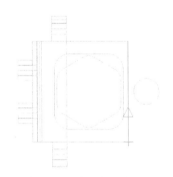

图 11-57　选择加工边界

【深度】，设置【斜插深度】为 0.5mm，勾选【在最终深度处补平】选项，【壁边预留量】和【底面预留量】为 0.35mm，其他参数按默认设置。

打开【进 / 退刀设置】选项卡，选择【相切】选项，设置【长度】为 6.0mm，【圆弧】为

0.0mm，单击按钮 ，即将进、退刀参数设为一致。

打开【XY分层切削】选项卡，勾选【XY分层切削】选项，设置【粗切】/【次】为3，【间距】为5.0mm，【精修】/【次】为1，【间距】为0.3mm。

4）单击【共同参数】选项，设置【参考高度】为10.0mm，【下刀位置】为5.0mm，【工件表面】为0.0mm，【深度】为-5.0m，选择所有【绝对坐标】选项。

单击 按钮，生成刀路，如图11-58所示。

7. 外形铣削精加工（台阶）

1）复制"第20步：外形铣削（斜插）"刀路，在刚生成的第21步：外形铣削（斜插）刀路的目录下单击【参数】选项。系统弹出【2D刀路-外形铣削】对话框，修改【进给速率】为400.0mm/min，【主轴转速】为5000.0r/min。

2）打开【切削参数】选项卡，修改【外形铣削方式】为【2D】，修改【壁边预留量】和【底面预留量】为0.0mm，其他参数按默认设置。

单击【确定】按钮 ，单击【重新生成所有无效操作】按钮 ，生成刀路，如图11-59所示。

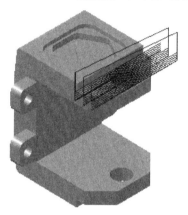

图 11-58　外形铣削精加工刀路

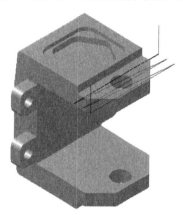

图 11-59　外形铣削精加工刀路

8. 外形铣削粗加工（倒角）

在菜单栏选择【绘图】/【曲面曲线】/【单一边界】命令，依次选择如图11-60所示台阶表面的边界，结果如图11-60所示。

1）选择【刀路】/【外形】命令，系统弹出【线框串连】对话框，如图11-61所示选取边界线的上方为起始边，注意箭头方向，此时刀具补偿方向为左补偿，单击【确定】按钮 。

图 11-60　提取台阶边界线

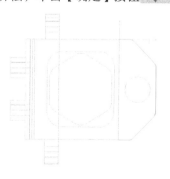

图 11-61　选择加工边界

2）系统弹出【2D 刀路 - 外形铣削】对话框，打开【刀具】选项卡，选择直径为 8mm 的平底刀，设置【进给速率】为 800.0mm/min，【下刀速率】为 500.0mm/min，【主轴转速】为 3000.0r/min，勾选【快速提刀】选项。

3）打开【切削参数】选项卡，设置【补正方向】为【左】，【外形铣削方式】为【斜插】，选择【斜插方式】为【深度】，设置【斜插深度】为 0.5mm，勾选【在最终深度处补平】选项，【壁边预留量】和【底面预留量】为 0.35mm，其他参数按默认设置。

打开【进 / 退刀设置】选项卡，选择【相切】选项，设置【长度】为 0.0mm，【圆弧】为 2.0mm，单击按钮 ▸ ，即将进、退刀参数设为一致。

4）单击【共同参数】选项，设置【参考高度】为 10.0mm，【下刀位置】为 5.0mm，【工件表面】为 -5.0mm，【深度】为 -62.0m，选择所有【绝对坐标】选项。

单击 ✓ 按钮，生成刀路，如图 11-62 所示。

9. 外形铣削精加工（倒角）

1）复制"第 22 步：外形铣削（斜插）"刀路，在刚生成的第 23 步：外形铣削（斜插）刀路的目录下单击【参数】选项。系统弹出【2D 刀路 - 外形铣削】对话框，修改【进给速率】为 400.0mm/min，【主轴转速】为 5000.0r/min。

2）打开【切削参数】选项卡，修改【外形铣削方式】为【2D】，修改【壁边预留量】和【底面预留量】为 0.0mm，其他参数按默认设置。

单击【确定】按钮 ✓ ，单击【重新生成所有无效操作】按钮 🛠 ，生成刀路，如图 11-63 所示。

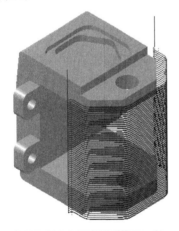

图 11-62　外形铣削粗加工刀路

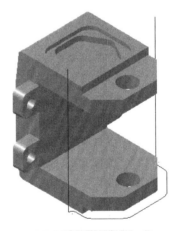

图 11-63　外形铣削精加工刀路

10. 钻孔（φ10.3mm 孔钻中心孔）

1）选择【刀路】/【钻孔】命令，系统弹出【选取钻孔的点】对话框，选择如图 11-64 所示 φ10.3mm 孔的圆心，单击【确定】按钮 ✓ 。

2）系统弹出【2D 刀路 - 钻孔】对话框，打开【刀具】选项卡，创建直径为 9mm 的钻头，设置【进给速率】为 800.0mm/min，【主轴转速】为 3000.0r/min，勾选【快速提刀】选项。

3）打开【切削参数】选项卡，选择【循环方式】为【深孔啄钻（G83）】，设置【Peck】为 1.5mm。

4）打开【共同参数】选项卡，设置【参考高度】为 10.0mm，【下刀位置】为 -5.0mm，【工件表面】为 0.0mm，【深度】为 -63.0mm，选择所有【绝对坐标】选项。

单击 ✓ 按钮，生成刀路，如图 11-65 所示。

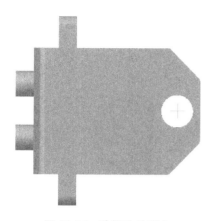

图 11-64　选择孔的圆心

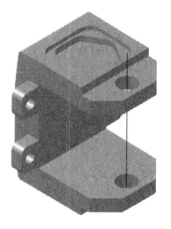

图 11-65　钻中心孔

11. 钻孔（ϕ10.3mm 孔扩孔）

1）复制第 24 步刀路。在刚生成的第 25 步：深孔啄钻（G83）刀路的目录下单击【参数】选项。系统弹出【2D 刀路 - 钻孔】对话框，打开【刀具】选项卡，创建直径为 10.0mm 的平底刀，设置【进给速率】为 500.0mm/min，【下刀速率】为 100.0mm/min，【主轴转速】为 3000.0r/min，勾选【快速提刀】选项。

2）打开【切削参数】选项卡，修改【循环方式】为【Dill/Counterbore】。

单击【确定】按钮 ✓ ，单击【重新生成所有无效操作】按钮 ▓▓，生成刀路，如图 11-66 所示。

12. 钻孔（ϕ10.3mm 孔铰孔）

复制第 25 步刀路。在刚生成的第 26 步：铰孔刀路的目录下单击【参数】选项。系统弹出【2D 刀路 - 钻孔】对话框，打开【刀具】选项卡，创建直径为 10.3mm 的铰刀，设置【进给速率】为 300.0mm/min，【下刀速率】为 100.0mm/min，【主轴转速】为 3000.0r/min，勾选【快速提刀】选项。

单击【确定】按钮 ✓ ，单击【重新生成所有无效操作】按钮 ▓▓，生成刀路，如图 11-67 所示。

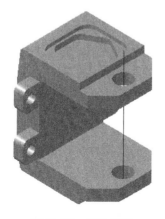

图 11-66　扩孔刀路

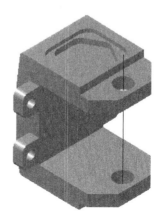

图 11-67　铰孔刀路

十二、零件左、右、下、后面实体模拟加工

在【刀路】管理器单击"右面加工"刀具群组，单击【插入】按钮 ⤵，选择所有刀路进行模拟，模拟结果如图 11-68 所示。

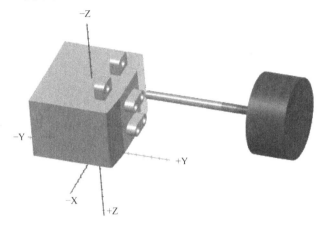

图 11-68　仿真结果

十三、零件前面加工准备工作

选择机床：选择【机床】/【铣床】/【默认】命令，并将"机床群组 1"名称修改为"前面加工"。

十四、编制刀路

1. 创建编程坐标系

打开第 2 图层（边界盒）和第 3 图层（方位文字），关闭第 30 图层，打开第 50 层图（前面加工）。

任务十一　多
工序复杂零件
编程加工——
前面加工

在屏幕左下角单击【平面】选项，打开【平面】管理器，单击 ✚ 按钮，选择【按图形定面】选项，将图中零件调整至下面朝上，分别选择中心的水平线和垂直线，系统弹出【选择平面】对话框，通过单击【下一视角】按钮 ▶，将坐标系调整至如图 11-69a 所示位置，单击【确定】按钮 ✓。在【新建平面】对话框将【名称】修改为【前面】，分别勾选【设置当前 WCS】【刀具平面】和【绘图平面】，如图 11-69b 所示。单击【确定】按钮 ◉。

按下 <F9> 键，关闭第 2 图层和第 3 图层。新构建的零件下面编程坐标系如图 11-70a 所示，图 11-70b 所示为该工序的装夹方向。

将 ▶ 移至"前面加工"机床群组下的"刀具群组 2"目录下。

打开并显示第 50 图层。

2. 标准挖槽粗加工（正六边形凹槽）

1）选择【刀路】/【标准挖槽】命令，系统弹出【线框串连】对话框，以【实体】的形式选择如图 11-71 所示正六边形线框，单击【确定】按钮 ✓。

2）系统弹出【2D 刀路 -2D 挖槽】对话框，打开【刀具】选项卡，创建直径为 8mm 的平底刀，设置【进给速率】为 1000.0mm/min，【下刀速率】为 200.0mm/min，【主轴转速】为 3000.0r/min，勾选【快速提刀】选项。

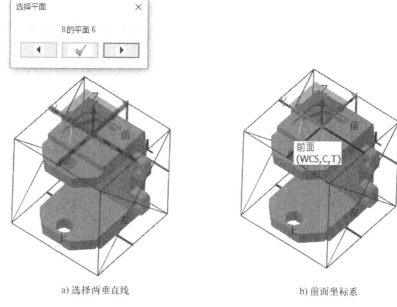

a) 选择两垂直线　　　　　　　　　　　　　　b) 前面坐标系

图 11-69　按图形创建零件前面的编程坐标系

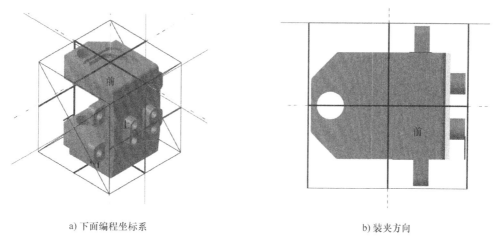

a) 下面编程坐标系　　　　　　　　　　　　　b) 装夹方向

图 11-70　创建零件下面编程坐标系

3）打开【切削参数】选项卡，设置【壁边预留量】和【底面预留量】为 0.35mm，其他参数按默认设置。

打开【粗切】选项卡，选择【等距环切】选项，设置【切削间距（距离）】为 4.0mm，其他参数按默认设置。

打开【进刀方式】选项卡，选择【螺旋】选项，设置【最小半径】为 2.0mm，【最大半径】为 4.0mm，其他参数按默认设置。

打开【精修】选项卡，设置【次】为 1，【切削间距（距离）】为 0.25mm，其他参数按默认设置。

打开【轴向分层切削】选项卡，设置【最大粗切步进量】为 1.0mm，其他参数按默认设置。

4）单击【共同参数】选项，设置【参考高度】为 10.0mm，【下刀位置】为 5.0mm，【工件表面】为 0.0mm，【深度】为 −6.0mm，选择所有【绝对坐标】选项。

单击 ✓ 按钮，生成刀路如图 11-72 所示。

图 11-71　选择正六边形表面作为加工边界

图 11-72　挖槽铣削粗加工刀路

3. 标准挖槽精加工（正六边形凹槽）

1）复制第 27 步刀路。在刚生成的第 28 步：2D 挖槽（标准）刀路的目录下单击【参数】选项。系统弹出【2D 刀路 - 钻孔】对话框，打开【刀具】选项卡，修改【进给速率】为 400.0mm/min，【主轴转速】为 4000.0r/min。

2）打开【切削参数】选项卡，修改【壁边预留量】和【底面预留量】为 0.0mm，其他参数按默认设置。

打开【粗切】选项卡，选择【等距环切】选项，设置【切削间距（距离）】为 4.0mm，其他参数按默认设置。

打开【精修】选项卡，不勾选【精修】选项。

打开【轴向分层切削】选项卡，不勾选【深度切削】选项。

单击【确定】按钮 ✓，单击【重新生成所有无效操作】按钮 🗓，生成刀路，如图 11-73 所示。

4. 外形铣削粗加工（矩形台阶）

1）选择【刀路】/【外形】命令，系统弹出【线框串连】对话框，以【线框】的形式选择如图 11-74 所示外形轮廓线，注意箭头方向，此时刀具补偿方向为右补偿，单击【确定】按钮 ✓。

图 11-73　挖槽铣削精加工刀路

图 11-74　选择加工边界

2）系统弹出【2D 刀路 - 外形铣削】对话框，打开【刀具】选项卡，选择直径为 8mm 的平底刀，设置【进给速率】为 800.0mm/min，【下刀速率】为 200.0mm/min，【主轴转速】为 3000.0r/min，勾选【快速提刀】选项。

3）打开【切削参数】选项卡，设置【补正方向】为【右】，【外形铣削方式】为【斜插】，选择【斜插方式】为【深度】，设置【斜插深度】为 0.5mm，勾选【在最终深度处补平】选项，【壁边预留量】和【底面预留量】为 0.35mm，其他参数按默认设置。

打开【进 / 退刀设置】选项卡，选择【相切】选项，设置【长度】和【圆弧】都为 50%，单击按钮 【 ｗ 】，即将进、退刀参数设为一致。

4）单击【共同参数】选项，设置【参考高度】为 10.0mm，【下刀位置】为 5.0mm，【工件表面】为 0.0mm，【深度】为 –3.0mm，选择所有【绝对坐标】选项。

单击 √ 按钮，生成刀路，如图 11-75 所示。

5. 外形铣削精加工（矩形台阶）

1）复制"第 29 步：外形铣削（斜插）"刀路，在刚生成的第 30 步：外形铣削（斜插）刀路的目录下单击【参数】选项。

2）系统弹出【2D 刀路 - 外形铣削】对话框，修改【进给速率】为 400mm/min，【主轴转速】为 3500.0r/min，【下刀速率】为 2000mm/min，【提刀速率】为 3000mm/min，勾选【快速提刀】复选框，其他选项都不勾选，其他参数按默认设置。

3）打开【切削参数】选项卡，修改【外形铣削方式】为【2D】，【壁边预留量】和【底面预留量】为 0.0mm，其他参数按默认设置。

单击【确定】按钮 √ ，单击【重新生成所有无效操作】按钮 ，生成刀路，如图 11-76 所示。

图 11-75　外形铣削粗加工刀路

图 11-76　外形铣削精加工刀路

6. 外形铣削粗加工（台阶）

1）选择【刀路】/【外形】命令，系统弹出【线框串连】对话框，以【线框】/【单体】的形式选择如图 11-77 所示台阶的外形轮廓线，注意箭头方向，此时刀具补偿方向为左补偿，单击【确定】按钮 √ 。

2）系统弹出【2D 刀路 - 外形铣削】对话框，打开【刀具】选项卡，选择直径为 8mm 的平底刀，设置【进给速率】为 800.0mm/min，【下刀速率】为 500.0mm/min，【主轴转速】为 3000.0r/min，勾选【快速提刀】选项。

3）打开【切削参数】选项卡，设置【补正方向】为【左】，【外形铣削方式】为【斜插】，选择【斜插方式】为【深度】，设置【斜插深度】为0.5mm，勾选【在最终深度处补平】选项，【壁边预留量】和【底面预留量】为0.35mm，其他参数按默认设置。

打开【进 / 退刀设置】选项卡，选择【相切】选项，设置【长度】为6.0mm，【圆弧】为0.0mm，单击按钮 ➡，即将进、退刀参数设为一致。

打开【XY 分层切削】选项卡，勾选【XY 分层切削】选项，设置【粗切】/【次】为3，【间距】为5.0mm，【精修】/【次】为1，【间距】为0.3mm。

4）单击【共同参数】选项，设置【参考高度】为10.0mm，【下刀位置】为5.0mm，【工件表面】为0.0mm，【深度】为 -5.0mm，选择所有【绝对坐标】选项。

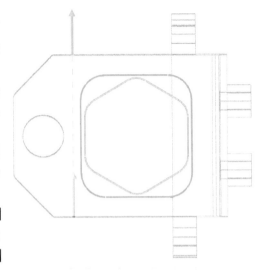

图 11-77　选择加工边界

单击 ✓ 按钮，生成刀路，如图 11-78 所示。

7. 外形铣削精加工（台阶）

1）复制"第 31 步：外形铣削（斜插）"刀路，在刚生成的第 32 步：外形铣削（斜插）刀路的目录下单击【参数】选项。系统弹出【2D 刀路 - 外形铣削】对话框，修改【进给速率】为400.0mm/min，【主轴转速】为3500.0r/min。

2）打开【切削参数】选项卡，修改【外形铣削方式】为【2D】，修改【壁边预留量】和【底面预留量】为0.0mm，其他参数按默认设置。

单击【确定】按钮 ✓，单击【重新生成所有无效操作】按钮 ▓，生成刀路，如图 11-79 所示。

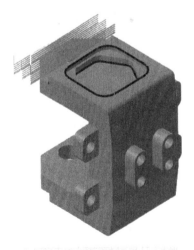

图 11-78　外形铣削精加工刀路

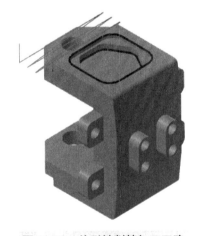

图 11-79　外形铣削精加工刀路

十五、零件左、右、下、前、后面实体模拟加工

在【刀路】管理器单击"右面加工"刀具群组，单击【插入】按钮 ⌐，选择所有加工刀路进行模拟，模拟结果如图 11-80 所示。

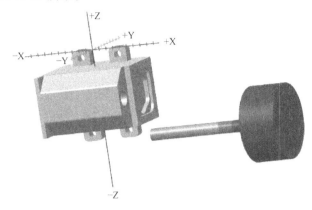

图 11-80 仿真结果

十六、零件上面加工准备工作

选择机床：选择【机床】/【铣床】/【默认】命令，并将"机床群组 1"名称修改为"上面加工"。

十七、编制刀路

1. 创建编程坐标系

打开第 2 图层（边界盒）和第 3 图层（方位文字），关闭第 30 图层，新建第 60 层图（上面加工）。在屏幕左下角单击【平面】选项，打开【平面】管理器，单击 按钮，选择【按图形定面】选项，将图中零件调整至下面朝上，分别选择中心的水平线和垂直线，系统弹出【选择平面】对话框，通过单击【下一视角】按钮 ▶，将坐标系调整至如图 11-81a 所示位置，单击【确定】按钮 ✓ 。在【新建平面】对话框将【名称】修改为【上面】，分别勾选【设置当前 WCS】【刀具平面】和【绘图平面】，如图 11-81b 所示。单击【确定】按钮 ◉ 。

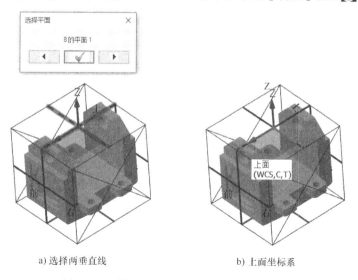

a) 选择两垂直线   b) 上面坐标系

图 11-81 按图形创建零件前面的编程坐标系

按下 <F9> 键，关闭第 2 图层和第 3 图层。新构建的零件上面编程坐标系如图 11-82a 所示，图 11-82b 所示为该工序的装夹方向。

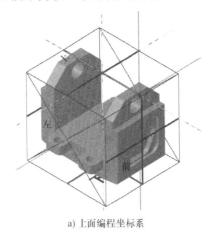

a) 上面编程坐标系

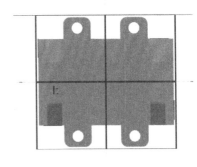

b) 装夹方向

图 11-82　创建零件上面编程坐标系

将 ▶ 移至"前面加工"机床群组下的"刀具群组 2"目录下。

2. 标准挖槽粗加工（平面）

1）打开第 60 图层（上面加工）。选择【刀路】/【标准挖槽】命令，系统弹出【线框串连】对话框，以【实体】的形式选择如图 11-83 所示正六边形表面，单击【确定】按钮 ✓。

2）系统弹出【2D 刀路 -2D 挖槽】对话框，打开【刀具】选项卡，创建直径为 10mm 的平底刀，设置【进给速率】为 1000.0mm/min，【下刀速率】为 800.0mm/min，【主轴转速】为 3000.0r/min，勾选【快速提刀】选项。

3）打开【切削参数】选项卡，设置【壁边预留量】和【底面预留量】都为 0.35mm，其他参数按默认设置。

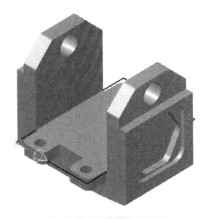

图 11-83　选择加工边界

打开【粗切】选项卡，选择【等距环切】选项，设置【切削间距（距离）】为 4.0mm，【粗切角度】为 90.0°，其他参数按默认设置。

打开【进刀方式】选项卡，选择【螺旋】选项，设置【最小半径】为 2.0mm，【最大半径】为 4.0mm，其他参数按默认设置。

打开【精修】选项卡，设置【次】为 1，【切削间距（距离）】为 0.25mm，其他参数按默认设置。

打开【轴向分层切削】选项卡，设置【最大粗切步进量】为 1.0mm，其他参数按默认设置。

4）单击【共同参数】选项，设置【参考高度】为 10.0mm，【下刀位置】为 5.0mm，【工件表面】为 0.0mm，【深度】为 −41.0mm，选择所有【绝对坐标】选项。

单击 ✓ 按钮，生成刀路，如图 11-84 所示。

图 11-84　挖槽铣削粗加工刀路

3. 标准挖槽精加工（平面）

1）复制第 33 步刀路。在刚生成的第 34 步：2D 挖槽（标准）刀路的目录下单击【参数】选项，系统弹出【2D 刀路 -2D 挖槽】对话框，打开【刀具】选项卡，修改【进给速率】为 400.0mm/min，【主轴转速】为 4000.0r/min。

2）打开【切削参数】选项卡，修改【壁边预留量】和【底面预留量】为 0.0mm，其他参数按默认设置。

打开【粗切】选项卡，选择【等距环切】选项，修改【切削间距（距离）】为 4.0mm，其他参数按默认设置。

打开【精修】选项卡，不勾选【精修】选项。

打开【轴向分层切削】选项卡，不勾选【深度切削】选项。

3）单击【共同参数】选项，修改【工件表面】为 -40.5mm。

单击【确定】按钮 ✓，单击【重新生成所有无效操作】按钮 ⚡，生成刀路，如图 11-85 所示。

十八、零件整体实体模拟加工

在【刀路】管理器单击"右面加工"刀具群组，单击【插入】按钮 ⊑，选择所有刀路，模拟结果如图 11-86 所示。

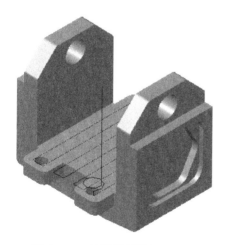

图 11-85 挖槽铣削精加工刀路

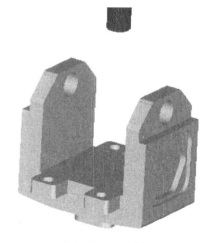

图 11-86 仿真结果

任务小结

本任务结合零件图形结构特点和加工要求，学习多工序复杂零件的编程加工方法，包括各加工工序编程坐标系的建立、各加工工序的装夹方法和加工余量的设置对加工效果的影响，特别是对于具有几何公差要求的编程加工方法，以及利用复制刀路、修改坐标系的方法快速加工具有对称特点的不同加工面的方法。对图层的编号和名称的设计、机床群组名称的设计、加工工序和加工余量的设计、加工基准的设计等有较深入的理解，有助于提高多工序复杂零件的编程加工方法，培养学生全局综合考虑的编程加工思维，从而具备较强的多工序复杂加工工艺的设计能力。

提高练习

打开配套资源包"练习文件 /cha11/11-2.mcam"，零件材料为铝合金，零件图如图 11-87 所示。

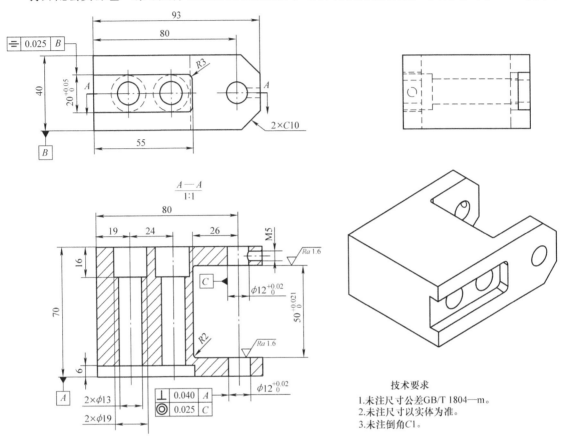

图 11-87　提高练习零件图

刀路后处理

任务目标

> 知识目标

1）掌握刀路的后处理操作和手工编辑修改数控加工程序的方法。

2）掌握后处理文件的命名方法。

> 能力目标

1）能正确选择加工刀具对应的刀路进行数控加工程序后处理操作。

2）能根据数控机床的数控系统要求，正确编辑修改后处理加工程序。

3）能对 G 指令和 M 指令的作用有更深入的理解。

> 素质目标

1）能意识到选择后处理加工程序对加工效果的影响。

2）能建立对文件名赋予一定意义的职业意识。

任务学习

后处理

完成刀路的生成，也只是经过刀具轨迹计算生成刀位文件而已，而不是生成了数控程序，因此还需要将刀位文件转换为机床能识别并执行的数控程序，这一过程称为后处理，可以理解为这是一个"翻译"过程。

进行后处理操作时，系统是根据后处理器的配置来生成数控程序的，用户可根据数控加工机床的控制器来选择后处理器，系统默认的后处理器是发那科数控系统的后置处理器 MPFAN.PST。用户可以根据数控机床和数控系统的具体情况，修改和编译 Mastercam 系统配置的通用后置处理中的数据库，从而定制出适应某一数控机床的专用后置处理程序。当要处理程序批量不大时，也可以采用手工修改的方法，实现后处理的操作。

关于 Mastercam 后处理配置的技术已很成熟，这里举一个采用手工修改适合于华中世纪星数控系统后处理程序的操作，供读者参考，对于后处理器配置的设置方法，读者可查阅相关资料。

任务导入

打开配套资源包"源文件 /cha10/ 凸凹模 OK.mcam"，查看相关的刀路情况，只选择"凸模正面加工"刀路群组名为"1-12R0"目录下的所有刀路，如图 12-1 所示。

任务十二
刀路后处理

操作提示：在选择刀路程序时，应特别注意有没有少选或多选其他不同的程序，以免造成工件报废。

任务实施

在【刀路】管理器中单击【后处理选择操作】按钮**G1**，系统弹出【后处理程序】对话框，勾选【NC 文件】和【编辑】复选框，如图 12-2 所示，单击【确定】按钮 ✔ 。

图 12-1　选择后处理刀路

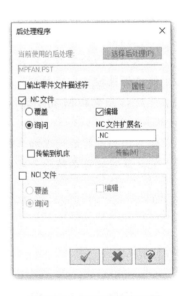

图 12-2　后处理程序设置

系统弹出【输出部分 NCI 文件】对话框，询问【是否要全部执行后处理？】如图 12-3 所示，这里选择【否（N）】。

操作提示：这里要注意，如果选择了【是（Y）】选项，系统将输出所有的后处理程序。

系统弹出【另存为】对话框，输入文件名为 O1200，如图 12-4 所示，单击【保存】按钮。

图 12-3　询问：是否要全部执行后处理

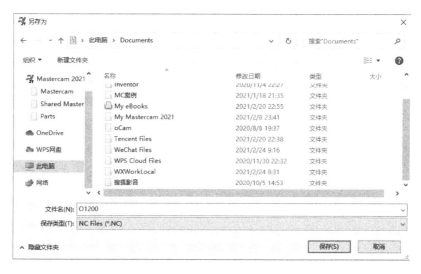

图 12-4　保存 NC 程序

实战经验：在对数控程序文件进行命名时，有些人的习惯是根据刀的形状与尺寸去命名，除字母"O"外，后面的 4 位阿拉伯数字，前两位为刀具直径的大小，后两位为刀具圆角半径的大小，例如：O1200 代表直径为 12mm、圆角半径为 0.0mm 的立铣刀。

系统弹出【编辑器】对话框，如图 12-5 所示，这个是没有经过修改的数控程序。

现通过下列方法对其进行编辑修改：

1）字母"O"后面添加四位数字的文件号，如本例为 O1200。

2）删除所有带括号和"/"的程序段（包括括号）。

3）"G21"后面添加"G64"。

4）删除有"M6"的程序段（数控铣床不能实现自动换刀）。

5）删除"A0."（数控铣床没有第四轴）。

6）删除有"G43H_"的程序段（这里对刀时不采用刀具长度补偿指令）。

7）找到程序的倒数第二、三行，删除有"G28"的程序段（取消加工完后返回零点指令）。

8）保存文件。

结果如图 12-6 所示。

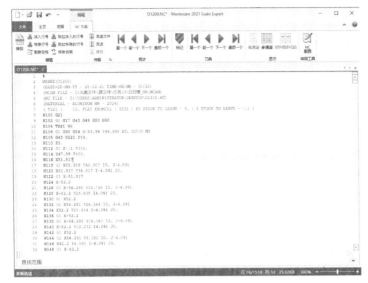

图 12-5　系统输出的 NC 程序　　　　　　　图 12-6　修改后的 NC 程序

任务小结

　　本任务简单介绍了有关 Mastercam 数控程序后处理的方法，举例说明了华中数控系统后处理的修改方法，通过本章的学习，读者对手工修改后处理数控程序有一定的认识。

提高练习

　　打开配套资源包"源文件 /cha10/ 凸凹模 OK.mcam"，查看相关的刀路情况，只选择"凸模背面加工"刀路群组名为"2-12R0"目录下的所有刀路，采用手工修改适合于华中世纪星数控系统的后处理程序。

任务十二　提高练习

参考文献

[1] 王卫兵. Mastercam 数控编程实用教程 [M]. 北京. 清华大学出版社，2004.

[2] 王爱玲. 数控编程技术 [M]. 北京. 机械工业出版社，2007.

[3] 杨志义. Mastercam 数控编程技巧 [J]. 模具制造，2008（5）: 33-35.